装配式建筑"十四五"规划教材

装配式
建筑概论

主　编◎王　昂　张　辉　刘智绪
副主编◎张凌燕　张　迪　王凤花　张　浩

华中科技大学出版社
http://www.hustp.com
中国·武汉

内容提要

为适应建筑业经济结构的转型升级,供给侧改革及行业发展趋势,针对装配式建筑领域应用型技术技能型人才培养的需求,本书较为系统地介绍了装配式建筑的特点、制作与安装。

全书共分为 9 个任务:任务 1 为初识装配式建筑,主要介绍了装配式建筑的概念、内涵、分类、优缺点、发展历程及未来的发展方向;任务 2 为理解装配式建筑设计,主要介绍了装配式建筑的设计理念、设计流程、设计方法及设计原则;任务 3 为认识装配式混凝土建筑,主要介绍了装配式混凝土建筑的概念、类型、常用预制构件及连接方法;任务 4 为熟悉装配式混凝土构件的生产,主要介绍了构件的生产流程、材料与配比、制作、存放与运输;任务 5 为掌握装配式混凝土构件的施工,主要介绍了构件的施工准备、安装、灌浆施工、构件间的连接、成品保护与环境保护;任务 6 为熟悉装配式钢结构,主要介绍了装配式钢结构的概念、特点,以及设计、生产、施工要点;任务 7 为熟悉装配式木结构,主要介绍了装配式木结构的概念、特点,以及设计、生产、施工要点;任务 8 为了解装配式建筑的管理,主要介绍了工程管理模式及装配式建筑的管理模式;任务 9 为了解装配式建筑中的 BIM技术,主要介绍了 BIM 技术在装配式建筑中的应用。

本书以就业为导向,内容通俗易懂,文字规范简练,图文并茂,突出了实用性及实践性的特点。本书可作为高等职业教育土建类专业的教学用书,也可作为建筑施工技术人员的学习参考书。

图书在版编目(CIP)数据

装配式建筑概论/王昂,张辉,刘智绪主编.—武汉:华中科技大学出版社,2021.6(2024.8重印)
ISBN 978-7-5680-7460-5

Ⅰ.①装… Ⅱ.①王… ②张… ③刘… Ⅲ.①装配式构件-概论 Ⅳ.①TU3

中国版本图书馆 CIP 数据核字(2021)第 165304 号

装配式建筑概论
Zhuangpeishi Jianzhu Gailun

王昂　张辉　刘智绪　主编

策划编辑:康　序
责任编辑:李曜男
责任监印:朱　玢
出版发行:华中科技大学出版社(中国·武汉)　　电话:(027)81321913
　　　　　武汉市东湖新技术开发区华工科技园　　邮编:430223
录　　排:武汉三月禾文化传播有限公司
印　　刷:武汉开心印印刷有限公司
开　　本:787mm×1092mm　1/16
印　　张:18.75
字　　数:504 千字
版　　次:2024 年 8 月第 1 版第 5 次印刷
定　　价:58.00 元

前言 PREFACE

装配式建筑是建造方式的革新,是建筑业突破传统生产方式局限、生产方式变革、产业转型升级、新型城镇化建设的迫切需要。大力发展装配式建筑,是建设领域推进生态文明建设,贯彻落实绿色循环低碳发展理念的重要要求,是稳增长、调结构、转方式和供给侧结构性改革的重要举措,也是提高绿色建筑和节能建筑建造水平的重要途径。装配式建筑的发展将对我国建设领域的可持续发展产生革命性、根本性和全局性的影响。

当前我国装配式建筑的发展正处于探索、推广和应用的关键时期,按照中央和国务院的要求,到 2026 年,我国装配式建筑占新建建筑的比例将达到 30%。装配式建筑并不仅仅是建造工法的改变,而且是建筑业基于标准化、集成化、工业化、信息化的全面变革,承载了建筑现代化和实现绿色建筑的重要使命,也是建筑业走向智能化的过渡步骤之一。

装配式建筑的兴起要求每一个建筑业从业者都要进行知识更新,建筑业从业者不仅要掌握装配式建筑的知识和技能,还应当具有面向未来的创新意识与能力。如此,建筑学科和管理学科相关专业的学生更应当与时俱进,了解国内外装配式建筑的现状与发展趋势,掌握必备的装配式建筑知识与技能,适应新形势,奠定走向未来的基础。

本书基于我国装配式建筑发展的背景,详细介绍了我国装配式建筑的内涵、特征及优势,分析了国内外装配式建筑的发展历程和装配式建筑全生命周期管理各环节的知识,涵盖了装配式建筑的新技术和新方法,可以让读者对装配式建筑有一个全面、系统的认识。本书共分为 9 个任务,包括初识装配式建筑、理解装配式建筑设计、认识装配式混凝土建筑、熟悉装配式混凝土构件的生产、掌握装配式混凝土构件的施工、熟悉装配式钢结构、熟悉装配式木结构、了解装配式建筑的管理及了解装配式建筑中的 BIM 技术。本书对国家层面及代表性省、市的相关政策文件进行了较为系统的梳理与解读;深入浅出地介绍了装配式建筑技术及管理两个层面的创新,对装配式建筑、装配式混凝土结构建筑主要技术体系进行了概述,对其建筑设计、结构设计、构件制作与运输、施工与安装等系列技术要点进行了深入阐述,并介绍了装配式混凝土结构建筑施工技术及创新;从产业链、项目组织、全生命周期管理、质量管理等维度介绍了装配式建筑管理领域的相关创新。

本书以"1＋X"装配式建筑构件制作与安装职业技能等级证书的取证要求为依托,以学生为

1

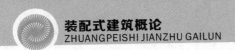

中心,深入浅出,配备大量案例、图片,让学生在学习过程中,了解行业前沿知识,匹配行业的实际需求,最终使学生对装配式建筑有一个全面、系统的认识,掌握装配式建筑的基础知识并具备进一步深入学习装配式建筑的基础。

本书由天津国土资源和房屋职业学院建筑工程学院王昂、张辉、刘智绪担任主编,由广西水利电力职业技术学院张凌燕、海南科技职业大学张迪、重庆工信职业学院王凤花、海南科技职业大学张浩担任副主编。

为了方便教学,本书还配有电子课件等教学资源包,任课教师可以发邮件至 husttujian@163.com 索取。

本书的编写参阅了相关教材、论著和资料,在此谨向相关作者表示由衷的感谢。由于编写时间仓促,编者的学术水平和实践经验有限,书中难免存在不妥和疏漏之处,敬请同行专家和广大读者批评指正,不胜感激。

编　者
2024 年 1 月

目录 CONTENTS

Chapter 1

任务 1　初识装配式建筑

学习任务：
- 掌握装配式建筑的概念；
- 理解我国装配式建筑当前的政策与机遇；
- 掌握装配式建筑的分类及特点；
- 掌握装配式建筑的类型及装配式建筑的优缺点；
- 了解国内外装配式建筑发展的历史；
- 了解装配式建筑未来发展的趋势。

重难点：
- 装配式建筑的概念及常用术语；
- 装配式建筑的分类及优缺点。

1.1　装配式建筑的概念

1.1.1　装配式建筑的基本概念

装配式建筑重新定义了建筑的建造方式,希望通过建造方式的转变实现"像造汽车一样造房子""像搭积木一样建房子"。

装配式建筑的概念一般可以从狭义和广义两个不同角度来理解或定义。

1. 狭义上理解和定义

装配式建筑是指将预制部品、部件通过可靠的连接方式在工地装配而成的建筑。在通常情况下,从建筑技术角度来理解装配式建筑,即从狭义上理解或定义。

2. 广义上理解和定义

装配式建筑是指用工业化建造方式建造的建筑。工业化建造方式主要是指在房屋建造全过程中以标准化设计、工业化生产、装配化施工、一体化装修和信息化管理为主要特征的建造方式。

工业化建造方式应具有鲜明的工业化特征,各生产要素包括生产资料、劳动力、生产技术、组织管理、信息资源等,在生产方式上都能充分体现专业化、集约化和社会化。从装配式建筑发展的目的(建造方式的重大变革)的宏观角度来理解装配式建筑,即从广义上理解或定义。

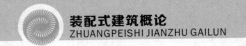

1.1.2 常用的术语

1. 预制混凝土构件

预制混凝土构件又称为 PC 构件,是在工厂或工地预先加工制作的建筑物或构筑物的混凝土部件。采用预制混凝土构件进行装配化施工,具有节约劳动力、克服季节影响、便于常年施工等优点。推广预制混凝土构件,是实现建筑工业化的重要途径之一。

2. 部件

部件是在工厂或现场预先生产制作完成,构成建筑结构系统的结构构件及其他构件的统称。

3. 部品

部品是由工厂生产,构成外围护系统、设备与管线系统、内装系统的建筑单一产品或复合产品组装而成的功能单元的统称。

建筑部品(或装修部品)一词来源于日文。在 20 世纪 90 年代初期,我国建筑科研、设计机构学习借鉴日本的经验,结合我国实际,从建筑集成技术化的角度,提出了发展"建筑部品"这一概念。

建筑部品由建筑材料、单个产品(制品)和零配件等,通过设计并按照标准在现场或工厂组装而成,且能满足建筑中该部位规定的功能要求。建筑部品包括集成卫浴、整体屋面、复合墙体、组合门窗等。建筑部品主要由主体产品、配套产品、配套技术和专用设备四部分构成。

(1) 主体产品是指在建筑某特定部位能够发挥主要功能的产品。主体产品应具有规定的功能和较高的技术集成度,具备生产制造模数化、尺寸规格系列化、施工安装标准化的特征。

(2) 配套产品是指主体产品应用所需的配套材料、配套件。配套产品要符合主体产品的标准和模数要求,应具备接口标准化、材料设备专用化、配件产品通用化的特征。

(3) 配套技术是指主体产品和配套产品的接口技术规范和质量标准,以及产品的设计、施工、维护、服务规程和技术要求等,应满足国家标准的要求。

(4) 专用设备是指主体产品和配套产品在整体装配过程中所采用的专用工具和设备。

建筑部品除具备以上四部分外,在建筑功能上必须能够更加直接表达建筑物某些部位的一种或多种功能要求;内部构件与外部相连的部件具有良好的边界条件和界面接口技术;具备标准化设计、工业化生产、专业化施工和社会化供应的条件和能力。

建筑部品是建筑产品的特殊形式,建筑部品是特指针对建筑某一特定的功能部位,而建筑产品是泛指是针对建筑所需的各类材料、构件、产品和设备的统称。

4. 预制率

预制率一般是指建筑室外地坪以上的主体结构和围护结构中,预制构件部分的混凝土用量与对应部分混凝土总用量的体积比(通常适用于钢筋混凝土装配式建筑)。其中,预制构件一般包括墙体(剪力墙、外挂墙板)、柱、梁、楼板、楼梯、空调板、阳台板等。

《工业化建筑评价标准》(GB/T 51129—2015)给出的定义是工业化建筑室外地坪以上主体结构和围护结构中预制部分的混凝土用量与对应构件混凝土总用量的体积比。预制率的计算公式为

钢筋混凝土装配式建筑单体预制率=(预制部分混凝土体积)÷(全部混凝土体积)×100%

5. 装配率

装配率一般是指建筑中预制构件、建筑部品的数量(或面积)占同类构件或部品总数量(或面积)的比率。

《工业化建筑评价标准》(GB/T 51129—2015)给出的定义是工业化建筑中预制构件、建筑部品的数量(或面积)占同类构件或部品总数量(或面积)的比率。

装配率可以通过概念进行计算,根据预制构件和建筑部品的类别,采用面积比或数量比进行计算,还可以采用长度比等方式计算。

下面我们将单体建筑的构件、部品装配率和建筑单体装配率的计算方法进行简介。

1) 单体建筑的构件、部品装配率

(1) 预制楼板＝建筑单体预制楼板总面积/建筑单体全部楼板总面积×100%。

(2) 预制空调板＝建筑单体预制空调板构件总数量/建筑单体全部空调板总数量×100%。

(3) 集成式卫生间＝建筑单体集成式卫生间的总数量/建筑单体全部卫生间的总数量×100%。

2) 建筑单体装配率

建筑单体装配率＝建筑单体预制率＋部品装配率＋其他。

(1) 建筑单体预制率主要指预制剪力墙、预制外挂墙板、预制叠合楼板(叠合板)、预制楼梯等主体结构和围护结构的预制率。

(2) 部品装配率是按照单一部品或内容的数量比或面积比等计算方法进行计算的,比如预制内隔墙、全装修、整体厨房等非结构体系部品或内容的装配率。

(3) 其他是指奖励,包括以下技术:结构与保温一体化、墙体与窗框一体化、集成式墙体、集成式楼板、组合成形钢筋制品、定型模板。上述每项技术应用比例超过70%。每项可直接加分。

1.1.3 装配式建筑的基本特征

装配式建筑集中体现了工业化建造方式,其基本特征主要体现在标准化设计、工厂化生产、装配化施工、一体化装修和信息化管理五个方面。

1. 标准化设计

标准化是装配式建筑所遵循的设计理念,是工程设计的共性条件,主要采用统一的模数协调和模块化组合方法,各建筑单元、构配件等具有通用性和互换性,满足少规格、多组合的原则,符合适用、经济、高效的要求。

2. 工厂化生产

采用现代工业化手段,实现施工现场作业向工厂生产作业的转化,形成标准化、系列化的预制构件和部品,完成预制构件、部品精细制造的过程。

3. 装配化施工

在现场施工过程中,使用现代机具和设备,以构件、部品装配施工代替传统的现浇或手工作业,实现工程建设装配化施工的过程。

4. 一体化装修

一体化装修指建筑室内外装修工程与主体结构工程紧密结合,装修工程与主体结构一体化设计,采用定制化部品、部件实现技术集成化、施工装配化,施工组织穿插作业、协调配合。

5. 信息化管理

以 BIM 信息化模型和信息化技术为基础,通过设计、生产、运输、装配、运维等全过程信息数据传递和共享,在工程建造全过程中实现协同设计、协同生产、协同装配等信息化管理。

装配式建筑的"五化"特征是有机的整体,是一体化的系统思维方法,是"五化一体"的建造方式。在装配式建筑的建造全过程中,通过"五化"的表征,全面、系统地反映了工业化建造的主要环节和组织实施方式。

1.2　装配式建筑发展的背景与意义

1.2.1　装配式建筑发展的背景

装配式建筑是建造方式的革新,更是建筑业落实党中央、国务院提出的推动供给侧结构性改革的一个重要举措。国际上,装配式建筑发展较为成熟,第二次世界大战以后,欧洲一些国家大力发展装配式建筑。这些国家发展装配式建筑的背景基于三个条件:一是工业化的基础比较好;二是劳动力短缺;三是需要建造大量房屋。这三个条件是大力发展装配式建筑的非常有利的客观因素。目前,装配式建筑技术已趋于成熟,我国也呈现类似上述装配式建筑发展的三大背景的特征,具备了发展与推广装配式建筑的客观条件。

从建筑产品与建造方式本身来看,目前的建筑产品,基本上以现浇为主,形式单一,可供选择的方式不多,会影响产品的建造速度、质量和使用功能。从建造过程来看,传统建造方式设计、生产、施工脱节,生产过程连续性差;以单一技术推广应用为主,建筑技术集成化程度低;以现场手工、湿法作业为主,生产机械化程度低;工程以包代管、管施分离,工程建设管理粗放;以劳务市场的农民工为主,工人技能和素质低。传统建造方式存在技术集成能力低、管理方式粗放、劳动力素质低、生产手段落后等诸多问题。此外,传统建造方式还存在环境污染、安全、质量、管理等多方面的问题与缺陷。装配式建筑一定程度上能够对传统建造方式的缺陷加以克服、弥补,成为建筑业转型升级的重要途径之一。

然而,近几年我国虽然在积极探索发展装配式建筑,但是从总体上讲,装配式建筑的比例和规模还不尽如人意,这也正是在当前的形势下,我国大力推广装配式建筑的一个基本考虑。

1.2.2　装配式建筑发展的重要意义

1. 建筑业转型升级的需要

当前我国建筑业发展环境已经发生了深刻变化,建筑业一直是劳动密集型产业,长期积累的深层次矛盾日益突出,粗放增长模式已难以为继。同其他行业和发达国家同行业相比,我国建筑行业手工作业多、工业化程度低、劳动生产率低、工人工作条件差、质量和安全水平不高、建造过程能源和资源消耗大、环境污染严重。长期以来,我国固定资产投资规模很大,而且劳动力充足,人工成本低,企业忙于规模扩张,没有动力进行工业化研究和生产;随着经济和社会的不断发展,人们对建造水平和服务品质的要求不断提高,而劳动用工成本不断上升,传统的生产模式已难以为继,必须向新型生产方式转型。因此,建筑预制装配化是转变建筑业发展方式的重要途径。

装配式建筑是提升建筑业工业化水平的重要机遇和载体,是推进建筑业节能减排的重要切入点,是建筑质量提升的根本保证。装配式建筑无论对需求方、供给方,还是整个社会都有其独特的优势,但由于我国建筑业相关配套措施尚不完善,一定程度上阻碍了装配式建筑的发展。但是从长远来看,科学技术是第一生产力,国家的政策必定会适应发展的需要而不断改进。因此,装配式建筑必然会成为未来建筑的主要发展方向。

2.可持续发展的需求

在可持续发展战略的指导下，努力建设资源节约型、环境友好型社会是国家现代化建设的奋斗目标，国家对资源利用、能源消耗、环境保护等方面提出了更加严格的要求，如我国制定了到2020年国内单位生产总值二氧化碳排放量比2005年下降40%～45%的减排目标。要实现这一目标，建筑行业将承担更重要的任务，由大量消耗资源转变为低碳环保，实现可持续发展。

我国是世界上年新建建筑量最大的国家，每年新增建筑面积超过20亿平方米，然而相关建设活动，尤其是采用传统方式开展的建设活动对环境造成严重影响，比如施工过程中的扬尘、废水、废料、巨额能源消耗等。具体来看，施工过程中的扬尘、废料垃圾随着城市建设节奏的加快而增加，在施工建造各环节对环境造成了破坏，建筑垃圾已经占城市固体垃圾总量的40%左右，此外还造成大量的建筑建造与运行过程中的能耗与资源材料消费。在建筑工程全生命周期内尽可能地节能降耗、减少废弃物排放、降低环境污染、实现环境保护并与自然和谐共生，应成为建筑业未来的发展方向之一。因此，加速建筑业转型是促进建筑业可持续发展的重点。

多年来，各地针对建筑企业的环境治理政策均是针对施工环节的，而装配式建筑是目前解决建筑施工中扬尘、垃圾污染、资源浪费等的最有效方式之一，其具有可持续性的特点，不仅防火、防虫、防潮、保温，而且环保节能。随着国家产业结构调整和建筑行业对绿色节能建筑理念的倡导，装配式建筑受到越来越多的关注。作为建筑业生产方式的变革，装配式建筑符合可持续发展理念，是建筑业转变发展方式的有效途径，也是当前我国社会经济发展的客观要求。

3.新型城镇化建设的需要

我国城镇化率从1978年的17.9%到2014年的54.77%，以年均增长1.02%的速度稳步提高。随着内外部环境和条件的深刻变化，城镇化必须进入以提升质量为主的转型发展新阶段。国务院发布的《国家新型城镇化规划》指出：推动新型城市建设，坚持适用、经济、绿色、美观方针，提升规划水平，全面开展城市设计，加快建设绿色城市；对大型公共建筑和政府投资的各类建筑全面执行绿色建筑标准和认证，积极推广应用绿色新型建材、装配式建筑和钢结构建筑；同时要求城镇绿色建筑占新建建筑的比重由2012年的2%增加到2020年的50%。

随着城镇化建设速度不断加快，传统建造方式从质量、安全、经济等方面已经难以满足现代建设发展的需求。预制整体式建筑结构体系符合国家对城镇化建设的要求和需要，因此，发展预制整体式建筑结构体系可以有效促进建筑业从"高能耗建筑"向"绿色建筑"的转变、加速建筑业现代化发展的步伐，有助于快速推进我国的城镇化建设进程。

1.3 装配式建筑的内涵、外延及分类

1.3.1 装配式建筑的内涵

装配式建筑，指集成房屋，是将建筑的部分或全部构件在工厂预制完成，然后运输到施工现场，将构件通过可靠的连接方式加以组装而建成的建筑产品。它具备卓越的保温、隔声、防火、防虫、节能、抗震、防潮功能，在欧美及日本被称作产业化住宅或工业化住宅。其内涵主要包括以下三个方面。

第一，装配式建筑的主要特征是将建筑生产的工业化进程与信息化紧密结合，体现了信息化与建筑工业化的深度融合。信息化技术和方法在建筑工业化产业链中的部品生产、建筑设计、施工等环节都发挥了不可或缺的作用。

第二，装配式建筑集中体现了工业产品社会化大生产的理念。装配式建筑具有系统性和集成性，促进了整个产业链中各相关行业的整体技术进步，有助于整合科研、设计、开发、生产、施工等各方面的资源，协同推进，促进建筑施工生产方式的社会化。

第三，装配式建筑是实现建筑全生命周期资源、能源节约和环境友好的重要途径之一。装配式建筑通过标准化设计优化设计方案，减少由此带来的资源、能源浪费；通过工厂化生产减少现场手工、湿法作业带来的建筑垃圾等废弃物；通过装配化施工减少对周边环境的影响，提高施工质量和效率；通过信息化技术实施定量和动态管理，达到高效、低耗和环保的目的。

1.3.2 装配式建筑的外延

装配式建筑发展是建造方式重大变革这一重要发展目标的拓展和延伸，现阶段装配式建筑的外延主要包括建筑工业化和建筑产业现代化两个重要概念。

1. 建筑工业化

建筑工业化是装配式建筑发展的路径。建筑工业化运用现代工业化的组织和生产手段，对建筑生产全过程的各个阶段的各个生产要素进行技术集成和系统整合，达到建筑设计标准化、构件生产工厂化、住宅部品系列化、现场施工装配化、土建装修一体化、生产经营社会化，形成有序的工业化流水式作业，从而提高质量、提高效率、提高寿命、降低成本、降低能耗。因此，发展装配式建筑是实现建筑工业化的核心和路径。装配化是建筑工业化的主要特征和组成部分，工程建造的装配化程度体现了建筑工业化的程度和水平。

我国建筑工业化的提出始于20世纪50年代，国务院在1956年5月发布了《关于加强和发展建筑工业化的决定》，决定中提出了"为了从根本上改善我国的建筑工业，必须积极地有步骤地实行工厂化、机械化施工，逐步完成对建筑工业的技术改造，逐步完成向建筑工业化过渡"的发展要求。

1978年，国家建委先后在河北香河召开了全国建筑工业化座谈会、在河南新乡召开了全国建筑工业化规划会议，明确提出了建筑工业化的概念，即用大工业生产方式来建造工业与民用建筑，并提出建筑工业化以建筑设计标准化、构件生产工厂化、施工机械化以及墙体改革为重点的发展要求。

1995年，建设部出台了《建筑工业化发展纲要》，给出了更为全面的建筑工业化定义，即建筑工业化是指建筑业从传统手工操作为主的小生产方式逐步向社会化大生产方式过渡，即以技术为先导，采用先进、适用的技术和装备，在建筑标准化的基础上，发展建筑构配件、制品和设备的生产，培育技术体系和市场，使建筑业生产、经营活动逐步走向专业化、社会化道路。

2. 建筑产业现代化

建筑产业现代化以建筑业转型升级为目标，以装配式建造技术为先导，以现代化管理为支撑，以信息化为手段，以建筑工业化为核心，通过与工业化、信息化的深度融合，对建筑的全产业链进行更新、改造和升级，实现传统生产方式向现代工业化生产方式的转变，从而全面提升建筑工程的质量、效率和效益。

建筑产业现代化是装配式建筑发展的目标。现阶段以装配式建筑发展作为切入点和驱动力，其根本目的在于推动并实现建筑产业现代化。

建筑产业现代化针对整个建筑产业链的产业化,解决建筑业全产业链、全生命周期的发展问题,重点解决房屋建造过程的连续性问题,使资源优化,整体效益最大化。建筑工业化是生产方式的工业化,是建筑生产方式的变革,主要解决房屋建造过程中的生产方式问题,包括技术、管理、劳动力、生产资料等,目标更具体、明确。标准化、装配化是工业化的基础和前提,工业化是产业化的核心,只有工业化达到一定程度才能实现产业现代化。因此,产业化高于工业化,建筑工业化的发展目标就是实现建筑产业现代化。

1.3.3 装配式建筑的分类

1) 按主体结构材料分类

现代装配式建筑按主体结构材料分类,有装配式混凝土建筑、装配式钢结构建筑、装配式木结构建筑和装配式组合结构建筑,如图 1-3-1 所示。

(a) 装配式混凝土建筑

(b) 装配式钢结构建筑

(c) 装配式木结构建筑

(d) 装配式组合结构建筑

(e) 装配式石材结构建筑

(f) 装配式木结构建筑

图 1-3-1 装配式建筑按主体结构材料分类

古典装配式建筑按主体结构材料分类,有装配式石材结构建筑和装配式木结构建筑。

2) 按建筑高度分类

装配式建筑按建筑高度分类,有低层装配式建筑、多层装配式建筑、高层装配式建筑、超高层装配式建筑。

3) 按结构体系分类

装配式建筑按结构体系分类,有框架结构、框架-剪力墙结构、筒体结构、剪力墙结构、无梁板结构、空间薄壁结构、悬索结构、预制钢筋混凝土柱单层厂房结构等。

4) 按预制率分类

装配式建筑按预制率分类:预制率小于 5% 为局部使用预制构件建筑;预制率 5%～20% 为低预制率建筑;预制率 20%～50% 为普通预制率建筑;预制率 50%～70% 为高预制率建筑;预制率 70% 以上为超高预制率建筑。

5) 按结构形式和施工方法分类

装配式建筑按结构形式和施工方法分类,有砌块建筑、板材建筑、盒式建筑、骨架板材建筑,以及升板、升层建筑等,如图 1-3-2 所示。其中,骨架板材建筑是由全预制或部分预制的骨架和板材连接而成的。

(a) 砌块建筑

(b) 板材建筑

(c) 盒式建筑

(d) 骨架板材建筑

图 1-3-2 装配式建筑按结构形式和施工方法分类

1.3.4 装配式建筑的误区

关于装配式建筑,目前也存在一些误区。

1. 装配式的优点会自动实现

有人以为只要搞了装配式建筑,装配式的优点就会自动实现。实际上,装配式建筑需要更精细的设计、更严谨的计划、更有效的管理,装配式的优点只有基于这几个"更"才能实现。否则,会出现各种问题、麻烦和隐患。

2. 高大上的厂房设备

一些人注重高大上的厂房设备,盲目建议自动化流水线。世界上,装配式建筑技术相对发达、产品质量过硬的日本,只有叠合板实现了自动化生产,其他构件都在固定模台上制作。目前世界上最先进的混凝土构件流水线适用范围很窄,只适合生产不出筋的板式构件。按照中国现行规范,没有一样构件可以完全实现自动化生产。

3. 盲目追求高速度

预计到 2026 年中国装配式建筑比例达到 30%,这已经是很高的速度了,是世界建筑工业化进程中前所未有的速度、前所未有的规模、前所未有的跨度和前所未有的难度。但一些地方还在加速,在技术不够完善,尤其是人才匮乏的情况下,高速度的盲目发展可能带来灾难性的后果。

4. 为装配率而装配式

有时,甲方和设计单位只是被动地完成政府规定的装配率指标,并没有对实现装配式的效率与效益进行深入分析和多方案经济比较。

1.4 装配式建筑的优缺点 ....

1.4.1 装配式建筑的优点

1. 提高建筑质量

1) 混凝土结构

装配式并不是单纯的工艺改变——将现浇变为预制,而是建筑体系与运作方式的变革,对建筑质量的提升有推动作用。

(1) 装配式混凝土建筑要求设计必须精细化、协同化。如果设计不精细,构件制作好了才发现问题,就会造成很大的损失。装配式要求设计更深入、细化、协同,会提高设计质量和建筑品质。

(2) 装配式可以提高建筑精度。现浇混凝土结构的施工误差往往以厘米计,而预制构件的误差以毫米计,误差大了就无法装配。预制构件在工厂模台上和精致的模具中生产,实现和控制品质比现场容易。预制构件的高精度会"逼迫"现场现浇混凝土精度的提高。在日本,表面是预制墙板反打瓷砖的建筑,100 多米高的外墙面,瓷砖砖缝笔直整齐,误差不到 2 mm。现场贴砖作业是很难达到这种精度的。

(3) 装配式可以提高混凝土浇筑、振捣和养护环节的质量。现场浇筑混凝土,模具组装不易做到严丝合缝,容易漏浆;墙、柱等立式构件不易做到很好的振捣;现场也很难做到符合要求的养护。工厂制作构件时,模具组装可以严丝合缝,混凝土不会漏浆;墙、柱等立式构件大都"躺着"浇筑,振捣方便;板式构件在振捣台上振捣,效果更好;一般采用蒸汽养护方式养护,养护质量大大提高。

（4）装配式是实现建筑自动化和智能化的前提。自动化和智能化减少了对人、对责任心等不确定因素的依赖,可以最大化避免人为错误,提高产品质量。

（5）工厂作业环境比工地现场更适合全面细致地进行质量检查和控制。

2）其他

（1）钢结构、木结构装配式和集成化内装修的优势是显而易见的,工厂制作的部品、部件由于剪裁、加工和拼装设备的精度高,有些设备还实现了自动化、数控化,产品质量大幅度提高。

（2）从生产组织体系上来看,装配式将建筑业传统的层层竖向转包变为扁平化分包。层层转包最终将建筑质量的责任系于流动性非常强的农民工身上;而扁平化分包,建筑质量的责任由专业化制造工厂分担。工厂有厂房、有设备,质量责任容易追溯。

2. 提高效率

对钢结构、木结构和全装配式（也就是用螺栓或焊接连接的）混凝土结构而言,装配式能够提高效率是毋庸置疑的。对于装配整体式混凝土建筑,装配式也会提高效率。

装配式使一些高处和高空作业转移到车间进行,即使不搞自动化,生产效率也会提高。工厂作业环境比现场优越,工厂化生产不受气象条件制约,刮风、下雨不影响构件制作。

工厂调配、平衡劳动力资源也更为方便。

英特尔大连工厂厂房建筑面积10万平方米,为3层钢筋混凝土框架结构,如果采用现浇方式,工期为2年,而采用了装配式,结构工期只有半年。由于湿法作业很少,工厂生产线和设备管线安装可以跟随结构流水作业,总工期大大缩短。

但是,如果一项工程既有装配式,又有较多现浇混凝土,虽然现浇混凝土数量可能减少了,但现浇部位多,零碎化,无法提高效率,还可能降低效率。

如果预制构件伸出钢筋的界面多、钢筋多且复杂,也很难提高整体效率。

3. 节约材料

对钢结构、木结构和全装配式混凝土结构而言,装配式能够节约材料。

实行内装修和集成化也会大幅度节约材料。

对于装配整体式混凝土结构,结构连接会增加套筒、灌浆料和加密箍筋等材料;规范规定的结构计算提高系数或构造加强也会增加配筋。可以减少的材料包括内墙抹灰、现场模具和脚手架消耗,以及商品混凝土运输车挂在罐壁上的浆料等。

如果装配整体式混凝土结构后浇混凝土连接较多,节约材料就比较难。

4. 节能减排和环保

装配式建筑可以节约材料,可以大幅度减少建筑垃圾,因为在工厂制作环节,可以将边角余料充分利用,自然有助于节能减排和环保。

5. 节省劳动力并改善劳动条件

1）节省劳动力

工厂化生产与现场作业比较,可以较多地利用设备和工具,包括自动化设备,可以节省劳动力。节省多少主要取决于预制率大小、生产工艺自动化程度和连接节点复杂程度。

2）改变从业者的结构构成

装配式可以大量减少工地劳动力,使建筑业农民工向产业工人转化,提高其素质。由于设计精细化和拆分设计、产品设计、模具设计的需要,由于精细化生产与施工管理的需要,白领人员比例会有所增加。因此,建筑业从业人员的构成将发生变化,知识化程度得以提高。

3)改善工作环境

装配式把很多现场作业转移到工厂进行,把高处或高空作业转移到平地进行,把风吹、日晒、雨淋的室外作业转移到车间进行,大大改善了工作环境。工厂的工人可以在工厂宿舍或工厂附近住宅区居住,不用住工地的临时工棚。装配式使很大比例的建筑工人不再流动,从而定居下来,解决了夫妻分居、孩子留守等社会问题。

4)降低劳动强度

装配式可以较多地使用设备和工具,工人的劳动强度大大降低。

6.缩短工期

一般来说,装配式钢结构和木结构建筑的设计周期不会增加,但装配整体式混凝土建筑的设计周期会增加较多。

计划安排得好,装配式建筑部品、部件制作一般不会影响整个工期,因为在现场准备和基础施工期间,构件制作可以进行,当工地可以安装时,工厂已经生产出所需要的构件了。

就主体结构施工工期而言,全装配式混凝土结构会大幅度缩短工期,但对于装配整体式混凝土结构的主体施工,缩短工期比较难,特别是剪力墙结构,还可能增加工期。

装配式建筑,特别是装配整体式混凝土建筑,缩短工期的空间主要在主体结构施工之后的环节,特别是内装环节,因为装配式建筑湿法作业少,外围护系统与主体结构施工可以同步,内装施工可以紧随结构施工进行,相隔2~3层楼即可。如此,当主体结构施工结束时,其他环节的施工也接近结束。

7.有利于安全

装配式建筑工地作业人员减少,高处、高空和脚手架上的作业也大幅度减少,如此减少了危险点。工厂作业环境和安全管理的便利性好于工地。自动化和智能化会进一步提高生产过程的安全性。工厂工人比工地工人相对稳定,安全培训的有效性增强。

8.有利于冬期施工

装配式混凝土建筑的构件制作在冬季不会受到大的影响。工地冬期施工,可对构件连接处做局部围护保温,也可以搭设折叠式临时暖棚,冬季施工成本比现浇建筑低很多。

1.4.2　装配式建筑的缺点

装配式不是万能的,更不是完美的,存在缺点与局限性。

1.装配整体式混凝土结构的缺点

1)连接点"娇贵"

现浇混凝土建筑一个构件内钢筋在同一截面连接接头的数量不能超过50%,而装配整体式混凝土结构,一层楼所有构件的所有钢筋都在同一截面连接。而且,连接构造制作和施工比较复杂,精度要求高,对管理的要求高,连接作业要求监理和质量管理人员旁站监督。这些连接点出现结构安全隐患的概率大。

2)对误差和遗漏的宽容度低

构件连接误差大了几毫米就无法安装,预制构件内的预埋件和预埋物一旦遗漏也很难补救,要么重新制作构件造成损失和工期延误,要么偷偷采取不合规的补救措施,容易留下质量与结构安全隐患。

3) 对后浇混凝土的依赖

装配整体式混凝土结构对后浇混凝土的依赖,导致构件制作出筋多,现场作业环节复杂。

4) 适用高度降低

规范规定装配整体式混凝土结构的适用建筑高度与现浇混凝土结构比较有所降低,是否降低和降低幅度与结构体系、连接方式有关,一般降低 10～20 m,最多降低 30 m。

5) 成本控制难度

从世界各国的经验看,装配式混凝土建筑的成本比现浇混凝土建筑低。但目前,中国的装配式混凝土建筑比现浇混凝土建筑成本高,以主体结构总成本(不含建筑、水电、装修)为基数,高 10%～40%。成本高与建筑风格(里出外进较多)、结构体系(剪力墙结构)、规范审慎、技术不成熟、管理不成熟和生产线投资大等因素有关。

6) 叠合板不适宜无吊顶建筑

国外装配式住宅的天棚都有吊顶,既不需要在叠合楼板现浇层埋设管线,也不需要处理叠合板缝。而中国大多数住宅不吊顶,采用预制叠合楼板并不适合,而且很难解决板缝问题。板缝之间采用现浇带,构件制作和现场施工都麻烦,得不偿失,也没有从根本上解决裂缝问题。

2. 全装配式混凝土结构的缺点

整体性差,抗侧向力的能力差,不适宜高层建筑和抗震烈度高的地区。

1) 尺寸限制

构件的大小不一致,容易使生产设备受到限制,所以尺寸较大的构件再生产时会有一定难度。

2) 运费增加

构件由工厂直接运往工地使用,如果工厂与工地距离太远,运送构件的运输成本就会提高。

3) 抗震性较差

由于装配式建筑的整体性与刚度较差,装配式建筑的抗震冲击能力较差。

3. 装配式钢结构建筑的缺点

现在几乎没有在现场剪裁、加工钢结构部件的工程了,钢结构建筑部件都是在工厂加工的,因此,可以认为钢结构建筑都是装配式建筑,没有预制与现场制作进行比较一说。装配式钢结构建筑的缺点也是钢结构建筑的缺点。这些缺点包括:

① 多层和高层住宅的适宜性还需要进一步探索;

② 防火代价较高;

③ 确保耐久性的代价较高。

4. 装配式木结构建筑的缺点

装配式木结构建筑的主要缺点如下:

(1) 集成化程度低;

(2) 适用范围窄;

(3) 成本方面优势不大。

1.5 国内外装配式建筑发展历程及现状 ·····················

1.5.1 国外装配式建筑发展历程及现状

1.国外装配式建筑发展历程

人类历史上第一座具有现代意义的建筑就是装配式建筑,是 1851 年英国万国博览会时,用铸铁和玻璃建造的主展馆——水晶宫(见图 1-5-1),长 564 m,宽 124 m,所有铁柱和铁架都在工厂预先制作好,到现场进行组装。整个建筑所用的玻璃都是一个尺寸,为 124 cm×25 cm(当时所能生产的最大规格玻璃尺寸),铸铁构件以 124 cm 为模数制作,达到高度的标准化和模数化。

19 世纪后半叶,钢铁结构建筑的材质从生铁到熟铁再到钢材,进入快节奏发展期。20 世纪后,钢铁结构建筑更是进入高速发展时代。1890 年,由芝加哥建筑学派先行者詹尼设计的芝加哥曼哈顿大厦(见图 1-5-2)建成,这座 16 层的住宅是当时世界上第一栋高层装配式钢铁结构建筑,保留至今。

图 1-5-1　英国水晶宫

图 1-5-2　芝加哥曼哈顿大厦

现代装配式钢铁结构技术发源与应用于欧洲,而在美国得以发扬光大。1913 年伍尔沃斯大厦拔地而起,高耸入云,令人震撼。建成的纽约伍尔沃斯大厦(见图 1-5-3)高 241 m,为铆接钢结构,石材外墙。伍尔沃斯大厦建成之后,摩天大楼越来越多,高度不断刷新,现在世界上最高的迪拜哈利法塔(见图 1-5-4),高度已经达到 828 m。高耸结构建筑大多数是装配式钢结构建筑。

从 19 世纪 50 年代到 20 世纪 50 年代,长达 100 年的时间里,现代装配式建筑主要是钢铁结构的建筑,20 世纪 50 年代以后装配式混凝土结构才逐渐发展起来并占据主要地位。1964 年建成的费城社会岭公寓(见图 1-5-5,贝聿铭设计),由 3 座装配式混凝土单体高层建筑组成,建筑质量较好,被视为装配式建筑高效率、低成本的代表作之一;1973 年建成的悉尼歌剧院,其屋顶曲面薄壳采用的是装配式叠合板,外围护墙体采用的是装饰一体化外挂墙板,使得富有想象的建筑造型得以实现,成为世界知名建筑。

图 1-5-3　纽约伍尔沃斯大厦

图 1-5-4　迪拜哈利法塔

　　欧洲、日韩和北美等经济较发达地区的装配式建筑近年来发展较快,但也各有特点。欧洲的装配式建筑主要为多层、低层建筑,以框架结构为主,装配自动化程度及装配式机械设备与构件制造较发达;日本在装配式混凝土建筑方面应用较多,相应技术也较为领先和成熟,其很多高层混凝土建筑采用的是装配式,在低层住宅建筑,尤其是别墅(见图 1-5-6)中则主要采用轻钢结构;韩国、新加坡等经济发达的国家装配式建筑的发展情况与日本类似,但普及率略逊于日本;北美的装配式混凝土建筑不多,相对来说,装配式木结构建筑更多,但北美在全装配式建筑方面的研究与应用更多,建筑预制构件间的连接方式多采用螺栓连接,也有的采用焊接。

图 1-5-5　费城社会岭公寓

图 1-5-6　装配式别墅

　　近年来,现代装配式木结构建筑(见图 1-5-7)也有了较大发展。随着木材这种建筑材料的发展,除天然木材外,诸如结构胶合材、层板胶合材、木"工"字形梁和木桁架等新型木结构产品也随之出现。木结构建筑也经历着惊人的转变,一系列现代木结构的建筑方法和建筑体系应运而生,并且突破了传统木结构的桎梏,甚至已经形成产业化的发展格局。日本的第一个预制框架胶合木结构建筑已经有近 50 年的历史,其技术特点主要是钉、胶连接相结合,预制体系一体化和硬壳式构造,并经过剪力墙水平抗震对比试验、三层房屋结构拟静力试验、足尺三层房屋振动台试验等一系列房屋工作性能的试验,经受住了南极极地气候和 60 m/s 风速的考验。除此之外,轻型木结构体系、现代梁柱木结构体系和一些其他的木结构体系也被广泛采用。

图 1-5-7　装配式木结构建筑

2. 国外装配式建筑现状

由于各国资源条件、经济水平、劳动力状况、文化素质、地域特点以及历史文化等差异,其装配式建筑发展程度区别很大。

欧洲是第二次世界大战的主要战场之一。第二次世界大战时,欧洲住房受到严重的破坏,造成房屋大量短缺。欧洲各国对住宅的需求量都急剧增加,出现"房荒"现象,成为当时严重的社会问题。为了解决居住问题,欧洲各国开始采用工业化的生产方式建造大量住宅,这时的工业化主要指的是预制装配式,并形成了一套完整的住宅建筑体系。以预制装配式进行住宅建设,大大提高了住宅产品的生产效率,使住宅生产速度大幅提高,这种预制装配式的工业化建筑模式和体系至今还在使用。

1）法国

法国预制混凝土结构的使用经历了 130 余年的发展历程,法国是世界上推行装配式建筑最早的国家之一。法国的装配式建筑的特点是以预制装配式混凝土结构为主,钢结构、木结构为辅,装配式住宅多采用框架或者板柱体系,焊接、螺栓连接等均采用干法作业,结构构件与设备、装修工程分开,减少预埋,生产和施工质量高。

法国在住宅大规模建设时期推进装配式建筑发展,以全装配式大板和工具式模板现浇工艺为标志,出现了许多专用建筑体系。法国建立了建筑部品的模数协调原则,把遵守统一模数协调原则、安装上具有兼容性的建筑部件汇集在产品目录之内,告诉使用者有关选择的协调规则、各种类型部件的技术数据和尺寸数据、特定建筑部位的施工方法,其主要外形、部件之间的连接方法,设计上的经济性等。模数协调原则的制定,使预制构件的大规模生产成为可能,降低成本的同时提高了效率,推动形成建筑通用构造体系。构造体系最突出的优点是建筑设计灵活多样,它作为一种设计工具,仅向建筑师提供一系列构配件及其组合规律,至于设计成什么样的建筑,建筑师有较大的自由,如图 1-5-8 所示。通过推行建筑通用构造体系,法国的装配式建筑得到了大发展。

2）德国

德国是世界上建筑能耗降低幅度最大的国家,近几年更是提出发展零能耗的被动式建筑。

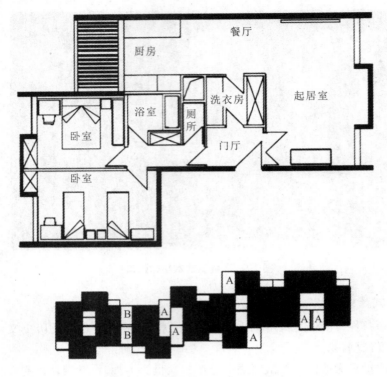

图 1-5-8　法国 DM73 住宅样板实例

从大幅度的节能到被动式建筑,德国都采用了装配式建筑,装配式住宅与节能标准相互之间充分融合。德国的装配式建筑主要采用叠合板、混凝土、剪力墙结构体系,采用混凝土结构,耐久性较好。20 世纪末,德国在建筑节能方面提出了"3 升房"的概念,即每平方米建筑每年的能耗不超过 3 升汽油,并且德国是建筑能耗降低幅度发展最快的国家,近几年提出零能耗的被动式建筑。被动式建筑除了保温性能、气密性能绝佳以外,还充分考虑了对室内电器和人体热量的利用,可以用非常小的能耗将室内调节到合适的温度,非常节能环保。目前德国的装配式建筑体系主要有DIN 设计体系、AB 技术体系及 RAP 技术体系。

柏林 Tour Total 大楼如图 1-5-9(a)所示,该建筑的承重外墙是由多种表面的预制混凝土构件组成的,给建筑缔造了一种不断变化的样式。曼海姆市新教社区中心如图 1-5-9(b)所示,内层为通透落地玻璃幕墙,外层为光滑预制混凝土组件。莱昂纳多玻璃立方体展览馆如图 1-5-9(c)和图 1-5-9(d)所示,内部的网状结构由 187 块白色混凝土预制件连接而成,外部用流水般的预制构件勾勒出优美的长方体轮廓,与周边蜿蜒的道路呼应,浑然一体。

3) 瑞典

瑞典是世界上装配式建筑发展最好的国家之一,建筑工业化程度为 80% 以上。瑞典采用了大型混凝土预制板的装配式技术体系,装配式建筑部品、部件的标准化已逐步纳入瑞典的工业标准。为推动装配式建筑产品建筑工业化通用体系和专用体系发展,瑞典政府规定只要使用按照国家标准协会的建筑标准制造的结构部件来建造建筑产品,就能获得政府资金支持。瑞典的装配式建筑在较完善的标准体系基础上发展通用部件,独户住宅(见图 1-5-10)建造工业十分发达。政府重视标准化和贷款制度,推动装配式建筑,住宅建设合作组织起着重要作用。

(a) 柏林Tour Total大楼

(b) 曼海姆市新教社区中心

(c) 莱昂纳多玻璃立方体展览馆外部

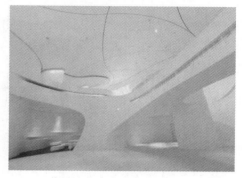
(d) 莱昂纳多玻璃立方体展览馆内部

图 1-5-9　德国典型装配式建筑

图 1-5-10　瑞典装配式独户住宅

4）美国

美国的装配式建筑起源于 20 世纪 30 年代,1976 年美国国会通过了国家工业化住宅建造及安全法案,并在同年开始出台一系列严格的行业规范标准。美国的装配式建筑除了重视质量,更注重美观、舒适性及个性化。美国大城市住宅的结构类型以混凝土装配式和钢结构装配式结构为主,小城镇多以轻钢结构、木结构为主。美国住宅构件和部品的标准化、系列化、专业化、商品化、社会化程度很高,几乎达到 100%。用户可通过产品目录,买到所需的产品。这些构件结构性能好,有很大的通用性,也易于机械化生产,同时采用 BL 质量认证制度,部品、部件的品质得以保证。

美国的装配式住宅形式有 4 种:一是独门独户式,如图 1-5-11(a)所示,占半数以上,多为 1~2 层,室外有草坪、花卉和游泳池,多为中等生活水平的民众的自由住宅;二是小型公寓式,如图 1-5-11(b)所示,所占比例较大,占 30%~40%,多为三层建筑,每栋住两户或 4 户,最多 20 户左右,多为出租住宅;三是大型公寓式,如图 1-5-11(c)所示,所占比例很小,多为 5~6 层建筑,供出租用;四是别墅式,如图 1-5-11(d)所示,占地大,建筑面积大,为 1~2 层建筑,周边有树丛和草坪。

(a) 独门独户式

(b) 小型公寓式

(c) 大型公寓式

(d) 别墅式

图 1-5-11　美国典型装配式建筑

现在美国的预制业用得最多的是剪力墙-梁柱结构系统。基本上,水平力(风力,地震力)完全由剪力墙承受,梁柱只承受垂直力,而梁柱的接头在梁端不承受弯矩,简化了梁柱结点。模块化技术是美国装配式建筑的关键技术,在美国住宅建筑工业化过程中,模块化技术针对用户的不同要求,只需在结构上更换工业化产品中的一个或几个模块,就可以组成不同的装配式住宅。美国的装配式住宅有着低成本的优势,其优势来自加工过程中的成本优势。

5) 日本

日本是世界上率先在工厂里生产住宅的国家,早在 1968 年,"住宅产业化"一词就在日本出现,住宅产业化是随着住宅生产工业化的发展而出现的。

日本是世界上装配式混凝土建筑技术运用得最为成熟的国家,高层、超高层钢筋混凝土结构建筑很多是装配式建筑。多层建筑较少采用装配式,因为模具周转次数少,装配式造价太高。日本的装配式混凝土建筑多为框架结构、框-剪结构和筒体结构,预制率比较高。日本许多钢结构建筑也用混凝土叠合楼板、预制楼梯和外挂墙板。日本的装配式混凝土建筑的质量非常高,但绝大多数构件都不是在流水线上生产的,因为梁、柱和外挂墙板不适合流水线生产。

标准化是推进住宅产业化的基础,日本住宅部件化程度很高。由于有齐全、规范的住宅建筑标准,建房时从设计开始,就采用标准化设计,产品生产时也使用统一的产品标准。因此,建房时用部件组装十分普及。

日本低层建筑装配式比例非常高。别墅大都是装配式建筑,结构体系是钢结构+水泥基轻质墙板,内装都是自动化生产线生产的。

1.5.2　国内装配式建筑发展历程及现状

1.国内装配式建筑发展历程

1) 20 世纪 50 年代中国装配式建筑

20 世纪 50 年代,国家为了经济建设发展,向苏联学习工业厂房的标准化设计和预制建造技术,大量的重工业厂房采用预制装配的方法进行建设,预制混凝土排架结构发展很好,预制柱、预制薄腹梁、预应力折线形屋架、鱼腹式吊车梁、预制预应力大型屋面板、预制外墙挂板等被大量采用,房屋预制构件产业上升到一个很高的水平,在国家钢材和水泥严重短缺的情况下,预制技术为国家的工业发展做出了应有的贡献。预制工业厂房混凝土排架结构如图 1-5-12 所示。

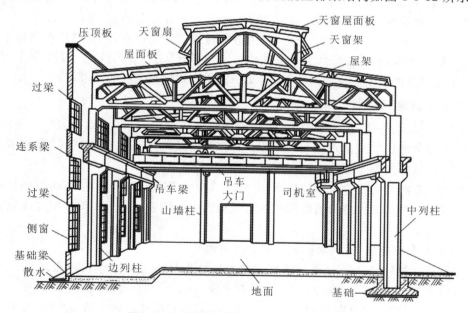

图 1-5-12　预制工业厂房混凝土排架结构

2) 20 世纪 60 年代中国装配式建筑

20 世纪 60 年代,随着中、小预应力构件的发展,城乡出现了大批预制件厂。用于民用建筑的空心板、平板、檩条、挂瓦板,用于工业建筑的屋面板、π形板、槽形板以及工业与民用建筑均可采用的"V"形折板等成为这些构件厂的主要产品,预制件行业开始形成。

3) 20 世纪 80 年代中国装配式建筑

20 世纪 80 年代,国家发展重心从生产逐渐向生活过渡,城市住宅的建设需求量不断加大,

为了实现快速建设供应,借鉴苏联和欧洲预制装配式住宅的经验,开始了装配式混凝土大板房的建设,并迅速在北京、沈阳、太原、兰州等大城市进行推广,特别是北京市,在短短 10 年内建设了 2000 多万平方米的装配式大板房,装配式结构在民用建筑领域掀起了一次工业化的高潮。但由于当时基础性的保温、防水材料技术比较差,保温隔热、隔音、防水等性能普遍存在严重缺陷,首轮分配到大板房的居住者多数是中、高层干部,在体验了大板房"夏热冬冷"的特点后,进一步影响了消费者的信心。

4)20 世纪 90 年代中国装配式建筑

20 世纪 90 年代,国家开始实行房改,住宅建设从计划经济时代的政府供给分配方式向市场经济的自由选择方式过渡,住宅建设标准开始多元化,预制构件厂原有的模具难以适应新住宅的户型变化要求,其计划经济的经营特征无法满足市场变化的需求,装配式大板结构迅速被市场淘汰。

5)21 世纪中国装配式建筑

进入 21 世纪,随着全社会资源环境危机意识的加强,以及我国特殊的城镇化需求与土地等资源匮乏的现状,2004 年,政府提出了发展节能省地型住宅的要求,也即"五节一环保",并在新版的《住宅建筑规范》《住宅性能认定标准》中做了具体、详细的要求。

随着我国的经济水平和科技实力不断加强,各行各业的产业化程度不断提高,建筑房地产业得到长足发展,材料水平和装备水平足以支撑建筑生产方式的变革,我国的住宅产业化进入了一个新的发展时期,再加上受到劳动力人口红利逐渐消失的影响,建筑业的工业化转型迫在眉睫,但由于我国预制建筑行业已经停滞了将近 30 年,专业人才存在断档、技术沉淀几近消亡,众多企业和社会力量不得不投入大量人力、财力、物力进行建筑工业化研究,从引进技术到自主研发,不断积极探索,随着新编制的《装配式混凝土结构技术规程》(JGJ 1—2014)于 2014 年 10 月 1 日生效,我国装配式建筑产业发展重新起步,掀起又一次装配式建筑发展的高潮。

2. 国内装配式建筑现状

北京、上海、深圳、济南、沈阳等城市对装配式建筑的推进,带动了多地的装配式建筑发展,众多企业纷纷启动装配式建筑试点项目,出现了多种新型结构体系和技术路线,形成了"百花齐放、百家争鸣"的良好发展态势。

目前中国众多的装配式建筑结构体系,主要以装配式混凝土结构为主,其次为钢结构。其中预制装配式混凝土结构又以剪力墙结构和框架结构为主要代表。目前我国装配式建筑较多尝试的企业有以下几家。

1)万科企业股份有限公司(简称万科或万科集团)

万科主要有预制外墙挂板和预制装配式剪力墙两种体系。外墙挂板体系经历了从日本的"后装法"向香港的"先装法"转变的过程,逐渐走向成熟;其自主研发的预制装配式剪力墙结构体系也经历了从单纯的"预制纵向外剪力墙"向"预制横向剪力墙和内剪力墙"转变的过程。建筑的装配率和预制率不断提高,目前技术已经成熟,正在逐步提升经济性。关键技术为"钢筋套筒灌浆连接""夹心三明治保温外墙""构件装饰一体化"等。

2)远大住宅工业集团股份有限公司(简称远大住工)

1999 年开始,远大住工从整体卫浴开始研究,逐渐向装配式别墅房屋和高层住宅发展,远大的技术体系特点为剪力墙结构全部现浇,外墙挂板、叠合楼板、内隔墙全部预制。构件采用预制构件流水线生产,生产效率高、成本低。

3）中南建设集团有限公司（简称中南建设）

中南建设自 2006 年开始从澳大利亚引进 NPC 体系，该体系的特点为外墙、剪力墙、核心筒及叠合楼板均采用预制，预制率较高。该公司的核心技术为波纹管预留孔浆锚钢筋间接搭接技术。

4）三一重工股份有限公司（简称三一重工）

作为混凝土行业的领军企业，三一重工利用世界级工厂的先进技术与设备，打造顶级的 PC 成套设备，已成为行业内唯一可提供 PC 成套设备解决方案的企业，可为客户提供售前规划咨询、构件设计、构件生产安装培训等服务。由于 PC 流水线是生产混凝土预制件的核心，三一重工 PC 自动化流水生产线采用环形生产方式，以每台设备加工的标准化、每个生产工位的专业化，将钢筋、混凝土、砂石等原材料加工成高质量、高环保的混凝土预制件。生产线包含模台清理、画线、装边模等十多道生产工序，可选用自动和手动两种控制方式进行操作。

5）宝业西伟德混凝土预制件（合肥）有限公司（简称合肥宝业西伟德）

合肥宝业西伟德引进德国技术和自动化流水生产线，2011 年与国家住宅产业化示范基地企业绍兴宝业合资，生产桁架钢筋双面预制叠合式剪力墙和桁架钢筋叠合楼板。技术体系特点：装配现浇后的房屋整体性好，生产过程自动化程度高，安装过程效率高。

6）杭萧钢构股份有限公司（简称杭萧钢构）

杭萧钢构专业从事钢结构住宅产业化，在楼承板、内外墙板、梁柱节点、结构体系、构件形式、钢结构住宅、防腐防火和施工工法等方面先后获得 200 余项国家专利成果。其中，钢筋桁架楼承板是将楼板中的钢筋在工厂加工成钢筋桁架，并将钢筋桁架与镀锌压型钢板焊接成一体的组合模板。在施工阶段，钢筋桁架楼承板可承受施工荷载，直接铺设到梁上，进行简单的钢筋工程便可浇筑混凝土，完全替代了模板功能，减少了模板架设和拆卸工程，大大提高了楼板施工效率。

7）山东万斯达建筑科技股份有限公司（简称山东万斯达）

山东万斯达是我国最早从事装配式建筑体系研究、产品开发、设计、制造、施工及产业化人才培养的高新技术企业之一，是住房和城乡建设部"国家住宅产业化基地"。主要产品包括预制混凝土叠合板、预制混凝土墙板、预制混凝土梁柱、预制混凝土楼梯及预制混凝土阳台。上述产品按照建筑设计要求在工厂制造完成，实行工厂化作业，制造完成后运输到施工现场，经组装连接形成满足预定功能要求的建筑物，能显著提升施工效率、节省施工成本以及改善作业环境。

1.6 装配式建筑的未来

装配式建筑是建筑业产业结构转型升级的必然要求，也是建筑业未来发展的必然方向。它是解决质量、安全、效益、节能、环保、低碳问题的有效途径，也是解决劳动力短缺、劳动力成本提高等问题的必然选择，更是解决产业链之间脱节、生产方式落后等问题的有效办法，是推动建筑业转型升级、新型城镇化发展、节能减排战略的基础保障。

毫无疑问，装配式建筑是今后建筑产业发展的大趋势，我们必须适应新形势的需要、迎接新的挑战，努力解决目前存在的一些问题和不足，尽快推动装配式建筑发展。具体来说，在装配式建筑方面，今后努力发展或解决问题的方向主要有以下几个方面。

1.6.1 模块化与建筑制造一体化将成建筑业的主导趋势

建筑业正面临严重的技能短缺问题，并需应对日益增长的全球化挑战，技能短缺将驱使建筑行业采用新的技术和商业模式,这就是装配式建筑,通过制造与建筑的结合开辟了新的技术、模式与市场。

解决技能、人力短缺的一个方式是大力发展建筑制造一体化,使建筑结构(构件)的生产、安装施工、(内外)装饰实现一体化。

1.6.2 加强设计技术体系及关键技术的完善

目前的一体化、标准化设计的关键技术方法滞后,构件连接节点干法连接关键技术远未成熟,设计、加工、装配环节脱节,技术系统集成较为欠缺,今后应加大力度开展这方面的研究工作,创新关键技术及体系。

连接方式或者说连接节点的标准化,通过不同的三维组合方式构成各种形状是未来装配式建筑发展的方向之一。这些技术在盒子建筑中已经初露端倪,展现出很大的优势,如图 1-6-1 所示。

(a) 加拿大蒙特利尔的盒子建筑   (b) 雄安新区市民服务中心集装箱盒子建筑

图 1-6-1 盒子建筑

1.6.3 研究构件高效吊装与安装控制的关键技术

装配式建筑的最大特点是将工厂预制好的构件在施工现场进行安装拼接,因而构件的高效吊装和高精度安装非常重要。今后的研究工作应重点关注建筑施工全过程公差控制理论的研究,建筑构件高效、高精度生产控制技术的研究,构件高效、高精度安装定位自动化控制技术的研究,自动化吊装、安装装备的研发等几个方面的工作。

1.6.4 装配式组合结构的发展

装配式组合结构按预制构件材料的组合方式可以分为混凝土+钢结构、混凝土+木结构、钢结构+木结构、其他结构组合(如"纸管"结构与集装箱组合的结构等)。装配式组合结构能获得单一材料装配式结构无法实现的某些功能或效果。装配式组合结构给了设计师更灵活的选样性,建筑师和结构工程师在选用时就赋予了它特殊的意义。

1.6.5 智能建筑发展方向

智能建筑国际上定义为将建筑物的结构、系统、服务和管理根据用户的需求进行最优化组合,从而为用户提供一个高效、舒适、便利的人性化建筑环境的建筑。智能建筑是集现代科学技术之大成的产物,其技术基础主要由现代建筑技术、现代计算机技术、现代通信技术和现代控制技术组成。

国内定义智能建筑为以建筑物为平台,兼备信息设施系统、信息化应用系统、建筑设备管理系统、公共安全系统等,集结构、系统、服务、管理及其优化组合为一体,向人们提供安全、高效、便捷、节能、环保、健康的建筑环境的建筑。

智能建筑的基本功能主要由三大部分构成,即建筑设备自动化、通信自动化和办公自动化,它们是智能化建筑中必须具备的基本功能,从而形成"3A"智能建筑。

智能建筑是随着人类对建筑内外信息交换、安全性、舒适性、便利性和节能性的要求产生的。智能建筑及节能行业强调用户体验,具有内生发展动力。建筑智能化提高客户工作效率,提升建筑适用性,降低使用成本,已经成为发展趋势。同时,我国城镇化建设的不断推进,也给智能建筑的发展提供了条件。我国平均每年要建 20 亿平方米左右的新建建筑,预计这一过程还要持续很多年。

近年来,智能一体化设计逐渐在智能建筑行业兴起。简单来说,智能建筑一体化,就是将庞杂的智能控制系统集成在一起,做到标准统一、施工方法统一。这样,系统的稳定性、可靠性都将大大增加。

影响智能建筑今后发展的因素较多,但值得特别关注的是,在接下来的发展之路上,智能建筑必须融入智慧城市建设,这也可认为是智能建筑的"梦"。

随着新一代信息技术的发展和国家"新四化"(新型工业化、信息化、城镇化、农业现代化)的推进,特别是在新型城镇化目标的指导下,为了破解城镇化带来的各种"城市病",智慧城市建设时不我待。

思 考 题

1. 什么是装配式建筑?
2. 装配式建筑的基本特征是什么?
3. 装配式建筑的优缺点有哪些?
4. 什么是预制率和装配率?
5. 装配式建筑未来有哪些发展趋势?

Chapter 2

任务 2 理解装配式建筑设计

学习任务:
- 了解装配式建筑的系统设计理念,了解装配式建筑系统构成与分类;
- 了解装配式建筑设计流程,了解装配式建筑设计流程与普通建筑设计流程的异同;
- 熟悉装配式建筑模数化、标准化、集成化的协同设计的概念、原则及设计要求;
- 理解装配式建筑设计中建筑专业、结构专业及深化设计的原则、内容及设计流程。

重难点:
- 装配式建筑模数化、标准化、集成化的协同设计的概念、原则;
- 装配式建筑设计的原则及流程。

2.1 装配式建筑设计理念

多年来我国的装配式建筑设计与构件(部品)生产、施工、装修与运维之间一直存在脱节的问题,随着近二十年建筑业的迅速发展,这种现象越来越严重,这就导致在建设过程中出现很多问题,主要表现为生产效率低、材料浪费大、建筑质量不高。

装配式建筑是建造方式的重大变革。装配式建造方式具有工业制造的特征,所以需要建立以建筑为最终产品的系统工程理念,用工业化的设计思维和方法来建造房屋。装配式建筑的建造过程是一个产品生产的系统流程,要通过建筑师对建造全过程的控制,进而实现工程建造的标准化、一体化、工业化和高度组织化。毫无疑问,发展装配式建筑既是一场建造方式的大变革,也是生产方式的革新,更是实现我国建筑业转型和创新发展的必由之路。

2.1.1 装配式建筑的系统设计理念

系统工程理论是装配式建筑设计的基本理论。在装配式建筑设计过程中,必须建立整体性设计的方法,采用系统集成的设计理念与工作模式。系统设计应遵循以下原则。

1. 建立一体化、工业化的系统方法

在装配式建筑设计开始时,首先要进行总体技术策划,确定整体技术方案,然后进行具体设计,即先进行建筑系统的总体设计,然后进行各子系统和具体分部设计。

2. 建立多专业的协同设计

装配式建筑设计应实现各专业系统之间在不同阶段的协同、融合、集成、创新,实现建筑、结构、机电、内装、智能化、造价等各专业的一体化集成设计。

3. 以整体最优化为设计目标

在设计过程中要综合各专业的系统,进行分析优化,采用信息化手段来构建系统模型,优化系统结构和功能质量,使之达到整体效率、效益最大化。

4. 采用标准化设计方法

装配式建筑的设计要遵循少规格、多组合的原则,需要建立建筑部品和单元的标准化模数模块、统一的技术接口和规则,实现平面标准化、立面标准化、构件标准化和部品标准化。

5. 充分考虑生产、施工的可行性和经济性

设计要充分考虑构件、部品生产和施工的可行性因素,通过整体的技术优化,保证建筑设计、生产运输、施工装配、运营维护等各环节的一体化建造。

2.1.2 系统构成与分类

按照装配式建筑的设计理念,需要对装配式建筑进行全方位、全过程、全专业的系统化研究和实践。可以把装配式建筑看作一个由若干子系统集成的复杂系统。

装配式建筑系统主要包括主体结构系统、外围护系统、内装系统、机电设备系统四大系统,如图 2-1-1 所示。

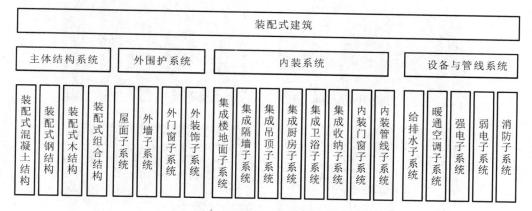

图 2-1-1 装配式建筑系统构成与分类

1. 主体结构系统

主体结构系统按照材料不同分为装配式混凝土结构、装配式钢结构、装配式木结构和装配式组合结构,如图 2-1-2 所示。

2. 外围护系统

装配式建筑的外围护系统由屋面子系统、外墙子系统、外门窗子系统和外装饰系统等组成,外墙子系统按照材料与构造的不同,可分为幕墙类、外墙挂板类、组合钢(木)骨架类和"三明治"外墙类等,如图 2-1-3 所示。

3. 内装系统

内装系统主要由集成楼地面系统、集成隔墙子系统、集成吊顶子系统、集成厨房子系统、集成卫浴子系统、集成收纳子系统、内装门窗子系统和内装管线子系统 8 个子系统组成。

(a) 装配式混凝土结构

(b) 装配式钢结构

(c) 装配式木结构

(d) 装配式组合结构

图 2-1-2　主体结构系统

(a) 装配式屋面

(b) 装配式外门窗

(c) 装配式外装饰

(d) 装配式幕墙

(e) 装配式外墙挂板

(f) 装配式三明治外墙

图 2-1-3　外围护系统

4. 设备与管线系统

设备与管线系统主要包括给排水子系统、暖通空调子系统、强电子系统、弱电子系统、消防子系统等,按照装配式的发展思路,设备与管线系统的装配化应着重发展模块化的集成设备系统和装配式管线系统。

装配式建筑涉及规划设计、生产制造、施工安装、运营维护等阶段,需要全面统筹设计方法、技术手段、经济选型。

2.2 装配式建筑设计流程

2.2.1 一般建筑设计流程

一般建筑设计流程可以分为三个阶段:前期阶段、设计阶段和服务配合阶段。前期阶段主要是确认设计任务,一般以签订设计合同为标志,签订设计合同是本阶段的结束,也是设计阶段的开始。设计阶段一般分为方案设计、初步设计(或扩大初步设计)、施工图设计三个阶段,这个阶段以交付完成的施工图纸为标志。服务配合阶段一般包括交付正式的施工图纸到竣工验收期间,配合工程招标、技术交底、确定样板、分部分项验收,直至竣工验收等一系列的设计延伸服务工作。

1. 前期阶段

建筑设计的前期阶段一般包括四个内容。

(1)项目建议书——描述对拟建项目的初步设想,如基建项目的内容、选址、规模、建设必要性、可行性、获利预测等。

(2)项目可行性研究报告——由投资者或经济师对项目的市场情况、工程建设条件、投资规模、项目定位、技术可行性、原材料来源等进行调查、预测、分析,并做出投资决策的结论。

(3)建设立项——一旦认为项目可行,投资者或业主要将项目报国家计划部门及规划部门。前者根据国家政策做出立项批准;后者根据总体规划给定项目的规划设计条件。

(4)建筑策划——依赖于经验和规范,借助现代科技手段,以实态调查为基础,对项目的设计依据进行论证,并最终编制设计任务书。

2. 设计阶段

设计阶段一般又可分为四个阶段,即方案设计、初步设计、技术设计和施工图设计。

1)方案设计

方案设计就是要了解设计的需求,并获取必要的设计数据来绘制各层的主要平面、剖面和立面,在需要的时候还要画出建筑的效果图。建筑方案设计一般要标出房屋的主要尺寸、面积、房屋高度、门窗所在位置以及建筑设备所在位置等,这样才能够充分表达出设计意图、结构形式以及构造特点。在方案设计阶段,设计师和业主以及房屋相关人员的接触是比较多的,如果方案设计能够确定,就可以进入下一步的初步设计。

2)初步设计

初步设计是在方案设计的基础上,进一步深入推敲、深入研究、完善方案,并初步考虑结构布置、设备系统及工程概预算的过程。

3)技术设计

如果不是特别复杂的工程,是可以省略技术设计阶段的。技术设计阶段主要是和房屋内其

他的建筑种类互相提供资料,提出要求,协调和水电、暖气等之间的关系,为后续编制施工图打好基础。这一步骤的重点就是要求建筑工种标明和其他技术工种有关的详细尺寸,并且编制出相关建筑部分的技术说明。

4)施工图设计

施工图的绘制是建筑设计中工作量最大的一步,也是完成成果之前的最后一步,施工图的绘制就是要绘制出满足施工要求的图纸,并且确定整个工程的尺寸、建筑用料、建筑造型等。完成了施工图的绘制才可以进行审核,并且让相关人员进行签字。设计师应绘制满足施工要求的建筑、结构、设备专业的全套图纸,并编制工程说明书、结构计算书及设计预算书。

3.服务配合阶段

服务配合阶段一般包括交付正式的施工图纸到竣工验收期间,配合工程招标、技术交底、确定样板、分部分项验收,直至竣工验收等一系列的设计延伸服务工作。

一般建筑设计流程如图 2-2-1 所示。

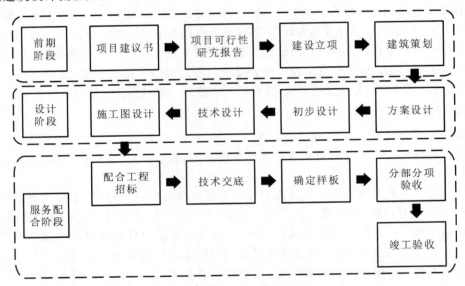

图 2-2-1　一般建筑设计流程

2.2.2　装配式建筑设计流程

装配式建筑与一般建筑相比,在设计流程上多了两个环节——技术策划和部品、部件深化设计。装配式建筑项目设计流程如图 2-2-2 所示。

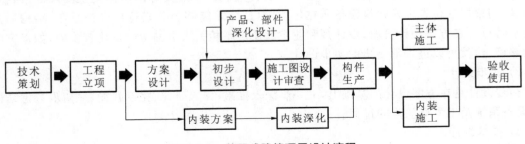

图 2-2-2　装配式建筑项目设计流程

28

1. 技术策划

技术策划是指在项目规划审批立项前,对项目定位、技术路线、成本控制、效率目标等进行要求;对项目所在区域的构件生产能力、施工装配能力、现场运输与吊装条件等进行技术评估。技术策划是把建设、设计的初步设想转换成定义明确、目标明确、要求清晰的技术实施方案的过程,回答建什么及怎么建的问题,从而为项目的决策和实施提供全面、完整、系统性的计划和依据。

技术策划是装配式建筑建造过程中必不可少的部分,也是与一般建筑设计相比差异最大的内容之一。以往的实践中,对此重视不足,或者就没有做技术策划,导致建设过程中出现许多问题难以解决。技术策划应当在设计的前期进行,主要是为了选择一个最优的方案,用于指导建造过程(见图 2-2-3)。所以,技术策划可以说是装配式建筑的建设指南。

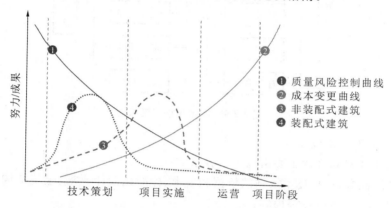

图 2-2-3 技术策划对风险、成本在不同阶段的影响图

装配式混凝土建筑的建造是一个系统性的工程,相对于传统施工方式而言,建设流程更全面、更精细、更综合,约束条件更多、更复杂。为了实现提高生产效率、提高施工质量、减少人工作业、减少环境污染的目标,需尽量减少现场湿法作业,构件在工厂按计划预制并运输到现场,短时间存放后进行吊装施工。因此,装配整体式混凝土结构实施方案的经济性和合理性,生产组织和施工组织的计划性,设计、生产、运输、存放和安装等各工序的衔接性和协同性等方面,相对传统的建造方式显得尤为重要。好的技术策划能有效控制成本、提高效率、保证质量,能充分体现装配整体式混凝土结构的工厂化优势。

设计单位应充分考虑项目定位、建设规模、装配化目标、成本限额以及各种外部条件影响因素,制订合理的建筑概念方案,提高预制构件的标准化程度,并与建设单位共同确定技术实施方案,为后续的设计工作提供设计依据。

1)技术策划的总体目标

技术策划的总体目标是在满足工程项目的建筑功能、安全适用、经济合理和美观的前提下,实现经济效益、环境效益和社会效益最大化。技术策划应以保障安全、提高质量、提升效率为原则,通过综合分析和比较,确定可行的技术配置和适宜的建设标准。

2)技术策划的要点

装配式建筑在项目前期的技术策划阶段,应对规划设计、部品生产和施工建造各环节进行统筹安排,使建筑、结构、内装修、机电、经济、构件生产等环节密切配合、协同工作及全过程参与,也应对技术选型、技术经济可行性和可建造性进行评估。设计单位应充分考虑项目定位、建设规模、装配化目标、成本额度以及各种外部条件影响因素,制订合理的建筑设计方案,提高预制构件的标准化

程度,并与建设单位共同确定技术实施方案,如确定项目的装配式建造目标、结构选型、围护结构选型、集成技术配置等,为后续的设计工作提供设计依据。技术策划的要点如图 2-2-4 所示。

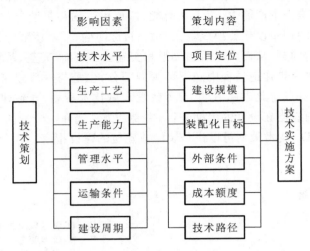

图 2-2-4　技术策划的要点

3）技术策划文件的组成

装配式建筑技术策划文件主要由以下内容组成:

（1）技术策划报告,包括技术策划的依据和要求、标准化设计要求、建筑结构体系、建筑围护系统、建筑内装体系、设备管线等内容;

（2）技术配置表,装配式结构技术选用及技术要点;

（3）经济性评估,包括项目规模、成本、质量、效率等内容;

（4）预制构件生产策划,包括构件厂选择、构件制作及运输方案,经济性评估等。

2.方案设计

根据技术策划实施方案进行平面、立面、剖面图以及重要节点构造设计,明确结构体系、预制构件种类等。精装设计应在此阶段介入,根据户型方案进行精装方案设计。方案设计流程如图 2-2-5 所示。

3.初步设计

各专业协同优化设计预制构件规格、种类,设备专业管线预留、预埋等,并进行专项的经济性评估,分析影响成本的因素,采取合理的技术措施,进一步细化和落实所采用的技术方案的可行性。初步设计流程如图 2-2-6 所示。

4.施工图设计

施工图设计应按照初步设计阶段制订的技术方案进行设计,充分考虑各专业预留、预埋要求,进行预留、预埋及连接节点设计,形成完整可实施的施工图设计文件。施工图设计流程如图 2-2-7 所示。

5.部品、部件深化设计

部品、部件深化设计是装配式建筑设计独有的设计阶段,其主要作用是将建筑各系统的结构构件、内装部品、设备和管线部件以及外围护系统部件进行深化设计,完成能够指导工厂生产和施工安装的部品、部件深化设计图纸和加工图纸。

目前国内外围护系统中的幕墙设计相对比较成熟,形成了专业幕墙设计单位和幕墙生产厂

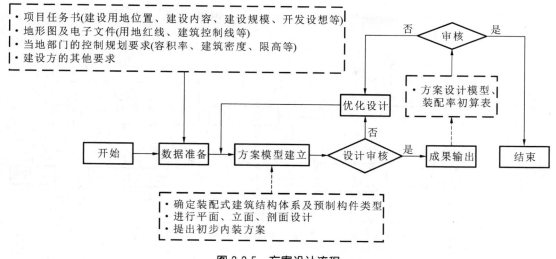

图 2-2-5　方案设计流程

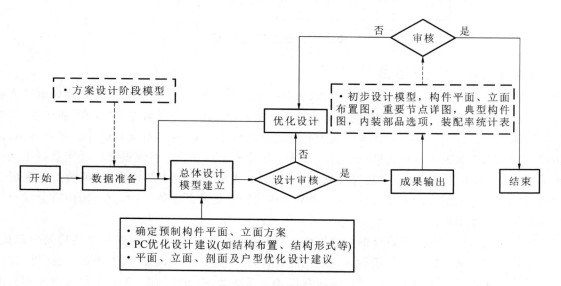

图 2-2-6　初步设计流程

家提供深化设计服务的格局;以湿法作业为主的传统装修也有相对成熟的设计服务。而结构构件的深化设计、装配式内装的深化设计、设备和管线装配化加工和安装的深化设计还处于起步阶段,尤其是结构构件的深化设计,具备此设计能力的设计单位不多,做得比较好的更少,这是制约装配式建筑发展的一个瓶颈。

部品、部件和预制构件的深化设计,使装配式建筑设计区别于一般建筑设计,具有高度工业化的特征,更加类似于工业产品的设计,因而具有独特的制造业特征。要想做好深化设计,必须了解部品、部件和预制构件的加工工艺、生产流程、运输、安装等各环节的要求。因此大力提高深化设计的能力、培养深化设计的专门人才是装配式建筑发展的紧要任务。

在部品、部件深化设计之后,部品、部件生产企业还应根据深化设计文件,进行生产加工的设计,主要根据生产和施工的要求,进行放样、预留、预埋等加工前的生产设计。

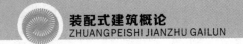
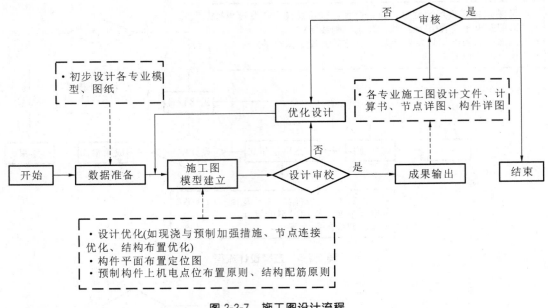

图 2-2-7　施工图设计流程

6.装配式建筑设计的误区

有人把装配式建筑设计看得很简单,以为就是按现有结构设计,之后再由拆分设计单位或制作厂家进行拆分设计、构件设计和细部构造设计。他们把装配式设计看作后续的附加环节,认为其属于深化设计性质。许多设计单位认为装配式设计与己无关,最多对拆分设计图审核签字;许多建筑师则以为装配式设计是结构专业的事情。尽管装配式混凝土建筑设计以现浇混凝土结构为基础,许多工作也确实是在常规设计完成后展开的,大量工作属于结构专业,但装配式混凝土建筑设计不仅仅是附加的深化设计,也不是常规设计完成后才开始的工作,更不能由拆分设计机构或制作厂家承担设计责任。

把装配式设计当作常规设计的后续工作,交由其他机构去做,存在问题甚至结构安全隐患。装配式建筑应当从方案设计阶段就纳入装配式设计,而不是先按现浇设计,再改成装配式设计。

设计的认识误区导致装配式混凝土建筑设计出现被动、敷衍的情况,不仅无法实现装配式的优势,还可能导致效率低、成本高、质量差、遗漏多,甚至可能造成结构的安全隐患。

因此,装配式建筑设计应当由建筑师领衔,结构设计师"唱主角",与装饰设计师、水电和暖通设计师、拆分和构件设计师、制造厂家的工程师、施工安装企业的工程师全程协同设计。

2.3 装配式建筑设计方法

装配式建筑设计必须符合有关政策、法规及标准的规定,在满足建筑使用功能和性能的前提下,采用模数化、标准化、集成化的协同设计方法,践行少规格、多组合的设计原则,对建筑的各种构(配)件、部品、构造及连接技术进行模块化组合与标准化设计,建立合理、可靠、可行的建筑技术通用体系,实现建筑的装配化建造。

装配式混凝土建筑应模数协调,采用模块组合的标准化设计,将主体结构系统、外围护系统、设备与管线系统和内装系统进行集成;应按照集成设计原则,将建筑、结构、给水排水、暖通空调、电气、智能化和燃气等专业之间进行协同设计;宜建立信息化协同平台,采用标准化的功能模块、部品、部件等信息库,统一编码、统一规则,全专业共享数据信息,实现建设全过程的管理和控制。装配式混凝土建筑应满足建筑全生命周期的使用维护要求,宜采用管线分离的方式。装配式混凝土建筑应满足国家现行标准的防火、防水、保温、隔热及隔声等要求。

2.3.1 装配式建筑模数化设计

模数和模数协调是建筑工业化的基础,用于建造过程的各个环节,在装配式建筑中显得尤其重要。没有模数和尺寸协调,就不可能实现标准化。建筑模数不仅用于协调结构构件与构件之间、建筑部品与部品之间以及预制构件与部品之间的尺寸关系,还有助于在预制构件的构成要素(如钢筋网、预埋管线、点位等)之间形成合理的空间关系,避免交叉和碰撞。模数协调可以优化部品、部件的尺寸,使设计、制造、安装等环节的配合趋于简单、精确,使土建、机电设备和装修的"一体化集成"和装修部品、部件的工厂化制造成为可能。

1. 基本概念

模数是为了实现建筑工业化大规模生产、产品标准化,使不同材料、不同形式和不同制造方法的建筑构配件、组合件具有一定的通用性和互换性,统一选定的协调建筑尺度的增值单位。建筑模数是选定的尺寸基数,也是建筑设计、建筑施工、建筑材料与制品、建筑设备、建筑组合件等各部门进行尺度协调的基础,其目的是使构配件安装吻合,并有互换性,便于装配化建设。我国建筑设计和施工中,必须遵循《建筑模数协调标准》的规定。

1) 基本模数(basic module)

基本模数是模数协调中的基本尺寸单位,用"M"表示。目前,世界各国均采用100 mm为基本模数,即1 M=100 mm(注意:此处的"M"为建筑基本模数的符号,并非长度单位中的"米")。整个建筑物、建筑物的一部分以及建筑部件的模数化尺寸,应是基本模数的倍数。

2) 扩大模数(multi-module)

扩大模数是基本模数的整数倍数。我国《建筑模数协调标准》规定扩大模数基数应为2 M(200 mm)、3 M(300 mm)、6 M(600 mm)、9 M(900 mm)、12 M(1200 mm)、15 M(1500 mm)、30 M(3000 mm)、60 M(6000 mm),但3 M模数不作为主推的模数系列。

3) 分模数(infra-modular size)

分模数是基本模数的分数值,一般为整数分数。我国《建筑模数协调标准》规定分模数基数应为M/10(10 mm)、M/5(20 mm)、M/2(50 mm)。

扩大模数和分模数统称为导出模数,是装配式建筑设计、施工过程中的重要概念。

4) 模数数列(modular array)

模数数列是以基本模数、扩大模数、分模数为基础,扩展成的一系列尺寸。

模数数列应根据功能性和经济性原则确定。建筑物的开间或柱距,进深或跨度,梁、板、隔墙和门窗洞口宽度等分部件的截面尺寸宜采用水平基本模数和水平扩大模数数列,且水平扩大模数数列宜采用$2n$ M、$3n$ M(n为自然数)。

建筑物的高度、层高和门窗洞口高度等宜采用竖向基本模数和竖向扩大模数数列,且竖向扩大模数数列宜采用n M。

构造节点和分部件的接口尺寸等宜采用分模数数列,且分模数数列宜采用M/10、M/5、M/2。

5）模数协调（modular coordination）

模数协调是应用模数实现尺寸协调及安装位置的方法和过程。

6）模数网格（modular grid）

模数网格用于部件定位的，由正交或斜交的平行基准线（面）构成的平面或空间网格，且基准线（面）之间的距离符合模数协调要求。

2. 模数协调

模数协调工作是各行各业生产活动最基本的技术工作。遵循模数协调原则，全面实现尺寸配合，可保证房屋建设过程中，在功能、质量、技术和经济等方面获得优化，促进房屋建设从粗放型生产转化为集约型的社会化协作生产。模数协调的两层含义：一是尺寸和安装位置各自的模数协调；二是尺寸与安装位置之间的模数协调。

建筑部件实现通用性和互换性是模数协调的最基本原则，就是把部件规格化、通用化，使部件可适用于常规的建筑，并能满足各种需求，使部件规格化又不限制设计自由。这样，该部件就可以进行大量定型的规模化生产，稳定质量，降低成本。通用部件使部件具有互换能力，互换时不受其材料、外形或生产方式的影响，可促进市场的竞争和部件生产水平的提高，适合工业化大生产，简化施工现场作业。

部件的互换性有各种各样的内容，包括年限互换、材料互换、式样互换、安装互换等，实现部件互换的主要条件是确定部件的尺寸和边界条件，使安装部位和被安装部位达到尺寸间的配合。年限互换主要指因为功能和使用要求发生改变，要对空间进行改造利用时，或者某些部件已经达到使用年限，需要用新的部件进行更换。

建筑的模数协调工作涉及各行各业，涉及的部件种类很多。因此，需要各方面共同遵守各项协调原则，制定各种部件或分部件的协调尺寸和约束条件。目前我国多采用模数网格法来进行模数协调工作。

不论是建筑的外围护系统还是内部空间，其界面大都处于二维模数网格中，简称平面网格。不同的空间界面按照装配部件的不同，采用不同参数的平面网格。平面网格之间通过平、立、剖面的二维模数整合成空间模数网格。模数网格可由正交、斜交或弧线的网格基准线（面）构成，如图 2-3-1 所示。连续基准线（面）之间的距离应符合模数，不同方向连续基准线（面）之间的距离可采用非等距的模数数列，如图 2-3-2 所示。

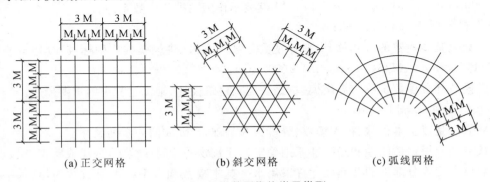

(a) 正交网格   (b) 斜交网格   (c) 弧线网格

图 2-3-1　模数网格的常见类型

模数网格可采用单线网格，也可采用双线网格，如图 2-3-3 所示。单线网格可用于中心线定位，也可用于界面定位；双线网格常用于界面定位。单线网格和双线网格中的定位法如图 2-3-4 至图 2-3-6 所示。

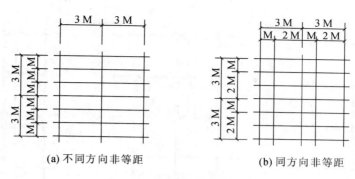

(a) 不同方向非等距　　　　　(b) 同方向非等距

图 2-3-2　非等距的模数网格

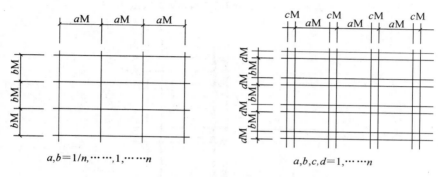

$a,b=1/n,\cdots\cdots,1,\cdots\cdots n$　　　　$a,b,c,d=1,\cdots\cdots n$

图 2-3-3　单线网格及双线网格

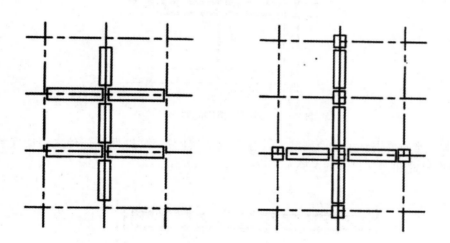

图 2-3-4　单线网格中的中心线定位法

模数网格的选用应符合下列规定：

（1）结构网格宜采用扩大模数网格，且优先尺寸应为 $2n$ M、$3n$ M 模数系列；

（2）装修网格宜采用基本模数网格或分模数网格。隔墙、固定橱柜、设备、管井等部件宜采用基本模数网格，构造做法、接口、填充件等分部件宜采用分模数网格。分模数的优先尺寸应为 M/2、M/5。

模数协调主要是为了确定建筑物拆分后部件的尺寸，设计人员更关心部件的标志尺寸，设计师根据部件的基准面来确定部件的标志尺寸。制造业者关心部件的制作尺寸，必须保证制作尺

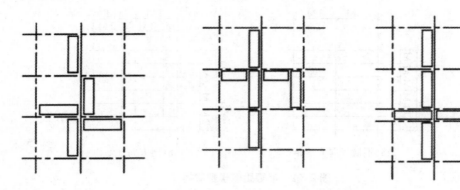

图 2-3-5　单线网格中的界面定位法

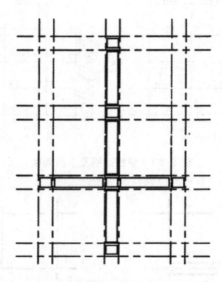

图 2-3-6　双线网格中的界面定位法

寸符合基本公差的要求。承建商则需要关注部件的实际尺寸，以保证部件之间的安装协调。标志尺寸、制作尺寸和实际尺寸的关系如图 2-3-7 所示。

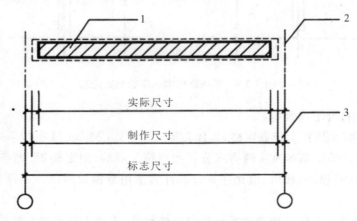

图 2-3-7　标志尺寸、制作尺寸和实际尺寸的关系
1—部件；2—基准面；3—装配空间

实施模数协调的工作是一个渐进的过程,对于成熟的、重要的以及影响较大的部位可先期运行,如厨房、卫生间、楼梯间等;重要的部件和分部件,如门窗等,优先推行规格化、通用化,其他部位、部件和分部件等条件成熟后再予推行。

2.3.2 装配式建筑的标准化设计

1.总体概述

标准化是工业化的基础,没有标准化就无法实现规模化的高效生产。同理,设计的标准化也是实现装配式建筑目标的起点。标准化设计,可以解决设计质量参差不齐的问题,能够保证设计的质量,从而有利于提高工程质量;标准化流程可以减少重复劳动,使建造周期大大缩短;装配式建筑具有运用新技术的天然场景,标准化设计有利于大规模推广新技术;在各个产业链条上,我们会发现标准化设计的应用,可促使构配件生产工厂化、装配化和施工机械化,提高生产效率;标准化设计能够节约建设材料,降低工程造价,从而提高经济效益。

一些建筑为了追求所谓的"个性化",漠视工业化生产的规律,构件种类多、模具利用效率低,建设成本居高不下;也有一些项目,在标准化设计方面做得很好,取得了良好的效益。这些经验和教训从两方面证明,要想做好装配式建筑,必须先做好标准化设计。那么,什么是标准化设计呢? 标准化设计是一个设计方法,即采用标准化的构件,形成标准化的模块,进而组合成标准化的楼栋,在构件、模块、楼栋等各个层面上进行不同的组合,形成多样化的建筑成品,这种具有工业化特征的建筑成品也可以叫作建筑产品。

标准化设计的核心是建立标准化的预制构件通用体系产品目录。设计人员在建筑设计初期选择标准化构件库(见图 2-3-8)中的标准化模块的预制混凝土构件进行组合,建立标准化的户型单元,实现建造过程中标准构件的重复使用。标准化设计从项目设计到构件生产,再到施工工艺形成一条完整的流水线,实现降低成本、提高效率的目的。标准化设计体现装配式住宅标准化、结构合理化、体型规整、重复率高的特点。

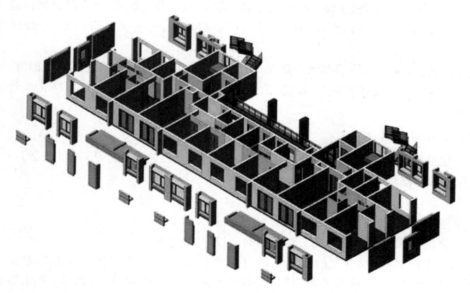

图 2-3-8 标准化构件库

标准化设计首先要坚持少规格、多组合的原则。少规格的目的是提高生产的效率,降低工程的复杂程度,降低管理的难度,降低模具的成本,为专业之间、企业之间的协作提供一个相对较好的基础。多组合是为了提升适应性,以少量的部品、部件组合形成多样化的产品,以满足不同的使用需求。

装配式建筑标准化设计的基本原则就是要坚持建筑、结构、机电、内装一体化和设计、加工、装配一体化,即从模数统一、模块协同,各专业一体化考虑,实现平面标准化、立面标准化、构件标准化和部品标准化。通过建筑平面元素,例如在标准化模数和规则下的标准化户型、模块、通用接口等的不同组合,实现建筑平面和户型功能化空间的丰富效果,满足节约用地和用户使用需求,形成以有限模块实现无限生长的设计效果。通过装配式建筑外围护结构,如标准化的幕墙、外墙板、门窗、阳台及色彩单元的模块化集成技术,来实现建筑立面的多样化和个性化。标准化设计应以构件的少规格、多组合和建筑部品的模块化和精细化为落脚点。

2. 标准化设计方法

标准化设计可从以下三个层面进行。

1) 部品、部件标准化

部品、部件的标准化设计主要是指采用标准的部件、构件产品,形成具有一定功能的建筑系统,如储藏系统、整体厨房、整体浴室、地板系统等。结构构件中的墙板、梁、柱、楼板、楼梯、隔墙板等,也可以做成标准化的产品,在工厂内进行批量规模化生产,应用于不同的建筑楼栋。

2) 功能模块标准化

许多建筑,如住宅、办公楼、公寓、酒店、学校等,建筑中许多房间的功能、尺度基本相同或相似,如住宅厨房、住宅卫生间、楼电梯交通核、教学楼内的盥洗间、酒店卫生间等,这些功能模块适合采用标准化设计。

3) 楼栋单元标准化

许多建筑具有相似或相同的体量和功能,可以对建筑楼栋或组成楼栋的单元采用标准化设计。住宅小区内的住宅楼、教学楼、宿舍、办公楼、酒店、公寓等建筑物,大多具有相同或相似的体量、功能,采用标准化设计可以大大提高设计的质量和效率,有利于规模化生产,合理控制建筑成本。

部品标准化是部件、构件标准化的集成;功能模块标准化是部品、部件标准化的进一步集成。楼栋单元标准化是大尺度的模块集成,适用于规模较大的建筑群体。建筑标准化设计示意图如图 2-3-9 所示。

3. 标准化设计内容

装配式建筑的部品、部件及其连接应采用标准化、系列化的设计方法,主要包括:

(1) 尺寸的标准化。

(2) 规格系列的标准化。

(3) 构造、连接节点和接口的标准化。

装配式建筑标准化设计应贯穿工程建造的全过程、全系统。

在建设的不同时期,标准化的着重点和目标各有差异。方案设计阶段的标准化设计应着重于建筑功能的标准化和功能模块的标准化,确定标准化的适用范围、内容、量化指标和实施方案;初步设计阶段的标准化设计应着重于建筑单体或功能模块标准化,就建筑结构、围护结构、室内装修和机电系统的标准化设计提出技术方案,并进行量化评估;施工图阶段的标准化

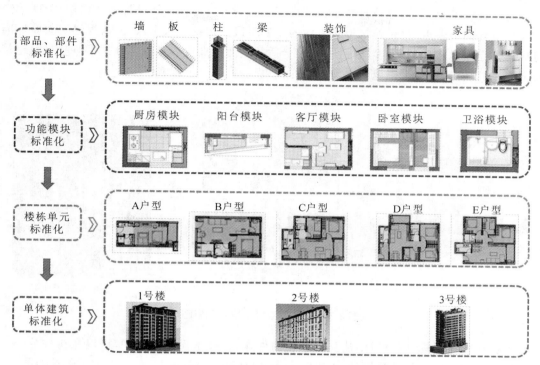

图 2-3-9 建筑标准化设计示意图

设计应着重优化建筑材料、做法、工艺、设备、管线,对构件、部品的标准化进行量化评价,并进行成本的优化;构件、部品加工的标准化设计应着重提高材料利用率,提高构件、部品的质量,提高生产效率,控制生产成本;施工装配的标准化设计应着重提高施工质量、提高施工效率、保障建筑安全。

从装配式建筑全系统看,标准化设计内容主要包括平面、立面、构件和部品四个方面的标准化设计。其中,建筑平面标准化是实现其他标准化的基础和前提条件。

建筑平面标准化通过平面划分,形成若干标准化的模块单元(简称标准模块,如厨房模块、阳台模块、客厅模块、卧室模块等),然后将标准模块组合成各种各样的建筑平面,以满足建筑的使用需求。建筑平面标准化的组合实现各种功能的户型,通过多样化的模块组合,将若干标准平面组合成建筑楼栋,以满足规划和城市设计的要求,如图 2-3-10 所示。

图 2-3-10 建筑平面标准化示意图

建筑立面标准化通过组合实现立面多样化。建筑立面是由若干立面要素组成的多维集合,利用每个预制墙所特有的材料属性,通过层次和比例关系表达建筑立面的效果。装配式建筑的立面设计,要分析各构成要素的关系,按照比例变化形成一定的秩序关系,一旦形成预期的秩序,立面的划分也就确定下来,建筑自然也就获得了自己的形式。在立面设计中,材料与构件的特性往往成为设计的出发点,也是建筑形式表达的重要手段。传统印象中,人们认为建筑立面标准化会造成建筑立面形式单调,但实践证明,采用合适的立面标准设计及组合方式不但能克服建筑立面表现单一的缺点,还能带来建筑立面的多样化表现,如图 2-3-11 所示。

立面标准构件　　　　　不同组合方式　　　　　丰富的外观表现

图 2-3-11　建筑立面标准化示意图

　　将预制构件进行标准化设计,建立标准化构件库,在技术设计环节中,可以从构件分类系统库里选取真实的构件产品进行设计,可以大大提高设计的准确性和效率。在方案修改过程中,只需替换相应的构件,而不会使构件之间的逻辑关系发生根本性的改变,这样不仅能够使建筑设计和建造流程变得更加标准化、理性化、科学化,减少各专业内部、专业之间因沟通不畅或沟通不及时导致的"错、漏、碰、缺",提升工作效率和质量,也能对优化房屋的设计、生产、建造、维修、拆除等流程大有帮助。

　　建筑部品标准化使生产、施工高效便捷。建筑部品标准化通过集成设计,用功能部品组合成若干小模块,再组合成更大的模块。小模块划分主要以功能单一部品、部件为原则,并以部品模数为基本单位,采用界面定位法确定装修完成后的净尺寸;部品、小模块、大模块以及结构整体间的尺寸协调通过"模数中断区"实现。

4. 关于标准化设计的提醒

　　1)标准化不能牺牲建筑的艺术性

　　建筑不仅要满足人的居住和工作要求,还要实现艺术性。就像爱美是女性的固有属性一样,艺术是建筑的固有属性。没有个性就没有艺术,不能将建筑都设计成千篇一律的样子。装配式建筑既要实现标准化又要实现艺术化和个性化。

　　美国著名建筑大师山崎实在 20 世纪 50 年代设计的位于美国中部城市圣路易斯市的廉租房社区(见图 2-3-12),由于过于强调标准化,建筑单调、呆板,没有人愿意居住,成为吸毒、走私者的聚集地,治安很差。18 年后,开发商只好炸掉它,重新建设。这个事件是建筑工业化的一个警钟,提醒我们不能因为标准化而牺牲建筑的艺术性。

　　2)标准化不等于照搬标准图

　　建筑功能、风格和结构千变万化,标准图不可能包罗万象,所以,一定要依据具体项目的具体情况进行标准化设计,而不能千篇一律,照搬标准图。

图 2-3-12　圣路易斯市的廉租房社区

3）实现标准化的主导环节

实现标准化的主导环节是标准的制定者，国外一般是行业协会，或者是一个大型企业。例如日本积水公司及大和公司，各自每年装配式别墅销量 5 万套以上，他们的企业标准应用范围就很广。国内标准化的主导者是国家行业主管部门、地方政府、行业协会和大型企业。每个具体工程项目的设计师，关于标准化设计所能做的工作仅限于按照标准图设计、选用已有的标准化部品、部件及设计符合模数协调的原则。

5. 建筑标准化设计评分规则

建筑项目标准化的评价应体现标准化设计理念，基本单元、构件、建筑部品应满足重复使用率高、规格少、组合多的要求。建筑标准化设计评分规则如表 2-3-1 所示。

表 2-3-1　建筑标准化设计评分规则

序号	评价项目	评价指标及要求		评价分值	评价方法
1	模数协调	建筑设计采用统一模数协调尺寸，并符合现行国家标准《建筑模数协调标准》（GB/T 50002—2013）的有关规定		2	查阅资料
2	建筑单元	住宅建筑	在单体住宅建筑中重复使用量最多的三个基本户型的面积之和占总建筑面积的比例不低于 70%	4	
		公共建筑	在单体公共建筑中重复使用量最多的三个基本单元的面积之和占总建筑面积的比例不低于 60%		
3	平面布局	各功能空间布局合理、规则有序，符合建筑功能和结构抗震安全要求		2	
4	连接节点	连接节点具备标准化设计，符合安全、经济、方便施工等要求		2	

序号	评价项目	评价指标及要求	评价分值	评价方法
5	预制构件	预制梁，预制柱，预制外承重墙板、内承重墙板、外挂墙板在单体建筑中重复使用量最多的三个规格构件的总个数占同类构件总个数的比例均不低于50%	4	查阅资料
		预制楼板、预制叠合楼板在单体建筑中重复使用量最多的三个规格构件的总个数占同类构件总数的比例不低于60%	2	
		预制楼梯在单体建筑中重复使用量最多的一个规格的总个数占楼梯总个数的比例不低于70%	2	
		预制内隔墙板在单体建筑中重复使用量最多的一个规格构件的面积之和占同类型墙板总面积的比例不低于50%	2	
		预制阳台板在单体建筑中重复使用量最多的一个规格构件的总个数占阳台板总数的比例不低于50%	1	
6	建筑部品	外窗在单体建筑中重复使用量最多的三个规格的总个数占外窗总数量的比例不低于60%	2	
		集成式卫生间、整体橱柜、储物间等室内建筑部品在单体建筑中重复使用量最多的三个规格的总个数占同类部品总数量的比例不低于70%，并采用标准化接口、工厂化生产、装配化施工	2	

2.3.3　装配式建筑的集成

1. 集成的概念

装配式混凝土结构、钢结构和木结构的国家标准都强调装配式建筑的集成化。集成化就是一体化的意思，集成化设计就是一体化设计，在装配式建筑设计中，特指主体结构系统、外围护系统、设备与管线系统和内装系统的一体化设计。

有人把集成化简单地理解为设计或选择集成化的部品、部件，如夹心保温外墙板、集成式厨房等。其实，集成化是很宽泛的概念，或者说是一种设计思维方法，集成有着不同的类型。

系统集成应根据材料特点、制造工法、运输能力、吊装能力的要求进行统筹考虑，提高集成度、施工精度及施工效率，降低现场吊装的难度。

2. 集成的原则

1）集成设计的总体原则

集成设计总体应遵循实用、统筹、信息化及效果跟踪的原则。集成的目的是保证和丰富功能、提高质量、减少浪费、降低成本、减少人工和缩短工期等，既不要为了应付规范要求或预制率指标勉强搞集成化，也不能为了作秀搞集成化。集成化设计应进行多方案技术经济分析比较。集成化设计中最重要的是多因素综合考虑，统筹设计，找到最优方案。集成设计是多专业、多环节协同设计的过程，不是一两个人能决定的，必须建立信息共享渠道和平台，包括各专业信息共享与交流，设计人员与部品、部件制作厂家、施工企业的信息共享与交流。信息共享与交流是搞好集成设计的前提。集成设计并不一定会带来效益和其他好处,设计人员应当跟踪集成设计的实现过程和使用过程,找出问题,避免重复犯错误。

装配式建筑的系统集成设计在遵循集成设计总体原则的基础上,尚应遵循各自的集成设计原则。

2)主体结构系统集成设计原则

主体结构系统集成设计时,部件宜尽可能对多种功能进行复合,减少各种部件的规格及数量,同时应对构件的生产、运输、存放、吊装等过程中所提出的要求进行深入考虑。

3)外围护系统的集成设计原则

外围护系统在集成设计时应优先选择集成度高并且构件种类少的装配式外墙系统,屋面、女儿墙、外墙板、外门窗、幕墙、阳台板、空调板、遮阳板等部件尽量采用集成模块化设计,各外围护构件间应选用合理有效的构造措施进行连接,提高构件在使用周期内抗震、防火、防渗漏、保温、隔声及耐久方面的性能要求。

4)内装系统的集成设计原则

内装系统的集成设计应与建筑设计同步进行,在设计时尽量采用高度集成化的厨房、卫生间及收纳等建筑部品,管线尽量采用管与线分离的安装方式。

5)设备与管线系统的集成设计原则

设备与管线集成设计时应统筹给排水、通风、空调、燃气、电气及智能化设备设计,选用模块化产品、标准化接口,并预留可扩展的条件,接口设计应考虑设备安装的误差,提供调整的可能性。

6)接口及构造设计原则

各类部品的接口应确保其连接的安全可靠,保证结构的耐久性和安全性。不同构件、部品间的接口及构造设计应重点解决防水、排水问题。当主体结构及围护结构之间采用干法连接时,宜预留缝宽的尺寸,进行相关变形的校核计算,确保接缝宽度满足结构和温度变形的要求,当采用湿法连接时,应考虑接缝处的变形协调。接口构造设计应便于施工安装及后期的运营维护,并应充分考虑生产和施工误差对安装产生的不利影响以确定合理的公差设计值,构造节点设计应考虑部件更换的便捷性。设备管线及相关点位接口不应设置在构件边缘钢筋密集的范围,且不宜布置在预制墙板的门窗过梁处及构件与主体结构的锚固部位。

2.3.4 装配式建筑的协同设计

1.协同设计的概念

协同设计就是在统一设计标准的前提下,各设计专业人员在统一的平台上进行设计,以减少各专业之间(以及专业内部)由于沟通不畅或沟通不及时造成的"错、漏、碰、缺",真正实现所有图样信息的单一性,实现一处修改其他处自动修改,有效提升设计效率和设计质量。装配式建筑中协同设计的必要性体现在以下几个方面。

(1)装配式混凝土建筑中,各专业和各环节的一些预埋件要埋设在预制构件里,如果设计出了问题,现场修改时的砸墙、凿槽工作会损害预埋件,还可能破坏混凝土保护层,形成安全隐患。

(2)根据国家相关规定,装配式建筑应该先进行装修设计,再进行全装修,许多装修预埋件要设计到构件图中,这需要各相关专业密切协同设计。

(3)装配式建筑要进行管线分离和同层排水,所以需要各个相关专业密切协同设计。

(4)预制构件制作需要脱模、翻转,在这个过程中需要吊点和预埋件,施工时也需要埋设在

43

构件中的预埋件,这些都需要预先设计到预制构件图中,一旦遗漏,很难补救。

2. 协同设计的方法

(1) 协同设计的要点是各专业、各环节、各要素的统筹考虑。

(2) 建立以建筑师和结构工程师为主导的设计团队,负责协同,明确协同责任。

(3) 建立信息交流平台。组织各专业、各环节之间的信息交流和讨论。通常可采用会议交流、微信群交流等方式进行沟通协同。

(4) 采用"叠合会图"的方式,把各专业相关设计汇集在一张图上,以便更好地检查"碰撞"与"遗漏"。

(5) 设计早期就与制作工厂和施工企业进行互动。

(6) 装修设计须与建筑结构设计同期展开。

(7) 使用 BIM 技术手段进行全链条信息管理。

3. 不同阶段协同设计要点

1) 方案设计阶段协同设计要点

建筑、结构、设备、装修等各专业在设计前期主要对构配件制作的经济性、设计是否标准化以及吊装操作可实施性等做相关的可行性研究,在保证使用功能的前提下,平面设计要最大限度地提高模块的重复使用率,减少部品、部件种类。立面设计要利用预制墙板的排列组合,充分利用装配式建造的技术特点,形成立面的独特性和多样性。在各专业协同的过程中,使建筑设计符合模数化、标准化、系列化的原则,既满足使用功能的要求,又实现装配式建筑技术策划确定的目标。

2) 初步设计阶段协同设计要点

初步设计阶段,对各专业的工作做进一步的优化和深化,确定建筑的外立面方案及预制墙板的设计方案,结合预制方案调整最终的立面,以及在预制墙板上考虑强弱电箱、预埋管线及开关点位的位置。装修设计需要提供详细的家具设施布置图,用于配合预制构件的深化。初步设计阶段要提供预制方案的"经济性评估",分析方案的可实施性,并确定最终的技术路线。在此基础上根据前期方案设计阶段的技术策划,确定满足国家和地方的相关政策和标准的最终装配化指标。该阶段协同设计内容包括:

(1) 充分考虑构件运输、存放、吊装等因素对场地设计的影响;

(2) 从生产可行性、生产效率、运输效率等多方面考虑,结合塔吊的实际吊装能力、运输能力的限制等因素,考虑安装的安全性和施工的便捷性等,对预制构件尺寸进行优化调整;

(3) 从单元标准化、套型标准化、构件标准化等方面,对预制构件进行优化调整,实现预制构件和连接节点的标准化设计;

(4) 结合设备和内装设计,确定强弱电箱、预埋管线及开关点位的预留位置。

3) 施工图阶段协同设计要点

施工图阶段,各专业需要与构件的上下游厂商加强配合,做好深化设计,完成最终的预制构件的设计图,做好构件上的预留、预埋和连接节点设计,同时增加构件尺寸控制图、墙板编号索引图和连接节点构造详图等与构件设计相关的图纸,并配合结构专业做好预制构件结构配筋设计,确保预制构件最终的图纸与建筑图纸保持一致。施工图设计阶段的协同设计要点主要包括:

(1) 确定预制外墙板的材料、保温节能材料以及预制构件的厚度及连接方式;

(2) 与门窗厂家配合,对预制外墙板上门窗的安装方式和防水、防渗漏措施进行设计;

(3) 现浇段剪力墙长度除满足结构计算要求外,还应符合模板施工工艺和轻质隔墙板的模

数要求;

（4）根据内装、设备专业图纸,确定预制构件中预埋管线、预留洞口及预埋件的位置。

4）构件深化协同设计要点

预制构件的深化设计是装配式建筑独有的设计阶段,在施工图完成之后进行深化设计。设计时,不仅需要建筑、结构、机电、内装等专业之间的协同,也需要与生产加工企业、施工安装企业进行协同。构件深化设计需要注意的要点有:

（1）与建筑、结构及设备专业对接,核实预制构件中预埋管线、预留洞口及预埋件的位置、尺寸;

（2）与设计及审查单位对接,确定预埋件的构造措施;

（3）与生产企业及施工企业对接,对构件加工及施工过程中需要的吊装、安装、支撑、爬架等预埋件进行预留、预埋。

5）室内装修协同设计要点

装配式建筑的内装设计应符合建筑、装修及部品一体化的设计要求。部品设计应能满足国家现行的安全、经济、节能、环保标准等方面的要求,应高度集成化,宜采用干法施工。装配式建筑内装修的主要构配件宜采用工厂化生产,非标准部分的构配件可在现场安装时统一处理。构配件须满足制造工厂化及安装装配化的要求,符合参数优化、公差配合和接口技术等相关技术要求,提高构件的可替代性和通用性。

内装设计应强化与各专业（包括建筑、结构、设备、电气等专业）之间的衔接,对水、暖、电、气等设备、设施进行定位,避免后期装修对结构的破坏和重复工作,提前确定所有点的定位和规格,提倡采用管线与结构分离的方式进行内装设计。内装设计通过模数协调使各构件和部品与主体结构之间能够紧密结合,提前预留接口,便于装修安装。墙、地面所用块材提前进行加工,现场无须二次加工,直接安装。

2.4 装配式建筑设计

2.4.1 建筑专业设计

装配式建筑设计除应符合建筑功能的要求外,还应符合防火、安全、保温、隔热、隔声、防水、采光等建筑物理性能的要求。装配式建筑的外围护结构应按建筑围护结构热工设计要求确定保温隔热措施。屋面、外墙、楼板、门窗等围护结构的传热系数、遮阳系数、窗墙面积比等应符合国家现行有关标准的要求。装配式建筑防火设计应符合国家标准《建筑设计防火规范》（GB 50016—2014）的有关规定。

目前的建筑设计,尤其是住宅建筑设计,一般将设备管线埋在现浇混凝土楼板或墙体中,使用年限不同的主体结构和管线设备难以分离。若干年后,虽然建筑主体结构性能尚可,但设备管线老化,无法进行改造更新,导致建筑物不得不拆除重建,缩短了建筑物的使用寿命。因此在装配式建筑设计过程中,除了要使装配式建筑符合建筑功能和性能要求外,应尽量采用结构主体部件、内装修部品和管线设备的装配化集成技术系统。装配式建筑的围护结构、楼梯、阳台、隔墙、空调板以及管道井等配套构件宜采用工业化、标准化产品,实现室内装修、管道设备与主体结构的分离,从而使住宅兼具结构耐久性、使用空间灵活性以及良好的可维护性等特点,同时兼备

低能耗、高品质和长寿命的优势。

1. 平面设计

装配式建筑的设计与建造是一个系统工程,需要整体设计的思想。平面设计应考虑建筑各功能空间的使用尺寸,并应结合结构构件受力特点,合理地拆分预制构配件。在满足平面功能需要的同时,预制构配件的定位尺寸还应符合模数协调和标准化的要求。

装配式住宅建筑宜选用大空间的平面布局方式,合理布置承重墙及管井的位置,满足住宅空间的灵活性、可变性。建筑平面布置宜简单、规则,长宽比及高宽比宜满足结构设计要求,结构竖向构件布置宜上下连续,门窗洞口宜上下对齐,其平面位置和尺寸应满足结构受力和构件预制的要求,突出与挑出部分不宜过大,平面凹凸变化不宜过多、过深,如表 2-4-1 和表 2-4-2 所示。装配式剪力墙建筑不宜设置转角窗。装配式建筑宜采用标准化的整体卫浴;厨卫间的水电设备管线宜采用管井集中布置。

表 2-4-1 装配整体式混凝土结构房屋的最大适用高度 单位:m

结构类型	抗震设防烈度			
	6 度	7 度	8 度(0.20 g)	8 度(0.30 g)
装配整体式框架结构	60	50	40	30
装配整体式框架-现浇剪力墙结构	130	120	100	80
装配整体式框架-现浇核心筒结构	150	130	100	90
装配整体式剪力墙结构	130(120)	110(100)	90(80)	70(60)
装配整体式部分框支剪力墙结构	110(100)	90(80)	70(60)	40(30)

注:1. 房屋高度指室外地面到主要屋面的高度,不包括局部凸出屋顶的部分;
   2. 部分框支剪力墙结构指地面以上有部分框支剪力墙的剪力墙结构,不包括个别框支剪力墙的情况。

表 2-4-2 高层装配整体式混凝土结构适用的最大高宽比

结构类型	抗震设防烈度	
	6、7 度	8 度
装配整体式框架结构	4	3
装配整体式框架-现浇剪力墙结构	6	5
装配整体式剪力墙结构	6	5
装配整体式框架-现浇核心筒结构	7	6

装配式建筑平面设计应充分考虑设备管线与结构体系之间的协调关系,多数情况下该工作需要多工种协作完成。同时,在建筑设计时还应充分考虑预制构件生产的工艺需求。

2. 立面设计

装配式建筑作为建筑工业化建造方式,在建筑立面设计时需要转变传统立面设计手法,深入研究装配化建造技术的表现形式,设计思想回归"技术理性",充分运用主体结构装配化的特点和优势,突出主体结构的唯美,体现以"工程师的艺术"为美。

装配式建筑外墙的设计应结合装配式混凝土建筑的特点,通过基本单元组合满足建筑外立面多样化和经济美观的要求,宜优先选用预制外墙板。

建筑外墙饰面材料宜结合当地条件,采用耐久、不易污染的材料。外墙装饰宜采用反打一次成型的饰面混凝土外墙板,确保建筑外墙的装饰性和耐久性要求。

预制外墙板及其接缝应能满足水密性能、气密性能、耐火性能、隔音性能、保温隔热性能要求。外挂墙板的板缝处,应保持墙体保温性能的连续性。对于夹心外墙板,当内叶墙体为承重墙板,相邻夹心外墙板间浇筑有后浇混凝土时,在夹心层中保温材料的接缝处,应选用 A 级不燃材料作为保温材料,如岩棉等。

3. 外围护防水设计

外围护防水设计是装配式外围护设计的重点内容。装配式构件主要通过结构自防水＋材料防水＋构造防水来解决漏水问题。结构自防水是指采用调整混凝土配合比或掺外加剂等方法,来提高混凝土本身的密实性和抗渗性,使其兼具承重、围护和抗渗的能力,还可满足一定的耐冻融及耐侵蚀的要求。材料防水是靠防水材料阻断水的通路,以达到防水的目的,例如选用耐候性密封胶、密封条等防水材料来隔断水路。构造防水指采取合适的构造形式阻断水的通路,以达到防水的目的,例如在外墙板接缝外口设置适当的线性构造(立缝的沟槽,平缝的挡水台、披水等)形成空腔,截断毛细管通路,利用排水构造将渗入接缝的雨水排出墙外,防止向室内渗漏。预制外墙水平缝防水构造如图 2-4-1 所示,预制外墙垂直缝防水构造如图 2-4-2 所示。

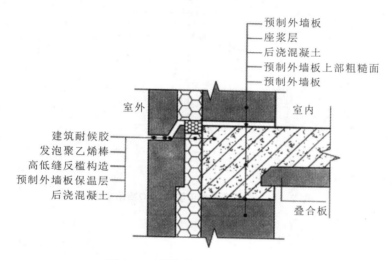

图 2-4-1　预制外墙水平缝防水构造

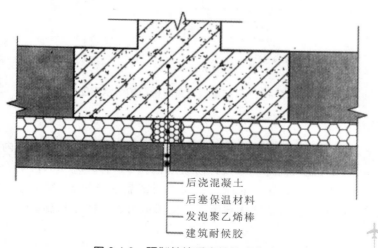

图 2-4-2　预制外墙垂直缝防水构造

装配式外挂墙板接缝应采用不少于一道材料防水和构造防水相结合的防水构造;受热带风暴和台风袭击地区的外挂墙板接缝应采用不少于两道材料防水和构造防水相结合的防水构造,其他地区的高层建筑宜采用不少于两道材料防水和构造防水相结合的防水构造。外挂墙板水平缝和垂直缝防水构造应符合下列规定:

(1)水平缝和垂直缝均应采用带空腔的防水构造;

(2)水平缝宜采用内高外低的企口构造形式(见图 2-4-3);

(3)受热带风暴和台风袭击地区的外挂墙板垂直缝应采用槽口构造形式(见图 2-4-4);

(4)其他地区的外挂墙板垂直缝宜采用槽口构造形式,多层建筑外挂墙板的垂直缝也可采用平口构造形式。

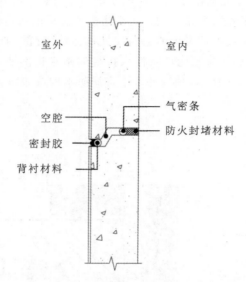

图 2-4-3 外挂墙板水平缝企口构造示意图

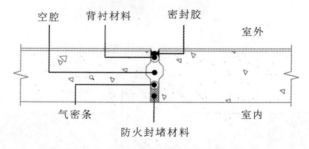

图 2-4-4 外挂墙板垂直缝槽口构造示意图

4.内装修设计

装配式建筑采用的室内装修材料应符合现行国家标准《民用建筑工程室内环境污染控制规范》(GB 50325—2010)和《建筑内部装修设计防火规范》(GB 50222—2017)的有关规定。装配整体式建筑室内装修宜采用工厂化加工的标准构配件与部品现场组装,尽量减少施工现场的湿法作业。装配式建筑的厨卫间楼板及墙体潮湿部位应采取可靠的防水措施。

5.设备管线设计

装配式建筑的设备管线应进行综合设计，减少平面交叉。竖向管线宜集中布置，并满足维修更换的要求。应根据装修和设备要求预先在预制板中预留孔洞、沟槽，预留埋设必要的电器接口及吊挂配件。房间竖向电气管线宜统一设置在预制板内或装饰墙面内。墙板内竖向电气管线布置应保持安全间距。设备管线穿过楼板的部位，应采取防水、防火、隔声等措施。设备管线宜与预制构件上的预埋件可靠连接。

装配式建筑宜采用同层排水设计，并应结合房间净高、楼板跨度、设备管线等因素综合考虑降板方案。同层排水是指建筑的排水横管布置在本层，若排水横管设置在楼板下，则成为异层排水，如图 2-4-5 所示。

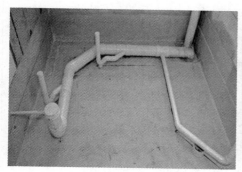 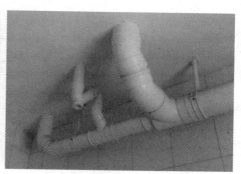

(a) 同层排水   (b) 异层排水

图 2-4-5　同层排水与异层排水

2.4.2　结构专业设计

1.等同原理

装配式混凝土建筑结构设计的基本原理是等同原理指采用可靠的连接技术和必要的结构与构造措施，使装配整体式混凝土结构与现浇混凝土结构的效能基本等同。

实现等同效能，结构构件的连接方式是最重要、最根本的，并不是连接方式可靠就安全了，必须对相关结构和构造做一些加强或调整，应用条件也会比现浇混凝土结构限制得更严。

等同原理不是一个严谨的科学原理，而是一个技术目标。等同原理不是做法等同，而是效果和实现的目的等同。

2.结构设计的主要内容

装配式混凝土建筑结构设计的主要内容包括两点。

（1）进行多方案技术经济比较与分析，进行使用功能、成本、装配式及适宜性的全面分析，选择合适的装配式建筑结构体系。

（2）依据结构原理和装配式结构的特点，对结构整体性、抗震等与结构安全有关的重点问题进行概念设计。

装配整体式混凝土结构构件的抗震设计，应根据设防类别、烈度、结构类型和房屋高度采用不同的抗震等级，并应符合相应的计算和构造措施要求，如表 2-4-3 所示。

表 2-4-3　丙类建筑装配整体式混凝土结构的抗震等级

结构类别		抗震设防烈度							
		6度		7度			8度		
装配整体式框架结构	高度/m	≤24	>24	≤24	>24		≤24	>24	
	框架	四	三	三	二		二	一	
	大跨度框架	三	三	二	二	二	一	一	一
装配整体式框架-现浇剪力墙结构	高度/m	≤60	>60	≤24	>24且≤60	>60	≤24	>24且≤60	>60
	框架	四	三	四	三	二	三	二	一
	剪力墙	三	三	三	二	二	二	一	一
装配整体式剪力墙结构	高度/m	≤70	>70	≤24	>24且≤70	>70	≤24	>24且≤70	>70
	剪力墙	四	三	四	三	二	三	二	一
装配整体式部分框支剪力墙结构	高度/m	≤70	>70	≤24	>24且≤70	>70	≤24	>24且≤70	
	现浇框支框架	二	二	二	二	一	一	一	
	底部加强部位剪力墙	三	三	三	二	二	二	一	
	其他区域剪力墙	四	三	四	三	二	三	二	

注:大跨度框架指跨度不小于 18 m 的框架。

（3）根据国家政策及项目要求,确定预制范围;确定结构构件拆分界面的位置。

在对结构进行拆分时,应考虑结构的合理性,接缝选在应力较小的部位,高层建筑柱梁结构体系套筒连接节点应避开塑性铰位置,尽可能统一和减少构件规格,符合制作、运输、安装环节的约束条件。同时,应遵循经济性原则,进行多方案比较,给出经济上可行的拆分设计。

（4）根据结构体系及构件拆分位置,进行结构分析计算并按国家规范要求调整结构内力分析结果,优化结构方案并确定最终受力情况。

（5）根据计算结果,结合施工情况,配置钢筋,确定不利位置加强措施,验算分界面抗剪情况。

（6）确定连接方式,进行连接节点设计,选定连接材料,给出连接方式试验验证的要求。进行后浇混凝土连接节点设计。

装配整体式结构中的接缝主要指预制构件之间的接缝、预制构件与现浇和后浇混凝土之间的结合面。它主要包括梁端接缝、柱顶底接缝、墙体的竖向接缝和水平接缝等。在装配整体式结构中,接缝是影响结构受力性能的关键部位。接缝处的压力通过后浇混凝土、灌浆料或座浆料直接传递;接缝处的拉力主要通过钢筋、预埋件传递;接缝处的剪力由结合面的混凝土黏结强度、键槽、粗糙面、钢筋的摩擦抗剪作用、钢筋的销栓抗剪作用承担;接缝处于受压、受弯状态时,静摩擦可承担部分剪力。预制构件连接接缝一般采用强度等级高于预制构件的后浇混凝土、灌浆料或座浆料。接缝的抗剪强度往往低于预制构件的抗剪强度。因此,接缝需要进行受剪承载力的计算。对于装配整体式结构的控制区域,即梁、柱的箍筋加密区及剪力墙底部加强部位,接缝要实现强连接,确保不在接缝处发生破坏。

3. 结构概念设计

结构概念设计是指根据结构原理与逻辑及设计经验进行定性分析和设计决策的过程,装配式混凝土建筑结构设计应进行结构概念设计。

1) 整体性设计

对装配式混凝土结构中不规则的特殊楼层及特殊部位,应从概念上加强其整体性。平面凹凸及楼板不连续形成的弱连接部位、层间受剪承载力突变造成的薄弱层、侧向刚度不规则的软弱层、挑空空间形成的穿层柱等部位和构件,不宜预制。

2) 强柱弱梁设计

强柱弱梁是一个从结构抗震设计角度提出的结构概念。强柱弱梁就是要求在地震或其他极端情况下,柱子不先于梁破坏,因为梁破坏属于构件破坏,是局部性的,柱子破坏将危及整个结构的安全——可能会造成建筑物的整体倒塌,后果严重。因此要保证柱子更相对安全,故要强柱弱梁。强柱弱梁不仅是手段,也是目的,其手段表现在对柱的设计弯矩人为放大,对梁不放大。其目的表现在调整后,柱的抗弯能力比之前强了,而梁不变,即柱的能力提高程度比梁大。这样梁柱一起受力时,梁端可以先于柱屈服,如图 2-4-6 所示。装配式结构有时为满足预制装配和连接的需要无意中会带来对强柱弱梁不利的因素,须引起重视,例如叠合楼板实际断面增加或实配钢筋增多的影响,梁端实配钢筋增加的影响等。

图 2-4-6　强柱弱梁最终破坏方式

3) 强剪弱弯设计

强剪弱弯是一个从结构抗震设计角度提出的结构概念。弯曲破坏和剪切破坏是钢筋混凝土柱在地震作用下常见的破坏形式。其中弯曲破坏属于延性破坏形式,构件发生弯曲破坏可以拥有较大的非线性变形而强度和刚度降低较少;剪切破坏属于脆性破坏形式,构件发生剪切破坏常常伴随着刚度和强度的较大的退化,破坏突然,对结构整体安全性影响也较大。故现代抗震设计思想中提倡强剪弱弯设计,目的就是尽量使结构在遭受强烈地震作用时出现延性破坏形式,使结构拥有良好的变形能力和耗能能力。

预制梁、预制柱、预制剪力墙等结构构件设计都应以实现强剪弱弯为目标,比如将附加筋加在梁顶现浇叠合区,会带来框架梁受弯承载力的增强,可能改变原设计的弯剪关系。

4) 强节点弱构件设计

强节点弱构件就是要求梁柱节点核心区不能先于构件出现破坏,由于大量梁柱纵筋在后浇节点区内连接、锚固、穿过,钢筋交错密集,设计时应考虑采用合适的梁柱截面,留足够的梁柱节点空间满足构造要求,确保核心区箍筋设置到位,混凝土浇筑密实。

5）强接缝结合面弱斜截面受剪设计

装配式结构的预制构件接缝，在地震设计工况下，要实现强连接，保证接缝结合面不先于斜截面发生破坏，即接缝结合面的受剪承载力应大于相应的斜截面的受剪承载力。由于后浇混凝土、灌浆料或座浆料与预制构件结合面的黏结抗剪强度往往低于预制构件本身混凝土的抗剪强度，实际设计中需要附加结合面抗剪钢筋或抗剪钢板。

6）连接节点避开塑性铰

梁端、柱端是塑性铰容易出现的部位，为避免这些部位的各类钢筋接头干扰或削弱钢筋在该部位所应具有的较大的屈服后伸长率，钢筋连接接头宜尽量避开梁端、柱端箍筋加密区。对于装配式柱梁体系来说，套筒连接节点也应避开塑性铰位置。具体来说，柱、梁结构一层柱脚、最高层柱顶、梁端部、受拉边柱和角柱，不应作为套筒连接节点。装配式行业标准规定装配式框架结构一层宜现浇，顶层楼盖宜现浇，避免柱塑性铰位置有连接节点。为了避开梁端塑性铰位置，梁的连接节点不应设在梁端塑性铰范围内（梁端部）。

7）减少非承重墙体的刚度影响

非承重外围护墙、内隔墙的刚度对结构整体刚度、地震力分配、相邻构件的破坏模式等都有影响，影响大小与围护墙及内隔墙的数量、刚度、与主体结构连接方式直接相关。这些非承重构件应尽可能避免采用刚度大的墙体。有些设计者为了图省事或提高预制率，填充墙也采用预制混凝土墙板，这是不可取的。外围护墙体采用外挂墙板时，与主体结构应采用柔性连接方式。

8）使用高强材料

柱梁体系结构宜优先采用高强混凝土与高强钢筋，减少钢筋数量和连接接头，避免钢筋配置过密、套筒间距过小而影响混凝土浇筑质量。使用高强材料可以方便施工，对提高结构耐久性、延长结构寿命非常有利。

2.4.3 深化设计

装配式建筑的深化设计，是指在设计单位提供的施工图的基础上，结合装配式建筑特点以及参建各方的生产和施工能力，对图纸进行细化、补充和完善，绘制能够直接指导预制构件生产和现场安装施工的图纸，并经原设计单位签字确认。装配式建筑的深化设计也被称为二次设计；用于指导预制构件生产的深化设计也被称为构件拆分设计。

1. 深化设计的基本原则

预制构件深化设计阶段，应加强建筑、结构、设备、装修等专业之间的配合，应采用BIM等新技术进行全过程、全专业协同一体化管控。预制构件设计的基本原则是"少类型、多组合"。在预制构件深化设计中，标准化设计是核心。预制构件标准化是进行工业化生产的基础，预制构件和建筑部品的重复使用率是项目标准化程度的重要指标。装配式建筑，以平面设计的标准化、模块化为前提。

设计既要考虑结构整体性能的合理性，还要考虑构件结构性能的适宜性；既要满足结构性能的要求，还需满足使用功能的需求；既要符合设计规范的规定，还要符合生产、安装、施工的要求；既要受单一构件尺寸公差和质量缺陷的控制，还要与相邻构件进行协调。同时，构件深化设计时还需考虑材料、环境、部品集成、构件运输、构件堆放等多种因素，应满足建设、制作、施工各方需求，加强与建筑、结构、设备、装修等专业间配合，方便工厂制作和现场安装。

构件深化设计时应采取有效措施加强结构整体性，装配式混凝土结构宜采用高强混凝土、高强钢筋,结构的节点和接缝应受力明确、构造可靠,并应满足承载力、延性和耐久性等要求。应根据连接节点和接缝的构造方式和性能,确定结构的整体计算模型。结构设计提倡湿法连接,少用干法连接,但别墅类建筑可用干法连接以提高工作效率。

2. 深化设计的内容

装配式混凝土结构工程施工前,应由相关单位完成深化设计,并经原设计单位确认。预制构件的深化设计图图纸主要包括图纸目录、设计说明、平面布置图、数量统计表、模板详图、配筋详图、通用节点详图、其他图纸、设计计算书等,设计内容应包括但不限于下列内容:

(1) 对预制构件的承载力和变形进行验算,包括在脱模、翻转、吊运、存放、运输、安装和安装后临时支撑时的承载力和变形验算,给出各种工况的吊点、支承点的设计;

(2) 各种工况下预制构件的配筋构造要求、预制构件连接面和连接配筋构造的设计计算;

(3) 预制构件所需的各种连接件、拉结件的设计计算;

(4) 预制构件内所需的预埋件和管线等的统计,将建筑、装饰、水暖电等专业需要在预制构件中埋设的管线、预埋件、预埋物、预留沟槽,连接需要的粗糙面和键槽要求,制作、施工环节需要的预埋件等,都无一遗漏地汇集到构件制作图中;

(5) 预制构件及其生产、安装施工的误差控制调整设计;

(6) 对预制构件及其连接件的耐久性、防腐蚀和防火性能、建筑物理性能等具体要求进行设计;

(7) 预制构件加工详图设计;

(8) 对于复杂的预制构件,尚应进行安装工艺设计;

(9) 构件制作、存放、运输和安装后临时支撑的要求,包括临时支撑拆除条件的设定以及对材料、制作工艺、模具、质量检验、运输要求、堆放储存和安装施工的要求;

(10) 进行夹心保温板结构设计,选择夹心保温构件拉结方式和拉结件,进行拉结节点布置、外叶板结构设计和拉结件结构计算,明确给出拉结件的物理力学性能要求与耐久性要求,明确给出试验验证的要求;

(11) 面层装饰设计图;

(12) 对带饰面砖或饰面板的构件,应绘制排砖图或排板图。

构件深化设计图是工厂用于生产的图纸,应含有以下基本项:

(1) 平面拆分图;

(2) 模板图;

(3) 配筋图;

(4) 安装图;

(5) 钢筋表(包括加工误差的要求);

(6) 构件混凝土钢筋信息;

(7) 预埋件表格;

(8) 3D 示意图。

3. 深化设计的流程

深化设计的基本流程如图 2-4-7 所示。

在深化设计过程中,针对装配式混凝土建筑技术方案深化设计的流程为构件拆分→构件设计→节点设计。

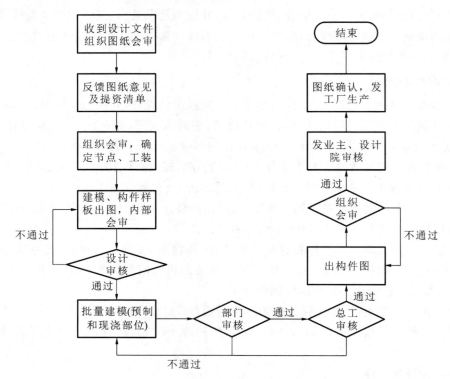

图 2-4-7　深化设计的基本流程

1）构件拆分

在结构设计中对建筑进行拆分后,深化设计中进一步对结构拆分区域进行拆分。拆分要以构件标准化为基础,坚持"少类型、多组合"的原则,拆分时要考虑构件制作、运输及施工时起重吊装设备的重量限制,对构件尺寸及重量进行限制。拆分时还要考虑拆分构件在施工过程中是否易于安装并确定节点连接方式。

2）构件设计

装配式混凝土结构施工图设计应包括结构施工图和预制构件制作详图设计两阶段。预制构件深化设计深度应满足建筑、结构和机电设备等专业以及构件制作、运输、安装等环节的综合要求。设计内容要求全过程设计(包含建筑、结构、机电、装修、生产、运输、安装、维护、管理、检测等),设计方法要求精细化设计,将建筑、装饰、水暖电等专业需要在预制构件中埋设的管线、预埋件、预埋物、预留沟槽,连接需要的粗糙面和键槽要求,制作、施工环节需要的预埋件等,都无一遗漏地汇集到构件制作图中。设计结果追求零缺陷设计,因此需做好图纸会审和审核工作。

3）节点设计

预制装配式建筑结构设计的关键在于优化构造节点设计。框架梁柱节点的设计,应充分考虑预制构件吊装顺序及梁柱节点钢筋的避让检查,优化现场施工速度;剪力墙等竖向构件连接节点的设计,应结合设计意图,优化连接钢筋排布,保证接缝位置受力的连续性及合理性。

节点设计的重点内容是节点的构造防水设计及构件的连接方式设计。装配整体式结构中,节点及接缝处的纵向钢筋连接宜根据接头受力、施工工艺等要求选用机械连接、套筒灌浆连接、浆锚搭接连接、焊接连接、绑扎搭接连接等连接方式,并应符合现行国家标准的规定。设计应对连接件、焊缝、螺栓或铆钉等紧固件在不同设计状况下的承载力进行验算,并应符合现行国家标准《钢结构设计规范》(GB 50017—2017)和《钢结构焊接规范》(GB 50661—2011)等的规定。

思 考 题

1. 装配式建筑系统分为哪些部分？各部分又分为哪些类？
2. 装配式建筑与一般建筑的设计流程有什么区别？
3. 简述模数协调在装配式建筑设计中的重要性。
4. 简述标准化设计在装配式建筑设计中的重要性。
5. 装配式建筑为什么要采用协同设计？
6. 装配式建筑结构专业设计的内容有哪些？
7. 深化设计的内容有哪些？

Chapter 3

任务 3 　认识装配式混凝土建筑

学习任务：
- 理解装配整体式混凝土结构及全装配式混凝土结构的概念；
- 熟悉装配式混凝土建筑的类型、技术体系及特点；
- 熟悉装配式混凝土建筑常用预制构件的种类；
- 理解装配式混凝土结构的连接方式。

重难点：
- 装配式混凝土建筑的类型、技术体系及特点；
- 装配式混凝土结构的连接方式。

3.1　装配式混凝土建筑的概念

3.1.1　装配整体式混凝土结构

　　装配整体式混凝土结构是由预制混凝土构件或部件通过钢筋、连接件或施加预应力加以连接并现场浇筑混凝土而形成整体的结构，如图 3-1-1 所示。它结合了现浇整体式和预制装配式两者的优点，既节省模板、降低工程费用，又可以提高工程的整体性和抗震性，在现代土木工程中得到广泛的应用。虽然装配整体式混凝土结构的建造方式与现浇混凝土有所不同，但是装配整体式混凝土结构设计的主要方法还是参考现浇混凝土结构的，其性能需与现浇混凝土结构基本等同。

　　如何保证装配整体式混凝土结构的性能与现浇混凝土结构基本等同？从结构整体分析上来讲，装配整体式混凝土结构采用与现浇结构相同的分析方法。在构造方面，国家标准《装配式混凝土建筑技术标准》（GB/T 51231—2016)规定，装配整体式混凝土结构应采取措施保证结构的整体性，高层建筑装配整体式混凝土结构还需要符合以下规定：

图 3-1-1　装配整体式混凝土结构

（1）当设置地下室时，宜采用现浇混凝土；

（2）剪力墙结构和部分框支剪力墙结构底部加强部位宜采用现浇混凝土；

（3）框架结构的首层柱宜采用现浇混凝土；

（4）当底部加强部位的剪力墙、框架结构的首层柱采用预制混凝土时，应采取可靠的措施；

（5）结构转换层和作为上部结构嵌固部位的楼层宜采用现浇楼盖。

实际工程中，为保证装配整体式混凝土结构的整体性，构件间的连接一般采用湿法连接，楼板采用现浇楼板或叠合楼板，钢筋接头采用Ⅰ级接头，如图 3-1-2 所示。

图 3-1-2　装配整体式混凝土结构的湿法连接

3.1.2　全装配式混凝土结构

全装配式混凝土结构是指装配式混凝土结构中不满足装配整体式要求的装配式混凝土结构。全装配式混凝土结构中抗侧力体系预制构件之间的连接，部分或全部通过干式节点进行连接，没有或者有较少的现浇混凝土，楼板一般采用全预制楼板。

干法连接就是在施工现场无须浇筑混凝土，全部预制构件、预埋件、连接件都在工厂预制，通过螺栓或焊接等方式实现连接，如图 3-1-3 所示。与湿法连接相比，干法连接不需要在施工现场使用大量现浇混凝土或灌浆，安装较为方便、快捷。与所连接的构件相比，干法连接刚度较小，构件变形主要集中于连接部位，当构件变形较大时，连接部位会出现一条集中裂缝，这与现浇混凝土结构的变形行为有较大差异。干法连接在国外装配混凝土式结构中应用较为广泛，但在我国的装配式混凝土工程中应用较少。

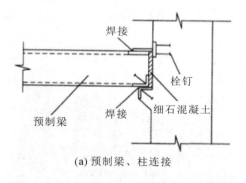
（a）预制梁、柱连接

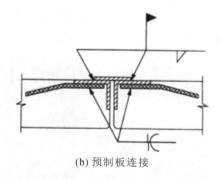
（b）预制板连接

图 3-1-3　装配混凝土结构的干法连接

从图 3-1-4 可以看出，预制梁与预制柱的连接，可采用牛腿连接、螺栓连接或暗牛连接；预制梁间采用螺栓连接或企口连接；预制柱采用螺栓连接或套筒灌浆连接；预制楼板间、预制楼板与主体结构间多采用连接件进行焊接连接。

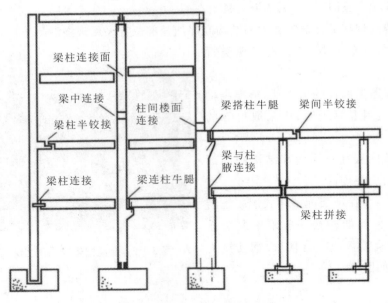

图 3-1-4　全装配式混凝土结构示意图

3.2　装配式混凝土建筑的类型

　　装配式建筑为了满足抗震而提出了"等同现浇"的要求，因此目前常采用装配整体式混凝土结构，即由预制混凝土构件通过可靠的方式进行连接，并与现场后浇混凝土、水泥基灌浆料形成整体的装配式混凝土结构，包括装配整体式框架结构、装配整体式剪力墙结构、装配整体式框架-剪力墙结构等，如图 3-2-1 所示。装配式混凝土建筑的技术体系一般包括结构体系、围护体系、内装体系及设备管线体系，其中围护体系又分为外墙、内隔墙及楼板结构等。

　　装配式混凝土结构作为装配式建筑的主力军，对装配式建筑的发展发挥着重要作用，主要适用于住宅建筑和公共建筑。装配式混凝土结构承受竖向与水平荷载的基本单元主要为框架和剪力墙，这些基本单元可组成不同的结构体系。

(a) 装配整体式框架结构

图 3-2-1　装配混凝土结构的类型

58

(b) 装配整体式剪力墙结构

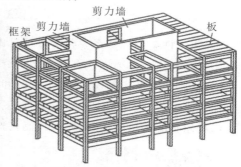

(c) 装配整体式框架-剪力墙结构

续图 3-2-1

3.2.1 装配式混凝土框架结构

装配式混凝土框架结构的适用高度较低，适用于低层、多层建筑，其最大适用高度低于剪力墙结构及框架-剪力墙结构。因此，装配式混凝土框架结构在我国大陆地区较少应用于居住建筑，主要应用于厂房、仓库、商场、停车场、办公楼、教学楼、医务楼、商务楼等建筑，这些建筑要求具有开敞的大空间和相对灵活的室内布局，同时建筑高度不高。但在日本及我国台湾地区，装配式混凝土框架结构则大量应用于包括居住建筑在内的高层、超高层民用建筑。目前我国已有多个项目采用该结构，典型项目有福建建超集团建超服务中心 1 号楼工程、中国第一汽车集团装配式停车楼、南京万科上坊保障房 6-05 栋楼等，如图 3-2-2 所示。

(a) 福建建超集团建超服务中心1号楼工程　　　　(b) 中国第一汽车集团装配式停车楼

图 3-2-2　典型装配式框架结构

(c) 南京万科上坊保障房6-05栋楼

续图 3-2-2

　　装配式混凝土框架结构体系主要参考了日本和我国台湾地区的技术,柱竖向受力钢筋采用套筒灌浆技术进行连接,主要做法有两种。

　　第一种做法是节点区预制(或梁柱节点区和周边部分构件一并预制),如图 3-2-3 所示。这种做法将框架结构施工中最为复杂的节点部分在工厂进行预制,避免了节点区各方向钢筋交叉避让的问题,但要求预制构件精度较高,且预制构件尺寸比较大,运输较困难。

图 3-2-3　预制装配式节点

　　第二种做法是梁、柱分别预制为线性构件,节点区现浇,如图 3-2-4 所示。这种做法的预制构件非常规整,但节点区钢筋相互交叉现象比较严重,这也是该做法需要考虑的最为关键的环节。考虑目前我国构件厂和施工单位的工艺水平,《装配式混凝土结构技术规程》(JGJ 1—2014)中推荐这种做法。

　　装配式混凝土框架结构连接节点单一、简单,结构构件的连接可靠并容易实现,方便采用“等

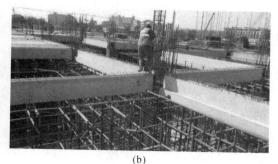

(a)   (b)

图 3-2-4 预制装配式构件

同现浇"的设计概念。框架结构布置灵活,容易满足不同的建筑功能需求,同时结合外墙板、内墙板及预制楼板或预制叠合楼板,预制率可以达到很高的水平,适合建筑工业化发展的要求。

装配式混凝土框架结构,根据构件形式及连接形式,可大致分为以下几种。

(1)框架柱现浇,梁、楼板、楼梯等采用预制叠合构件或预制构件,这种连接方式是装配式混凝土框架结构的初级技术体系。

(2)框架柱预制,节点刚性连接,性能接近于现浇框架结构。根据连接形式,可细分为七种。

① 框架梁、柱预制,通过梁柱后浇节点区进行整体连接,是《装配式混凝土结构技术规程》(JGJ 1—2014)中纳入的结构体系,如图 3-2-4(a)所示。

② 梁柱节点与构件一同预制,在梁、柱构件上设置后浇段连接,如图 3-2-3(b)和图 3-2-3(c)所示。

③ 采用现浇或多段预制混凝土柱,预制预应力混凝土叠合梁、板,通过钢筋混凝土后浇部分将梁、板、柱及节点连成整体的框架结构体系,如图 3-2-4(b)所示。

④ 采用预埋型钢等进行辅助连接的框架体系,通常采用预制框架柱、叠合梁、叠合板或预制楼板,通过梁、柱内预埋型钢、螺栓连接或焊接,并结合节点区后浇混凝土,形成整体结构。

⑤ 框架梁、柱均为预制,采用后张预应力钢筋自复位连接,或者采用预埋件和螺栓连接,节点性能介于刚性连接和铰接之间。

⑥ 装配式混凝土框架结构结合应用钢支撑或者消能减震装置。这种体系可提高结构的抗震性能,扩大其适用范围。南京万科上坊保障房项目是这种体系的工程实例之一。

⑦ 各种装配式框架结构的外围护结构通常采用预制混凝土外挂墙板,楼面主要采用预制叠合楼板,楼梯为预制楼梯。

1. 装配整体式框架结构设计的基本规定

《装配式混凝土结构技术规程》(JGJ 1—2014)关于装配整体式框架结构的一般规定包括以下内容。

(1)装配整体式框架结构可按现浇混凝土框架结构进行设计。装配整体式框架结构是指预制混凝土梁、柱构件通过可靠的方式进行连接并与现场后浇混凝土、水泥基灌浆料形成整体,也就是用湿法连接形成整体,设计"等同现浇"。用预埋螺栓连接或者预埋钢板焊接(即干法连接),不是装配整体式框架结构,不能视为"等同现浇"。

(2)装配整体式框架结构中,预制柱的纵向钢筋连接应符合以下规定。

① 当房屋高度不大于 12 m 或层数不超过 3 层时,可采用套筒连接、浆锚搭接、焊接等连接方式。

② 当房屋高度大于 12 m 或层数超过 3 层时,宜采用套筒灌浆连接。套筒灌浆连接方式是一种质量可靠、操作简单的技术,在日本、欧美等国家已经有长期、大量的实践经验,国内也有充分的实验研究和一定的应用经验,以及相关的产品、技术规程。当结构层数较多时,柱的纵向钢筋采用套筒灌浆连接可保证结构的安全。对于低层框架结构,柱的纵向钢筋连接也可以采用技术相对简单且造价较低的方法。钢筋焊接连接方式应符合《钢筋焊接及验收规程》(JGJ 18—2012)的规定。

装配整体式框架结构中,预制柱的水平接缝处不宜出现拉力。实验研究表明,预制柱的水平接缝抗剪能力受柱轴力的影响较大。当柱受拉时,水平构件的抗剪能力较差,易发生接缝的滑移错动。因此应通过合理的结构布置,避免柱的水平接缝处出现拉力。

2. 装配整体式框架结构的设计计算

1) 叠合梁端竖向接缝的受剪承载力

叠合梁端竖向接缝主要包括框架梁与节点区的接缝、梁自身连接的接缝,以及次梁与主梁的接缝等几种类型。叠合梁端竖向接缝的受剪承载力主要包括新旧混凝土结合面的黏结力、键槽的抗剪能力、后浇混凝土叠合层的抗剪能力、梁纵向钢筋的销栓抗剪作用。

《装配式混凝土结构技术规程》(JGJ 1—2014)规定,竖向接缝的抗剪承载力不考虑新旧混凝土结合面的黏结力,取混凝土抗剪键槽的受剪承载力、后浇层混凝土的受剪承载力,以及穿过结合面的钢筋的销栓抗剪作用之和。地震往复作用下,对后浇层混凝土的受剪承载力进行折减,参照混凝土斜截面受剪承载力设计方法,折减系数取 0.6。

叠合梁端竖向接缝的受剪承载力设计值应按下列公式计算。

持久设计状况时,有

$$V_u = 0.07 f_c A_{cl} + 0.10 f_c A_k + 1.65 A_{sd} \sqrt{f_c f_y}$$

地震设计状况时,有

$$V_{uE} = 0.04 f_c A_{cl} + 0.06 f_c A_k + 1.65 A_{sd} \sqrt{f_c f_y}$$

式中:A_{cl}——叠合梁端截面后浇混凝土叠合层截面面积,mm^2;

f_c——预制构件混凝土轴心抗压强度设计值,N/mm^2;

f_y——垂直穿过结合面钢筋的抗拉强度设计值,N/mm^2;

A_k——各键槽的根部截面面积之和,按后浇键槽根部截面面积和预制键槽根部截面面积分别计算,并取两者的较小值,mm^2;

A_{sd}——垂直穿过结合面所有钢筋的面积,包括叠合层内的纵向钢筋,mm^2;

V_u——持久设计状况下的叠合梁端竖向接缝的受剪承载力设计值,N;

V_{uE}——地震设计状况下的叠合梁端竖向接缝的受剪承载力设计值,N。

2) 预制柱底水平接缝的受剪承载力

预制柱底水平接缝的受剪承载力主要包括新旧混凝土结合面的黏结力、粗糙面或键槽的抗剪能力、轴压产生的摩擦力、梁纵向钢筋的销栓抗剪作用或摩擦抗剪作用,其中后两个抗剪作用为受剪承载力的主要组成部分。在非抗震设计时,柱底剪力通常较小,不需要验算。地震往复作用下,混凝土自然黏结及粗糙面的受剪承载力丧失较快,计算中可不考虑其作用。

在地震设计状况下,预制柱底水平接缝的受剪承载力设计值应按下列公式计算。

当预制柱受压时,有

$$V_{uE} = 0.8N + 1.65 A_{sd} \sqrt{f_c f_y}$$

当预制柱受拉时,有

$$V_{uE} = 1.65A_{sd} \sqrt{ f_c f_y \left[1 - \left(\frac{N}{A_{sd} f_y} \right)^2 \right] }$$

式中:f_c——预制构件混凝土轴心抗压强度设计值,N/mm^2;

     f_y——垂直穿过结合面钢筋的抗拉强度设计值,N/mm^2;

     N——与剪力设计值 V 相应的垂直于水平结合面的轴向力设计值,取绝对值进行计算,N;

     A_{sd}——垂直穿过结合面所有钢筋的面积,mm^2;

     V_{uE}——地震设计状况下预制柱底水平接缝的受剪承载力设计值,N。

3.2.2　装配式混凝土剪力墙结构

国内装配式混凝土剪力墙结构按照主要受力构件的预制及连接方式可分为装配整体式剪力墙结构(竖向钢筋连接方式包括套筒灌浆连接、浆锚搭接连接等)、叠合剪力墙结构和多层剪力墙结构。

各结构中,装配整体式剪力墙结构应用较多,适用的房屋高度最大,如图 3-2-5 所示;叠合剪力墙结构主要应用于多层建筑或低烈度区高度不大的高层建筑,如图 3-2-6 所示;多层剪力墙结构目前应用较少,但基于其高效、简便的特点,在新型城镇化的推进过程中前景广阔,如图 3-2-7 所示。

图 3-2-5　装配整体式剪力墙结构

图 3-2-6　叠合剪力墙结构

1. 装配整体式剪力墙结构的技术特点

装配整体式剪力墙结构的主要受力构件,如内外墙板、楼板等在工厂生产,并在现场组装而成。预制构件之间通过现浇节点连接在一起,有效地保证了建筑物的整体性和抗震性能。这种

图 3-2-7　多层剪力墙结构

结构可大大提高结构尺寸的精度和住宅的整体质量;减少模板和脚手架作业,提高施工安全性;外墙保温材料和结构材料(钢筋混凝土)复合一体工厂化生产,节能、保温效果明显,保温系统的耐久性得到极大的提高;构件通过标准化生产,土建和装修一体化设计,减少浪费;户型标准化,模数协调,房屋使用面积相对较高,节约土地资源;采用装配式建造,减少现场湿法作业,降低施工噪声和粉尘污染,减少建筑垃圾和污水排放。

2. 装配整体式剪力墙结构

装配整体式剪力墙结构以预制混凝土剪力墙和现浇混凝土剪力墙作为结构的竖向承重和水平抗侧力构件,通过整体式连接而成。同层预制墙板间以及预制墙板与现浇剪力墙的整体连接,即采用竖向现浇段将预制墙板以及现浇剪力墙连接成为整体;楼层间的预制墙板的整体连接,即通过预制墙板底部结合面灌浆以及顶部的水平现浇带和圈梁,将相邻楼层的预制墙板连接成为整体;预制墙板与水平楼盖之间的整体连接,即水平现浇带和圈梁的连接。

目前,装配整体式剪力墙结构的关键技术在于预制剪力墙之间的拼缝连接。预制墙体的竖向接缝多采用后浇混凝土连接,其水平钢筋在后浇段内锚固或者搭接,具体有以下四种连接做法:

(1)竖向钢筋采用套筒灌浆连接,拼缝采用灌浆料填实;

(2)竖向钢筋采用螺旋箍筋浆锚搭接连接,拼缝采用灌浆料填实;

(3)竖向钢筋采用金属波纹管浆锚搭接连接,拼缝采用灌浆料填实;

(4)竖向钢筋采用套筒灌浆连接结合预留后浇段搭接连接。

3. 叠合剪力墙结构

装配整体式剪力墙结构的一种特例——叠合剪力墙结构,将剪力墙沿厚度方向分为三层,内、外两层预制,中间层后浇,形成"三明治"结构,如图 3-2-6 所示。三层之间通过预埋在预制板内的桁架钢筋进行结构连接。叠合剪力墙利用内、外两侧预制部分作为模板,中间层后浇混凝土可与叠合楼板的后浇层同时浇筑,施工便利、速度较快。一般情况下,相邻层剪力墙仅通过后浇层内设置的连接钢筋进行结构连接。叠合剪力墙虽然施工快捷,但内、外两层预制混凝土墙板与相邻层不连接(配置在内、外叶预制墙板内的分布钢筋也不上下连接),因此预制混凝土板部分在水平接缝位置基本不参与抵抗水平剪力,其在水平接缝处的平面内受剪和平面外受弯的有效墙厚大幅减少,其最大适用高度也受到相应的限制。我国《装配式混凝土建筑技术标准》(GB/T 51231—2016)中明确规定该结构适用于抗震设防烈度 8 度及以下地区、建筑高度不超过 90 m 的装配式房屋。

3.2.3　装配式混凝土框架-剪力墙结构

框架-剪力墙结构是由框架和剪力墙共同承受竖向和水平作用的结构,兼有框架结构和剪力墙结构的特点,结构中框架和剪力墙布置灵活,较易实现大空间和较高的适用高度,可以满足不同建筑功能的要求,广泛应用于居住建筑、商业建筑及办公建筑等。

根据预制构件部位的不同,装配整体式框架-剪力墙结构主要包括装配整体式框架-现浇剪力墙结构和装配整体式框架-现浇核心筒结构。当剪力墙在结构中集中布置形成筒体时,就成为框架-核心筒结构,其主要特点是剪力墙布置在建筑平面核区域,形成结构刚度和承载力较大的筒体,同时可作为竖向交通核(楼梯、电梯间)和设备管井使用;框架结构布置在建筑周边区域,形成第二道抗侧力体系,特别适合办公楼、酒店及公寓等高层和超高层民用建筑。

1. 装配整体式框架-现浇剪力墙结构

装配整体式框架-现浇剪力墙结构中:框架结构部分的要求详见装配整体式框架结构部分;剪力墙部分为现浇结构,与普通现浇剪力墙结构要求相同。《装配式混凝土结构技术规程》(JGJ 1—2014)规定,在保证框架部分连接可靠的情况下,装配整体式框架-现浇剪力墙结构与现浇的混凝土框架-剪力墙结构的最大适用高度相同。这种体系的优点是适用高度大,抗震性能好,框架部分的装配化程度较高;主要缺点是现场同时存在装配施工和现浇两种作业方式,施工组织和管理复杂,效率不高。装配整体式框架-现浇剪力墙结构如图 3-2-8 所示。

图 3-2-8　装配整体式框架-现浇剪力墙结构

2. 装配整体式框架-现浇核心筒结构

装配整体式框架-现浇核心筒结构中,核心筒具有很大的水平抗侧刚度和承载力,是装配整体式框架-现浇核心筒结构的主要受力构件,可以分担绝大部分的水平剪力(一般大于 80%)和大部分的倾覆弯矩(一般大于 50%),如图 3-2-9 所示。

核心筒为空间三维结构,若将核心筒设计为预制装配式混凝土结构,会造成预制剪力墙构件生产、运输、安装施工的困难,施工效率及经济效益不高。因此,从保证结构安全以及提高施工效率的角度出发,国内外一般均不采用预制核心筒的结构形式。核心筒部位的混凝土浇筑量大且集中,可采用滑模施工等较先进的施工工艺,施工效率高。外框架部分主要承担竖向荷载和部分水平荷载,承受的水平剪力很小,且主要由柱、梁、板等构件组成,适合装配式工法施工。现有的钢框架-现浇混凝土核心筒结构就是应用比较成熟的范例,如图 3-2-10 所示。

图 3-2-9　装配整体式框架-现浇核心筒结构

图 3-2-10　钢框架-现浇混凝土核心筒结构

3.3 装配式混凝土建筑常用预制构件 ·····················

　　预制混凝土构件是指在工厂或现场预先制作的混凝土构件,简称为预制构件。装配式混凝土建筑常用预制构件包括预制混凝土叠合板、预制混凝土叠合梁、预制混凝土剪力墙、预制混凝土柱、预制混凝土楼梯、预制混凝土阳台板、预制混凝土空调板等。

　　预制构件可按结构形式分为竖向构件和水平构件。竖向构件包括预制隔墙板、预制混凝土内墙板、预制混凝土外墙板(预制外墙飘窗)、预制混凝土女儿墙、PCF 板、预制混凝土柱等;水平构件包括预制混凝土叠合板、预制混凝土空调板、预制混凝土阳台板、预制混凝土楼梯板、预制混凝土叠合梁等。

3.3.1　主要竖向构件

1.预制混凝土柱

预制混凝土柱是建筑物的主要竖向结构受力构件,一般采用矩形截面,如图3-3-1所示。

图3-3-1　预制混凝土柱

矩形预制混凝土柱截面边长不宜小于400 mm;圆形预制混凝土柱截面直径不宜小于450 mm,且不宜小于同方向梁宽的1.5倍。

柱纵向受力钢筋直径不宜小于20 mm,纵向受力钢筋间距不宜大于200 mm且不应大于400 mm。柱纵向受力钢筋可集中于四角配置且宜对称布置。柱中可设置纵向辅助钢筋(辅助钢筋直径不宜小于12 mm且不宜小于箍筋直径)。当正截面承载力计算不计入纵向辅助钢筋时,纵向辅助钢筋可不伸入框架节点。

2.预制混凝土剪力墙墙板

1)预制混凝土夹心外墙板

预制混凝土剪力墙外墙板目前都做成夹心保温外墙板,由三部分组成,内叶板为预制混凝土剪力墙,中间夹有保温层,外叶板为钢筋混凝土保护层,俗称"三明治"夹心外墙板,如图3-3-2所示。内叶板侧面在施工现场通过预留钢筋与现浇剪力墙边缘构件连接,底部通过钢筋灌浆套筒与下层预制剪力墙预留钢筋相连。

图3-3-2　复合保温外墙板

预制混凝土夹心外墙板在国内外均有广泛的应用,具有结构保温、装饰一体化的特点。预制

混凝土夹心外墙板根据其内、外叶墙板间的连接构造,可以分为组合墙板和非组合墙板。组合墙板的内、外叶墙板可通过拉结件的连接共同工作;非组合墙板的内、外叶墙板不共同受力,外叶板仅作为荷载,通过拉结件作用在内叶板上。我国对预制混凝土夹心外墙板的科研成果和工程实践经验都还较少,目前在实际工程中,通常采用非组合墙板,只将外叶板作为中间层、保温板的保护层,不考虑其承重作用,但要求其厚度不应小于 50 mm。中间夹层的厚度不宜大于 120 mm,用来放置保温材料,也可根据建筑物的使用功能和特点放置防火等其他功能的材料。当预制混凝土夹心外墙板作为承重墙板时,内叶板按剪力墙构件进行设计,并执行预制混凝土剪力墙内墙板的构造要求。

2) 双面叠合剪力墙

双面叠合剪力墙是内、外叶墙板预制并用桁架钢筋可靠连接,中间空腔在现场后浇混凝土而形成的剪力墙叠合构件,如图 3-3-3 所示。双面叠合墙板通过全自动流水线进行生产,自动化程度高,具有非常高的生产效率和加工精度,同时具有整体性好、防水性能好等特点。随着桁架钢筋技术的发展,20 世纪 70 年代起,双面叠合剪力墙结构体系在欧洲开始得到广泛应用。2005 年起,双面叠合剪力墙体系慢慢引入中国市场,在这 10 多年的时间里,结合我国国情,各大高校、科研机构及企业针对双面叠合剪力墙进行了一系列试验研究,证实了双面叠合剪力墙具有与现浇剪力墙接近的抗震性能和耗能能力,可参考现浇结构计算方法进行结构计算。

图 3-3-3　双面叠合剪力墙

双面叠合剪力墙的墙肢厚度不宜小于 200 mm,单叶预制墙板厚度不宜小于 50 mm,空腔净距不宜小于 100 mm。预制墙板内、外叶内表面应设置粗糙面,粗糙面凹凸深度不应小于 4 mm。内、外叶预制墙板应通过钢筋桁架连接成整体。钢筋桁架宜竖向设置,单片预制叠合剪力墙墙肢不应少于 2 榀,钢筋桁架中心间距不宜大于 400 mm,且不宜大于竖向分布钢筋间距的 2 倍;钢筋桁架距叠合剪力墙预制墙板边的水平距离不宜大于 150 mm。钢筋桁架的上弦钢筋直径不宜小于 10 mm,下弦及腹杆钢筋直径不宜小于 6 mm。钢筋桁架应与两层分布钢筋网片可靠连接。

双面叠合剪力墙空腔内宜浇筑自密实混凝土；当采用普通混凝土时，混凝土粗骨料的最大粒径不宜大于 20 mm，并应采取保证后浇混凝土浇筑质量的措施。

3）预制混凝土剪力墙内墙板

预制混凝土剪力墙内墙板是在工厂预制成的混凝土剪力墙构件，如图 3-3-4 所示。预制混凝土剪力墙内墙板没有保温层，其构造要求与外墙板的内叶板基本相同。预制混凝土剪力墙内墙板侧面在施工现场通过预留钢筋与现浇剪力墙边缘构件连接，底部通过钢筋灌浆套筒与下层预制剪力墙预留钢筋相连。

图 3-3-4　预制混凝土剪力墙内墙板

预制混凝土剪力墙内墙板宜采用"一"字形，也可采用"L"形、"T"形或"U"形。开洞预制剪力墙洞口宜居中布置，洞口两侧的墙肢宽度不应小于 200 mm，洞口上方连梁高度不宜小于 250 mm。

预制混凝土剪力墙内墙板的连梁不宜开洞。当需开洞时，洞口宜预埋套管。洞口上、下截面的有效高度不宜小于梁高的 1/3，且不宜小于 200 mm。被洞口削弱的连梁截面应进行承载力验算，洞口处应配置补强纵向钢筋和箍筋，补强纵向钢筋的直径不应小于 12 mm。

预制混凝土剪力墙内墙板开有边长小于 800 mm 的洞口且在结构整体计算中不考虑其影响时，应沿洞口周边配置补强钢筋。补强钢筋的直径不应小于 12 mm，截面面积不应小于同方向被洞口截断的钢筋的面积。该钢筋自孔洞边角算起伸入墙内的长度不应小于其抗震锚固长度。

当采用套筒灌浆连接时，套筒底部至套筒顶部并向上延伸 300 mm 范围内，预制剪力墙的水平分布钢筋应加密。加密区水平分布钢筋直径不应小于 8 mm。当构件抗震等级为一、二级时，加密区水平分布钢筋间距不应大于 100 mm；当构件抗震等级为三、四级时，其间距不应大于 150 mm。套筒上端第一道水平分布钢筋距离套筒顶部不应大于 50 mm。

端部无边缘构件的预制混凝土剪力墙内墙板，宜在端部配置 2 根直径不小于 12 mm 的竖向构造钢筋。沿该钢筋竖向应配置拉筋，拉筋直径不宜小于 6 mm，间距不宜大于 250 mm。

4）PCF 板

PCF 板是安装在主体结构上，起围护、装饰作用的非承重预制混凝土外墙板。其做法是将"三明治"外墙板的外叶板和中间保温夹层在工厂预制，然后运至施工现场吊装到位，再在内叶板一侧绑扎钢筋、支好模板，浇筑内叶板混凝土从而形成完整的外墙体系，如图 3-3-5 所示。PCF 板主要用于装配式混凝土剪力墙的阳角现浇部位。PCF 板的应用，有效地替代了剪力墙转角处现浇区外侧模板的支模工作，还可以减少施工现场在高处作业状态下的外墙、外饰面施工。

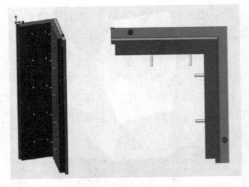

图 3-3-5　PCF 板

5）预制外挂墙板

　　预制外挂墙板是安装在主体结构上,起围护和装饰作用的非承重预制混凝土外墙板。外挂墙板是建筑物的外围护结构,其本身不分担主体结构承受的荷载和抗震作用,如图 3-3-6 所示。作为建筑的外围护结构,绝大多数预制外挂墙板均附着于主体结构,必须具备适应主体结构变形的能力。预制外挂墙板与主体结构的连接采用柔性连接的方式,按连接形式可分为点连接和线连接两种。

图 3-3-6　预制外挂墙板

　　预制外挂墙板的高度不宜大于层高,厚度不宜小于 100 mm。预制外挂墙板宜采用双层、双向配筋,竖向和水平向钢筋的配筋率均不应小于 0.5%,钢筋直径不宜小于 5 mm,间距不宜大于 200 mm。预制外挂墙板应在门窗洞口周边角部配置加强钢筋。加强钢筋不应少于 2 根,直径不应小于 12 mm,且应满足锚固长度的要求。预制外挂墙板的接缝构造应满足防水、防火、隔音等建筑功能要求,且接缝宽度应满足主体结构的层间位移、密封材料的变形能力、施工误差、温度引起的变形等要求,且不应小于 15 mm。

6)预制内隔墙板

预制内隔墙板按成型方式可分为挤压成型墙板和立模(平模)浇筑成型墙板两种。

(1)挤压成型墙板。

挤压成型墙板也称预制条形墙板,是在预制工厂将搅拌均匀的轻质材料料浆,使用挤压成型机通过模板(模腔)成型的墙板,如图 3-3-7 所示。

图 3-3-7　挤压成型墙板

按断面不同,其可分为空心板、实心板两类。在保证墙板承载力和抗剪强度的前提下,将墙体断面做成空心,可以有效降低墙体的重量,并通过墙体空心处空气的特性提高房间内的保温、隔音效果。门边板端部为实心板,实心宽度不得小于 100 mm。

对于没有门洞的墙体,应从墙体一端开始沿墙长方向按顺序排板;对于有门洞的墙体,应从门洞口开始分别向两边排板。当墙体端部的墙板不足一块板宽时,应设计补板。

(2)立模(平模)浇筑成型墙板。

立模(平模)浇筑成型墙板也称为预制混凝土整体内墙板,是在预制车间按照所需的样式使用钢模具拼接成型,浇筑或摊铺混凝土制成的墙体,如图 3-3-8 所示。

(a)立模浇筑　　　　　　　　　　　　　　(b)平模浇筑

图 3-3-8　立模(平模)浇筑成型墙板

根据受力不同,内墙板使用单种材料或者多种材料加工而成。

将聚苯乙烯泡沫板材、聚氨酯、无机墙体保温隔热材料等轻质材料填充到墙体中,可以减少混凝土用量;绿色环保,减少室内热量与外界的交换,增强墙体的隔音效果,并通过墙体自重的减轻而降低运输和吊装的成本。

3.3.2 主要水平构件

1.预制混凝土叠合梁

预制混凝土叠合梁是由预制混凝土底梁(或既有混凝土底梁)和后浇混凝土组成,分两阶段成型的整体受力结构构件,如图 3-3-9 所示。其下半部分在工厂预制,上半部分在工地叠合浇筑。

抗震等级为一、二级的叠合梁的梁端箍筋加密区宜采用整体封闭箍筋。当叠合梁受扭时宜采用整体封闭箍筋,且整体封闭箍筋的搭接部分宜设置在预制部分,如图 3-3-10 所示。

图 3-3-9　预制混凝土叠合梁　　　　图 3-3-10　矩形截面、凹口截面叠合梁实例

2.预制混凝土叠合板

预制混凝土叠合板是指预制混凝土板底部预制,板顶部在现场后浇混凝土而形成的整体板构件,简称叠合板。

叠合板的预制板厚度不宜小于 60 mm,后浇混凝土叠合层厚度不应小于 60 mm。跨度大于 3 m 的叠合板,宜采用预制混凝土钢筋桁架叠合板;跨度大于 6 m 的叠合板,宜采用预应力混凝土叠合板;板厚大于 180 m 的叠合板,宜采用混凝土空心板。当叠合板的预制板采用空心板时,板端空腔应封堵。

1) 预制混凝土钢筋桁架叠合板

预制混凝土钢筋桁架叠合板属于半预制构件,下部为预制混凝土叠合板,外露部分为桁架钢筋,如图 3-3-11 所示。预制混凝土叠合板的预制部分最小厚度为 60 mm,叠合板在工地安装到位后应进行二次浇筑,从而成为整体实心板。

图 3-3-11　预制混凝土钢筋桁架叠合板

钢筋桁架的主要作用是将后浇筑的混凝土层与预制底板形成整体,并在制作和安装过程中提供刚度。伸出预制混凝土层的钢筋桁架和粗糙的混凝土表面保证了叠合板预制部分与现浇部分能有效地结合成整体。

桁架钢筋应沿主要受力方向布置,距板边不应大于 300 mm,间距不宜大于 600 mm,桁架钢筋弦杆钢筋直径不宜小于 8 mm,腹杆钢筋直径不应小于 4 mm,桁架钢筋弦杆混凝土保护层厚度不应小于 15 mm。

2)预制带肋底板混凝土叠合板

预制带肋底板混凝土叠合板一般为预应力带肋混凝土叠合板,简称 PK 叠合板,如图 3-3-12 所示。PK 叠合板的预应力钢筋采用高强消除预应力螺旋肋钢丝,施工阶段板底不需设置竖向支撑,预制构件单向简支受力,使用阶段叠合板整体双向受力,是二次受力的预应力混凝土双向叠合板。

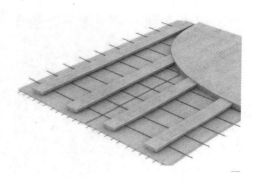

图 3-3-12 PK 叠合板

PK 叠合板以倒"T"形预应力混凝土预制带肋薄板为底板,肋上预留椭圆形孔,孔内穿置横向非预应力受力钢筋,然后再浇筑叠合层混凝土,从而形成整体双向受力板。PK 叠合板具有以下优点:

① 是国际上最薄、最轻的叠合板之一,预制底板厚 3 cm,自重约为 1.1 kN/m;

② 采用 1860 级高强度预应力钢丝,因此其用钢量最省,比其他叠合板用钢量节省 60%;

③ 破坏性试验承载力可高达 1100 kN/m,所以其承载能力力最强;

④ 抗裂性能好,采用了预应力,极大提高了混凝土的抗裂性能;

⑤ 新老混凝土接合好,采用了"T"形肋,新老混凝土互相咬合,新混凝土留到孔中产生销栓作用;

⑥ 可形成双向板,在侧孔中横穿钢筋后,避免了传统叠合板只能是单向板的弊端,且预埋管线方便。

3. 其他预制构件

1)预制混凝土楼梯

工厂预制的混凝土楼梯外观美观,避免了现场支模,减少了现场作业,从而节约了工期,预制简支楼梯受力明确,抗震好,安装后亦可作为施工通道,解决垂直运输问题,保证了逃生通道的安全,如图 3-3-13 所示。

2)预制混凝土阳台板

预制混凝土阳台板能够克服现浇阳台支模复杂,现场高空作业费时、费力的问题,以及高空作业时的施工安全问题,如图 3-3-14 所示。

图 3-3-13　预制混凝土楼梯

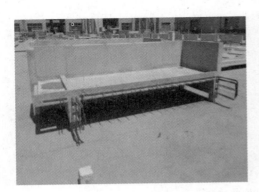

图 3-3-14　预制混凝土阳台板

3)预制混凝土空调板

预制混凝土空调板通常采用预制实心混凝土板,板顶预留钢筋通常与预制叠合板的现浇层相连,如图 3-3-15 所示。

图 3-3-15　预制混凝土空调板

4)预制混凝土女儿墙

预制混凝土女儿墙处于屋顶处外墙的延伸部位,通常有立面造型,如图 3-3-16 所示,采用预制混凝土女儿墙的优势是安装快速、节省工期。

图 3-3-16　预制混凝土女儿墙

3.4　装配式混凝土结构的连接方式 ································

　　装配式混凝土结构建筑是在工厂预制混凝土结构的构件,通过可靠的连接方式在施工现场装配而成的建筑结构,其中节点连接问题一直是构件预制和施工现场质量控制的重点和难点。对装配式混凝土结构而言,"可靠的连接方式"是最重要的,是结构安全的最基本保障。目前,我国装配式混凝土结构的连接方式主要包括钢筋套筒灌浆连接、浆锚搭接连接、后浇混凝土连接、螺栓连接和焊接连接。钢筋套筒灌浆连接、浆锚搭接连接、后浇混凝土连接属于湿法连接,螺栓连接和焊接连接属于干法连接。

　　螺栓连接是指用螺栓和预埋件将预制构件与预制构件或预制构件与主体结构进行连接的一种连接方式。在装配式混凝土结构中,螺栓连接仅用于外挂墙板和楼梯等非主体结构构件的连接。

　　焊接连接是指在预制混凝土构件中预埋钢板,构件之间将预埋钢板进行焊接连接来传递构件之间作用力的连接方式。焊接连接在混凝土结构中仅用于非结构构件的连接。

　　本节主要对钢筋套筒灌浆连接、浆锚搭接连接和后浇混凝土连接这三种连接方式做重要讲解。

3.4.1　钢筋套筒灌浆连接

　　钢筋套筒灌浆连接是在金属套筒内灌注水泥基灌浆料,将钢筋对接连接形成机械连接接头的连接方式。灌浆套筒如图 3-4-1 所示。钢筋套筒灌浆连接的技术在美国和日本已经有近四十年的应用历史,是一项十分成熟的技术。美国 ACI 已明确将这种连接方式列入机械连接的一类,不仅将这项技术广泛应用于预制构件受力钢筋的连接,还用于现浇混凝土受力钢筋的连接。我国部分单位对这种接头进行了一定数量的试验研究工作,证实了它的安全性。目前,装配式建筑中钢筋套筒灌浆连接的应用

图 3-4-1　灌浆套筒

75

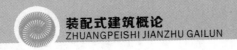
最为广泛。

1. 钢筋套筒灌浆连接的原理及工艺

1) 钢筋套筒灌浆连接的原理

带肋钢筋插入套筒,向套筒内灌注无收缩或微膨胀的水泥基灌浆料,充满套筒与钢筋之间的间隙,灌浆料硬化后与钢筋的横肋和套筒内壁凹槽或凸肋紧密齿合,钢筋连接后所受外力能够有效传递。

2) 钢筋套筒灌浆连接的工艺

钢筋套筒灌浆连接分两个阶段进行。

第一个阶段为灌浆套筒的预埋,该阶段在预制构件加工厂进行。在剪力墙、柱预制加工阶段,将一端钢筋与套筒进行连接和预安装,再与构件中的其他钢筋连接固定,套筒侧壁接灌浆、排浆管并引到构件模板外,然后浇筑混凝土,将连接钢筋、套筒预埋在构件内。剪力墙灌浆套筒布置示意图如图 3-4-2 所示。

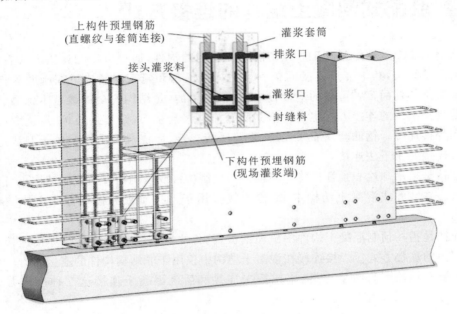

图 3-4-2 剪力墙灌浆套筒布置示意图

第二个阶段在结构安装现场进行。在结构安装阶段,预制剪力墙、柱连接已浇筑结构或另一预制构件时,将已施工完成的构件上的连接钢筋插入待安装构件的套筒内,将构件固定,从构件侧面的灌浆口向套筒内灌入灌浆料,灌浆料从排浆口流出后,构件静置到浆料硬化,构件连接施工结束。预制梁连接时,套筒套在连接钢筋上,向每个套筒内灌灌浆料后并静置到浆料硬化,梁的钢筋连接即结束。

2. 钢筋套筒灌浆连接接头的组成

钢筋套筒灌浆连接接头由连接钢筋、灌浆套筒和套筒灌浆料三部分组成。

1) 连接钢筋

《钢筋连接用灌浆套筒》(JG/T 398—2019)规定了灌浆套筒适用直径为 12～40 mm 的热轧带肋或余热处理钢筋,钢筋的机械性能技术参数如表 3-4-1 所示。

表 3-4-1　钢筋的机械性能技术参数

强度级别	钢筋牌号	屈服强度/MPa	抗拉强度/MPa	延伸率	断后伸长率
335	HRB335	≥335	≥455	≥17%	≥7.5%
	HRBF335				
	HRB335E	≥335	≥455	≥17%	≥7.5%
	HRBF335E				
400	HRB400	≥400	≥540	≥16%	≥7.5%
	HRBF400				
	HRB400E	≥400	≥540	≥16%	≥9.0%
	HRBF400E				
	RRB400	≥400	≥540	≥14%	≥5.0%
	RRB400W	≥430	≥570	≥16%	≥7.5%
500	HRB500	≥500	≥630	≥15%	≥7.5%
	HRBF500				
	HRB500E	≥500	≥630	≥15%	≥9.0%
	HRBF500E				
	RRB500	≥500	≥630	≥13%	≥5.0%

注:1. 带"E"的钢筋为适用于抗震结构的钢筋,其钢筋实测抗拉强度与实测屈服强度之比小于 1.25;钢筋实测屈服强度与规定的屈服强度特征值之比不大于 1.30,最大力总伸长率不小于 9%。

　　2. 带"W"的钢筋为可焊的余热处理钢筋。

2) 灌浆套筒

钢筋套筒灌浆连接接头采用的灌浆套筒应符合现行《钢筋连接用灌浆套筒》(JG/T 398—2019)的规定。

(1) 灌浆套筒的分类。

① 灌浆套筒按加工方式分为铸造灌浆套筒和机械加工灌浆套筒,如图 3-4-3 和图 3-4-4 所示。

图 3-4-3　铸造灌浆套筒

图 3-4-4　机械加工灌浆套筒

② 灌浆套筒按结构形式分为全灌浆套筒和半灌浆套筒。

全灌浆套筒接头两端均采用灌浆方式连接钢筋,适用于竖向构件(墙、柱)和横向构件(梁)的钢筋连接,如图 3-4-5 和图 3-4-6 所示。

　　半灌浆套筒接头一端采用灌浆方式连接,另一端采用非灌浆方式(通常采用螺纹连接)连接钢筋,主要适用于竖向构件(墙、柱)的连接,如图 3-4-7 和图 3-4-8 所示。半灌浆套筒按非灌浆一端的连接方式还可分为直接滚轧直螺纹灌浆套筒、剥肋滚轧直螺纹灌浆套筒和镦粗直螺纹灌浆套筒。

图 3-4-5　全灌浆套筒

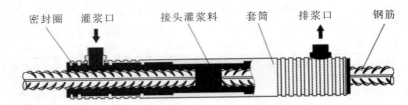

图 3-4-6　全灌浆套筒连接示意图

图 3-4-7　半灌浆套筒

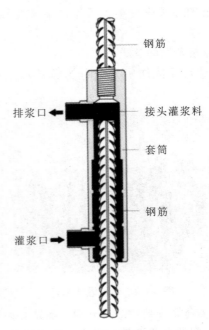

图 3-4-8　半灌浆套筒连接示意图

（2）灌浆套筒的型号。

灌浆套筒的型号由名称代号、加工方式分类代号、结构形式分类代号、钢筋强度级别主参数代号和更新及变型代号组成。灌浆套筒主要参数为被连接钢筋的强度级别和直径。灌浆套筒型号表示规则如图3-4-9所示。

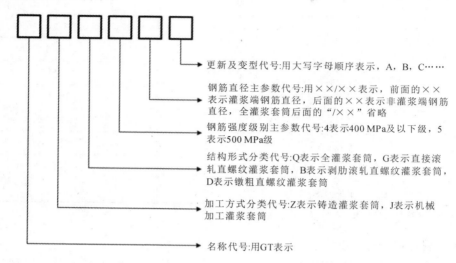

更新及变型代号:用大写字母顺序表示，A，B，C……

钢筋直径主参数代号:用××/××表示，前面的××表示灌浆端钢筋直径，后面的××表示非灌浆端钢筋直径，全灌浆套筒后面的"/××"省略。

钢筋强度级别主参数代号:4表示400 MPa及以下级，5表示500 MPa级

结构形式分类代号:Q表示全灌浆套筒，G表示直接滚轧直螺纹灌浆套筒，B表示剥肋滚轧直螺纹灌浆套筒，D表示镦粗直螺纹灌浆套筒

加工方式分类代号:Z表示铸造灌浆套筒，J表示机械加工灌浆套筒

名称代号:用GT表示

图 3-4-9　灌浆套筒型号表示规则

GTZQ440 表示采用铸造加工的全灌浆套筒，使用连接标准屈服强度为 400 MPa、直径为 40 mm 的钢筋。

GTJB536/32A 表示采用机械加工方式加工的剥肋滚轧直螺纹灌浆套筒，第一次变型，使用连接标准屈服强度为 500 MPa 的钢筋，灌浆端连接直径为 36 mm 的钢筋，非灌浆端连接直径为 32 mm 的钢筋。

（3）灌浆套筒的内径与锚固长度。

灌浆套筒灌浆段的最小内径与连接钢筋公称直径的差值不宜小于表3-4-2规定的数值，钢筋锚固的深度不宜小于插入钢筋公称直径的 8 倍。

表 3-4-2　灌浆套筒内径最小尺寸要求

钢筋直径/mm	灌浆套筒灌浆段的最小内径与连接钢筋公称直径差最小值/mm
12～25	10
28～40	15

3）灌浆料

钢筋连接用套筒灌浆料是以水泥为基本材料，配以细骨料，以及混凝土外加剂和其他材料组成的干混料，加水搅拌后具有良好的流动性、早强、高强、微膨胀等性能，填充于套筒和带肋钢筋间隙内，简称套筒灌浆料或灌浆料。

（1）灌浆料的性能指标。

《钢筋连接用套筒灌浆料》(JG/T 408—2019)规定了灌浆料在标准温度和湿度条件下的各项性能指标的要求，如表3-4-3所示。其中抗压强度值越高，对灌浆接头连接性能越有帮助；流动度越高，施工作业越方便，接头灌浆饱满度越容易保证。

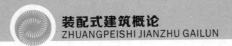

表 3-4-3　常温型套筒灌浆料的性能指标

检测项目		性能指标
流动度/mm	初始	≥300
	30 min	≥260
抗压强度/mm	1 d	≥35
	3 d	≥60
	28 d	≥85
竖向膨胀率/(%)	3 h	0.02~2
	24 h 与 3 h 差值	0.02~0.5
28 d 自干燥收缩/(%)		≤0.045
氯离子含量/(%)		≤0.03
泌水率/(%)		0

注:氯离子含量以灌浆料总量为基准。

（2）灌浆料使用注意事项。

灌浆料是加水拌合均匀后使用的材料,不同厂家的产品配方不同,虽然都可以满足《钢筋连接用套筒灌浆料》(JG/T 408—2019)所规定的性能指标,却具有不同的工作性能,对环境条件的适应能力不同,灌浆施工的工艺也会有所差异。

为了确保灌浆料使用时达到其设计指标,具备灌浆连接施工所需要的工作性能,并能最终顺利地灌注到预制构件的灌浆套筒内,实现钢筋的可靠连接,操作人员需要严格掌握并准确执行产品使用说明书规定的操作要求。实际施工中需要注意以下几点。

① 灌浆料使用时应检查产品包装上印制的有效期和产品外观,无过期情况和异常现象后方可开袋使用。

② 加水。浆料拌合时严格控制加水量,必须执行产品生产厂家规定的加水率。加水过多时,会造成灌浆料泌水、离析、沉淀,多余的水分挥发后形成孔洞,严重降低灌浆料的抗压强度。加水过少时,灌浆料胶凝材料不能充分发生水化反应,无法达到预期的工作性能。

灌浆料宜在加水后 30 min 内用完,以防后续灌浆遇到意外情况时灌浆料可流动的操作时间不足。

③ 搅拌。灌浆料与水的拌合应充分、均匀,通常是在搅拌容器内依次加入水及灌浆料并使用产品要求的搅拌设备,在规定的时间范围内,将浆料拌合均匀,使其具备应有的工作性能。

灌浆料搅拌时,应保证搅拌容器的底部边缘死角处的灌浆料干粉与水充分拌合,搅拌均匀,然后静置 2~3 min 排气,尽量排出搅拌时卷入浆料的气体,保证最终灌浆料的性能。

④ 流动度检测。灌浆料流动度是保证灌浆连接施工的关键性能指标,灌浆施工环境的湿度差异,影响灌浆的可操作性。在任何情况下,流动度低于要求值的灌浆料都不能用于灌浆连接施工,以防止构件灌浆失败造成事故。

在灌浆施工前,应进行流动度检测,在流动度满足要求后方可施工。施工中注意灌浆时间应短于灌浆料具有规定流动度的时间(可操作时间),每工作班应检查灌浆料拌合物初始流动度不少于 1 次;留置灌浆料强度检验试件的数量应符合验收及施工控制要求。

⑤ 灌浆料的强度与养护温度。灌浆料是水泥基制品,其抗压强度增长速度受养护环境的温

度影响。

冬期施工,灌浆料强度增长慢,后续工序在灌浆料满足规定强度值后方可进行;而夏季施工,灌浆料凝固速度加快,灌浆施工时间必须严格控制。

⑥ 散落的灌浆料拌合物成分已经改变,不得二次使用。剩余的灌浆料拌合物由于已经发生水化反应,如再次加灌浆料、水后混合使用,可能出现早凝或泌水,故不能使用。

3. 钢筋套筒灌浆连接接头的性能要求

钢筋套筒灌浆连接接头作为一种钢筋机械接头应满足强度和变形性能的要求。

1) 强度要求

钢筋套筒灌浆连接接头的屈服强度不应小于连接钢筋屈服强度标准值;抗拉强度不小于连接钢筋抗拉强度标准值,且破坏时要求断于接头外钢筋,即该接头不允许在拉伸时破坏或出现拉脱现象,如图 3-4-10 所示。钢筋套筒灌浆连接接头在经受规定的高应力和大变形反复拉压循环后,抗拉强度仍应符合以上规定。

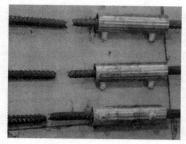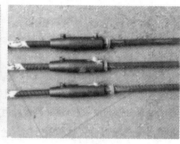

(a) 断于钢筋　　　　　　(b) 断于接头　　　　　　(c) 钢筋拉脱

图 3-4-10　钢筋套筒灌浆连接的破坏形式

钢筋套筒灌浆连接接头单向拉伸、高应力反复拉压、大变形反复拉压试验加载过程中,当接头拉力达到连接钢筋抗拉荷载标准值的 1.15 倍而未发生破坏时,应判为抗拉强度合格,可停止试验。

2) 变形性能要求

钢筋套筒灌浆连接接头的变形性能应符合表 3-4-4 的规定。在频遇荷载组合下,构件中的钢筋应力高于钢筋屈服强度标准值 f_{yk} 的 0.6 倍时,设计单位可对单向拉伸残余变形的加载峰值提出调整要求。

表 3-4-4　钢筋套筒灌浆连接接头的变形性能

项目		变形性能要求
对中单向拉伸	残余变形/mm	$u_0 \leqslant 0.10(d \leqslant 32)$ $u_0 \leqslant 0.14(d > 32)$
	最大力下总伸长率/(%)	$A_{sgt} \geqslant 6.0$
高应力反复拉压	残余变形/mm	$u_{20} \leqslant 0.3$
大变形反复拉压	残余变形/mm	$u_4 \leqslant 0.3$ 且 $u_8 \leqslant 0.6$

4. 钢筋套筒灌浆连接接头的设计要求

(1) 钢筋套筒灌浆连接时,混凝土结构设计要符合国家现行标准《混凝土结构设计规范》

（GB 50010—2010）、《建筑抗震设计规范》（GB 50011—2010）、《装配式混凝土结构技术规程》（JGJ 1—2014）的有关规定。

（2）采用钢筋套筒灌浆连接的构件混凝土强度等级不宜低于 C30。

（3）采用符合《钢筋套筒灌浆连接应用技术规程》（JGJ 355—2015）规定的套筒灌浆连接接头时，全部构件纵向受力钢筋可在同一截面上连接。但全截面受拉构件不宜全部采用钢筋套筒灌浆连接接头。

（4）混凝土构件中灌浆套筒的净距不应小于 25 mm。

（5）混凝土构件的灌浆套筒长度范围内，预制混凝土柱箍筋的保护层厚度不应小于 20 mm，预制混凝土墙中钢筋的保护层厚度不应小于 15 mm。

（6）采用钢筋套筒灌浆连接接头时，混凝土构件设计还应符合下列规定：

① 接头连接钢筋的强度等级不应高于灌浆套筒规定的连接钢筋的强度等级。

② 接头连接钢筋的直径规格不应大于灌浆套筒规定的连接钢筋的直径规格，且不宜小于灌浆套筒规定的连接钢筋的直径规格一级以上。

接头连接钢筋的直径规格不得大于灌浆套筒规定的连接钢筋的直径规格，是因为灌浆套筒内锚固钢筋灌浆料可能会因此过薄，从而降低锚固性能。接头连接钢筋的直径规格不应小于其规定的直径规格一级以上的原因，一方面是由于灌浆套筒预制端的钢筋是居中的，现场安装时连接的钢筋直径越小，灌浆套筒两端钢筋轴线的极限偏心就越大，而连接钢筋偏心过大可能对构件承载力带来不利影响，另一方面是由于灌浆套筒内壁距离钢筋较远而使钢筋锚固约束的刚性下降，接头连接强度下降。但是如果有充分的试验验证，可以突破这两项要求。

③ 构件配筋方案应根据灌浆套筒外径、长度及灌浆施工要求确定。

④ 构件钢筋插入灌浆套筒的锚固长度应符合灌浆套筒的参数要求。

⑤ 竖向构件配筋设计应结合灌浆孔、出浆孔位置。

⑥ 底部设置键槽的预制柱，应在键槽处设置排气孔

5. 钢筋套筒灌浆连接接头的型式检验

1）型式检验条件

当出现下列情况时，应进行接头型式检验：

① 灌浆套筒产品定型时；

② 灌浆套筒材料、工艺、结构改变时；

③ 灌浆料型号、成分改变时；

④ 钢筋强度等级、肋形发生变化时；

⑤ 型式检验报告超过 4 年。

接头型式检验明确要求试件用钢筋、灌浆套筒、灌浆料应符合《钢筋套筒灌浆连接应用技术规程》（JGJ 355—2015）对于材料的各项要求。

2）型式检验试件数量与检验项目

① 对中接头试件 9 个，其中 3 个做单向拉伸试验、3 个做高应力反复拉压试验、3 个做大变形反复拉压试验。

② 偏置单向拉伸接头试件 3 个，做单向拉伸试验。

③ 钢筋试件 3 个，做单向拉伸试验。

④ 全部试件的钢筋应在同一炉（批）号的 1 根或 2 根钢筋上截取；接头试件钢筋的屈服强度和抗拉强度偏差不宜超过 30 MPa。

3）型式检验的钢筋灌浆连接接头试件制作要求

型式检验的钢筋套筒灌浆连接接头试件要在检验单位监督下由送检单位制作，且符合以下规定。

（1）3 个偏置单向拉伸接头试件应保证一端钢筋插入灌浆套筒中心，一端钢筋偏置后钢筋横肋与套筒壁接触。图 3-4-11 所示为偏置单向拉伸接头的钢筋偏置示意图。

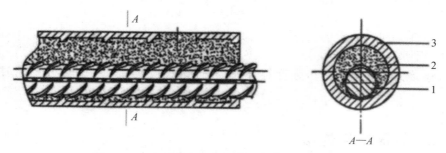

图 3-4-11 偏置单向拉伸接头的钢筋偏置示意图
1—偏置钢筋；2—浆料；3—灌浆套筒

9 个对中接头试件的钢筋均应插入灌浆套筒中心。

所有接头试件的钢筋应与灌浆套筒轴线重合或平行，钢筋在灌浆套筒内的插入深度应为灌浆套筒的设计锚固深度。图 3-4-12 所示为灌浆接头抗拉试验。

（2）接头应按《钢筋套筒灌浆连接应用技术规程》（JGJ 355—2015）的有关规定进行灌浆；对于半套筒灌浆连接，机械连接端的加工应符合《钢筋机械连接技术规程》（JGJ 107—2010）的有关规定。

（3）采用灌浆料拌合物制作的 40 mm×40 mm×160 mm 试件不应少于 1 组（每组不少于 3 个），并宜留设不少于 2 组。

（4）接头试件及灌浆料试件应在标准养护条件下养护。

图 3-4-12 灌浆接头抗拉试验

（5）接头试件在试验前不应进行预拉。

灌浆料为水泥基制品，其最终实际抗压强度是在一定范围内的，只有当检验接头试件的灌浆料实际抗压强度在其设计强度的最低值附近时，接头才能反映出接头性能的最低状态，如果该试件能够达到规定性能，则实际施工中的同样强度的灌浆料连接的接头才能被认为是安全的。《钢筋套筒灌浆连接应用技术规程》（JGJ 355—2015）要求型式检验接头试件在试验时，灌浆料抗压强度不应小于 80 N/mm²，且不应大于 95 N/mm²；若灌浆料 28 d 抗压强度的合格指标（f_g）高于 85 N/mm²，试验时的灌浆料抗压强度低于 28 d 抗压强度合格指标（f_g）的数值不应大于 5 N/mm²，且超过 28 d 抗压强度合格指标的数值不应大于 10 N/mm² 与 0.1f_g 的较大值。

4）钢筋套筒灌浆连接接头的型式检验试验方法

《钢筋套筒灌浆连接应用技术规程》（JGJ 355—2015）对灌浆接头型式检验的试验方法和要求与《钢筋机械连接技术规程》（JGJ 107—2010）的有关规定基本相同，但由于灌浆接头的套筒长度为 11~17 倍钢筋直径，远远大于其他机械连接接头，进行型式检验的大变形反复拉压试验时，如按照《钢筋机械连接技术规程》（JGJ 107—2010）规定的变形量控制，套筒本体几乎没有变形，依靠套筒外的 4 倍钢筋直径长度的变形达到 10 多倍钢筋直径的变形量对灌浆接头来说过于严苛,经试验研究后将本项试验的变形量计算长度 L_g 进行了适当的折减。

全套筒灌浆连接时,计算公式为

$$L_g = L/2 + 4\,d_s$$

半套筒灌浆连接时,计算公式为

$$L_g = L/4 + 4\,d_s$$

式中:L——灌浆套筒长度;

d_s——钢筋公称直径。

型式检验接头的灌浆料抗压强度符合规定,且型式检验试验结果符合要求时,才可评为合格。

3.4.2 浆锚搭接连接

1. 基本原理

传统现浇混凝土结构的钢筋搭接一般采用绑扎连接、机械连接或焊接连接。而装配式混凝土结构预制构件之间的连接除了采用钢筋套筒灌浆连接以外,有时也采用浆锚搭接连接。与钢筋套筒灌浆连接相比浆锚搭接连接同样安全可靠、施工方便,成本相对较低。

浆锚搭接连接的基本原理是将拉结钢筋锚固在预留孔内,通过高强度无收缩水泥砂浆的灌浆实现力的传递。也就是说钢筋中的拉力通过剪力传递到灌浆料中,再传递到周围的预制混凝土之间的界面中。浆锚搭接连接也被称为间接锚固或间接搭接。这种搭接技术在欧洲有多年的应用历史,我国已有多家单位对间接搭接技术进行了一定数量的研究工作。

2. 浆锚搭接连接预留孔洞的成型方式

(1)埋置螺旋的金属内模,构件达到强度后旋出内模,如图 3-4-13 所示。

(2)预埋金属波纹管内模,完成后不抽出,如图 3-4-14 所示。

通过对两种成型方式进行对比,可以发现金属内膜旋出时容易造成孔壁损坏,也比较费工,因此金属波纹管浆锚搭接连接可靠、简单。

图 3-4-13 螺旋箍筋浆锚搭接连接

图 3-4-14 金属波纹管浆锚搭接连接

3. 浆锚搭接连接的种类

按照预留孔洞的成型方式不同,浆锚搭接连接可以分为钢筋约束浆锚搭接连接和金属波纹管浆锚搭接连接。

1)钢筋约束浆锚搭接连接

钢筋约束浆锚搭接连接是基于黏结锚固原理进行连接的方法,是在竖向结构构件下段范围内预留孔洞,孔洞内壁表面留有螺纹状粗糙面,周围配有横向约束螺旋箍筋,将下部装配式预制构件预留钢筋插入孔洞,通过灌浆孔注入灌浆料将上下构件连接成一体的连接方式,如图 3-4-15 所示。

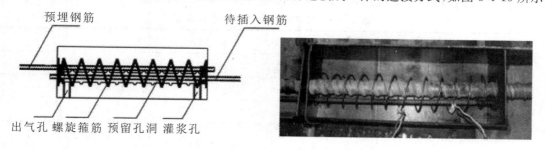

图 3-4-15　钢筋约束浆锚搭接连接

2）金属波纹管浆锚搭接连接

金属波纹管浆锚搭接连接应用于竖向的预制混凝土构件,首先在构件下端预埋连接钢筋外绑一条大口径金属波纹管,金属波纹管贴紧预埋连接钢筋并延伸到构件下端面形成一个波纹管孔洞,波纹管另一端向上从预制构件侧壁引出。构件在现场安装时,将另一构件的连接钢筋全部插入该构件上对应的波纹管内,从波纹管上方孔注入高强灌浆料,灌浆料充满波纹管与连接钢筋的间隙,灌浆料凝固后即形成一个钢筋搭接锚固接头,实现两个构件之间的钢筋连接。图 3-4-16 所示为金属波纹管浆锚搭接连接示意图。图 3-4-17 所示为预制外墙板竖向钢筋的金属波纹管浆锚搭接连接,其中外墙拼缝截面采用内高外低的防雨水渗漏构造。

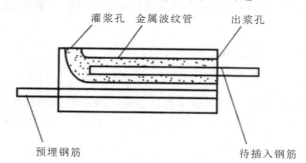

图 3-4-16　金属波纹管浆锚搭接连接示意图

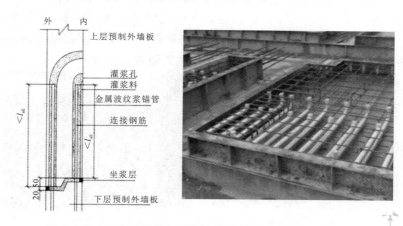

图 3-4-17　预制外墙板竖向钢筋的金属波纹管浆锚搭接连接

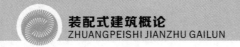
4. 浆锚搭接灌浆料

浆锚搭接灌浆料以水泥为基本原料,其性能应符合表 3-4-5 的规定。

表 3-4-5　浆锚搭接灌浆料的性能指标

检测项目	断后伸长率/(%)	
流动度/mm	初始	≥200
	30 min	≥150
抗压强度/MPa	1 d	≥35
	3 d	≥55
	28 d	≥80
竖向膨胀率/(%)	24 h 与 3 h 之差	0.02~0.5
氯离子含量/(%)		≤0.06

5. 浆锚搭接连接的要求

钢筋采用浆锚搭接连接时,可在下层预制构件中设置竖向连接钢筋与上层预制构件内的连接钢筋通过浆锚搭接连接锚固。锚固纵向钢筋采用浆锚搭接连接时,对预留孔成孔工艺、孔道形状和长度、锚固构造要求、灌浆料和被连接的钢筋应进行力学性能以及适用性的试验验证锚固强度。锚固直径大于 20 mm 的钢筋不宜采用浆锚搭接连接,直接承受动力荷载构件的纵向钢筋不应采用浆锚搭接连接。锚固连接钢筋可在预制构件中通长设置或在预制构件中可靠的锚固。

3.4.3　后浇混凝土连接

1. 结合面处理

后浇混凝土是指预制构件安装后在预制构件连接区域或叠合层现场浇筑的混凝土。

后浇混凝土连接是装配式混凝土结构中非常重要的连接方式,目前我国基本上所有的装配式混凝土结构建筑都会有后浇混凝土。

后浇混凝土钢筋连接是后浇混凝土连接最重要的环节。后浇混凝土钢筋连接方式可采用现浇结构钢筋的连接方式,主要有机械连接、搭接连接和焊接。为加强预制构件与后浇混凝土之间的连接,预制混凝土构件与后浇混凝土的接触面须做成粗糙面或键槽面,或两者兼有,以提高混凝土的抗剪能力,如图 3-4-18 所示。平面、粗糙面和键槽面混凝土抗剪能力的比例为 1∶1.6∶3,即粗糙面的抗剪能力是平面的 1.6 倍,键槽面的抗剪能力是平面的 3 倍。

(a) 键槽面　　　　　　　　　　　　(b) 粗糙面

图 3-4-18　后浇混凝土接触面

粗糙面的处理方法有以下几种。

（1）人工凿毛法：人工使用铁锤和凿子剔除预制构件结合面的表皮，露出碎石骨料。

（2）机械凿毛法：使用专门的小型凿岩机配合梅花平头钻，剔除结合面的混凝土表皮。

（3）缓凝水冲法：在预制构件混凝土浇筑前，将含有缓凝剂的浆液涂在模板上，浇筑混凝土后，利用已浸润缓凝剂的表面混凝土与内部混凝土的缓凝时间差，用高压水冲洗未凝固的表层混凝土，冲掉表面浮浆露出骨料形成粗糙表面。

《装配式混凝土结构技术规程》（JGJ 1—2014）规定预制构件与后浇混凝土、灌浆料、座浆料的结合面应设置粗糙面、键槽。

（1）预制板与后浇混凝土叠合层之间的结合面应设置粗糙面。

（2）预制梁与后浇混凝土叠合层之间的结合面应设置粗糙面，预制梁端面应设置键槽且宜设置粗糙面，如图 3-4-19 所示。键槽的尺寸和数量应按规程的规定计算确定；键槽的深度 t 不宜小于 30 mm，宽度 w 不宜小于深度的 3 倍且不宜大于深度的 10 倍；键槽可贯通截面，当不贯通时槽口距离截面边缘不宜小于 50 mm；键槽间距宜等于键槽宽度；键槽端部斜面倾角不宜大于 30°。

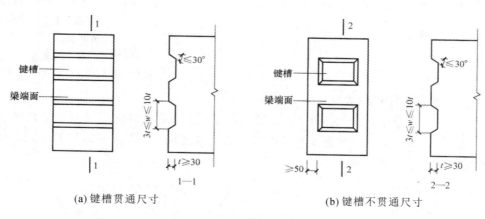

(a) 键槽贯通尺寸　　　　　　　　(b) 键槽不贯通尺寸

图 3-4-19　键槽构造示意图

（3）预制剪力墙的顶部和底部与后浇混凝土的结合面应设置粗糙面；侧面与后浇混凝土的结合面应设置粗糙面，也可设置键槽；键槽深度 t 不宜小于 20 mm，宽度 w 不宜小于深度的 3 倍且不宜大于深度的 10 倍，键槽间距宜等于键槽宽度，键槽端部斜面倾角不宜大于 30°。

（4）预制柱的底部应设置键槽且宜设置粗糙面，键槽应均匀布置，键槽深度不宜小于 30 mm，键槽端部斜面倾角不宜大于 30°。柱顶应设置粗糙面。

（5）粗糙面的面积不宜小于结合面的 80%，预制板的粗糙面凹凸深度不应小于 4 mm，预制梁端、预制柱端、预制墙端的粗糙面凹凸深度不应小于 6 mm。

2. 预制柱的连接构造

预制梁柱节点区的钢筋安装时，节点区柱箍筋应预先安装于预制柱钢筋上，随预制柱一同安装就位，预制柱连接节点通常为湿法连接。

1）预制柱底连接构造要求

预制柱底接缝宜设置在楼面标高处（见图 3-4-20），后浇节点区混凝土上表面应设置粗糙面，柱纵向受力钢筋应贯穿后浇节点区。柱底接缝厚度宜为 20 mm，并采用灌浆料填实。

柱纵向受力钢筋在柱底连接时，柱箍筋加密区长度不应小于纵向受力钢筋连接区域长度与

500 mm 之和;当采用钢筋套筒灌浆连接或浆锚搭接连接等方式时,套筒或搭接段上端第一道箍筋距离套筒或搭接段顶部不应大于 50 mm,如图 3-4-21 所示。

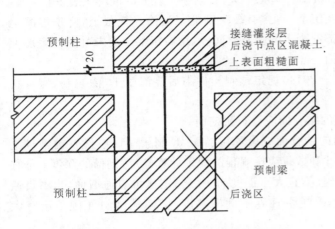

图 3-4-20　预制柱底接缝构造示意图

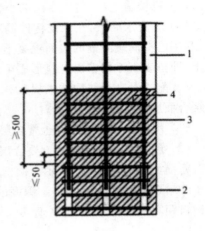

图 3-4-21　钢筋采用套筒灌浆连接
时柱底箍筋加密区构造
示意图

1—预制柱;2—套筒灌浆连接接头;
3—箍筋加密区(阴影区域);4—加密区箍筋

　　2)中间层预制柱连接构造要求

　　(1)对于中间层预制柱节点,节点两侧的梁下部纵向受力钢筋宜锚固在后浇节点区,如图 3-4-22(a)所示,也可采用机械连接或焊接的方式直接连接,如图 3-4-22(b)所示;梁的上部纵向受力钢筋应贯穿后浇节点区。

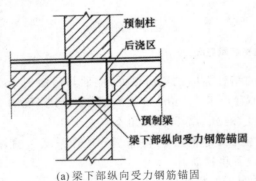

(a)梁下部纵向受力钢筋锚固

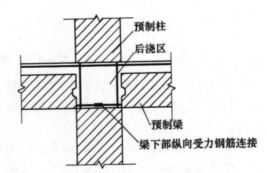

(b)梁下部纵向受力钢筋连接

图 3-4-22　预制柱及叠合梁中间层中间节点构造示意

　　(2)对框架中间层端节点,当柱截面尺寸不满足梁纵向受力钢筋的直线锚固要求时,应采用锚固板锚固,如图 3-4-23 所示,也可采用 90°弯折锚固。

　　3)顶层预制柱连接构造要求

　　(1)对框架顶层中节点,梁纵向受力钢筋的构造符合规范规定。柱纵向受力钢筋宜采用直线锚固;当梁截面尺寸不满足直线锚固要求时,宜采用锚固板锚固,如图 3-4-24 所示。

　　(2)对框架顶层端节点,梁下部纵向受力钢筋应锚固在后浇节点区,且宜采用锚固板锚固。梁、柱其他纵向受力钢筋的锚固应符合下列规定。

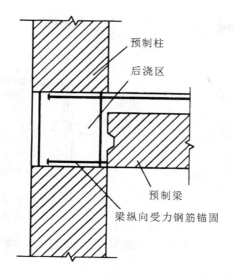

图 3-4-23　预制柱及叠合梁中间层端节点锚固

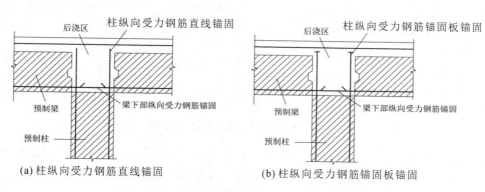

(a) 柱纵向受力钢筋直线锚固　　　　　(b) 柱纵向受力钢筋锚固板锚固

图 3-4-24　预制柱及叠合梁顶层中节点构造示意

柱宜伸出屋面并将柱纵向受力钢筋锚固在伸出段,如图 3-4-25(a)所示,伸出段长度不宜小于 500 mm,伸出段内箍筋间距不应大于 5d(d 为柱纵向受力钢筋直径),且不应大于 100 mm;柱纵向受力钢筋宜采用锚固板锚固,锚固长度不应小于 40d,梁上部纵向受力钢筋宜采用锚固板锚固。柱外侧纵向受力钢筋也可与梁上部纵向受力钢筋在后浇节点区搭接,如图 3-4-25(b)所示,其构造要求应符合现行国家标准《混凝土结构设计规范》(GB 50010—2010)的规定。柱内侧纵向受力钢筋宜采用锚固板锚固。

3. 叠合梁的连接构造

1) 叠合梁构造要求

在装配式混凝土框架结构中,常将预制梁做成矩形或"T"形截面。首先在预制厂内做成预制梁,在施工现场将预制楼板搁置在预制梁上(预制楼板和预制梁下需设临时支撑),安装就位后,再浇筑上部混凝土使楼板和梁连接成整体,即成为装配整体式结构中分两次浇捣混凝土的叠合梁。混凝土叠合梁的截面一般有两种,分为矩形截面预制梁和凹口截面预制梁,如图 3-4-26 所示。

(1) 装配式混凝土框架结构中,当采用叠合梁时,预制梁端的粗糙面凹凸深度不应小于

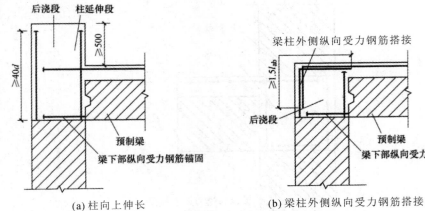

(a) 柱向上伸长   (b) 梁柱外侧纵向受力钢筋搭接

图 3-4-25　预制柱及叠合梁顶层边节点构造示意

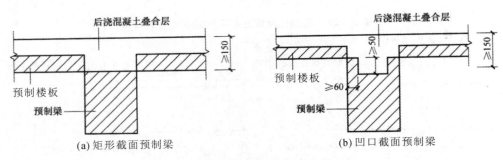

(a) 矩形截面预制梁   (b) 凹口截面预制梁

图 3-4-26　预制混凝土叠合梁截面构造示意

6 mm,框架梁的后浇混凝土叠合层厚度不宜小于 150 mm,如图 3-4-26(a)所示,次梁的后浇混凝土叠合板厚度不宜小于 120 mm;当采用凹口截面预制梁时,如图 3-4-26(b)所示,凹口深度不宜小于 50 mm,凹口边厚度不宜小于 60 mm。

(2) 为提高叠合梁的整体性能,使预制梁与后浇层有效地结合为整体,预制梁与后浇混凝土、灌浆料、座浆料的结合面应设置粗糙面,预制梁端面应设置键槽(见图 3-4-19)。

2) 叠合梁的箍筋配置要求

抗震等级为一、二级的叠合框架梁的梁端箍筋加密区宜采用整体封闭箍筋,如图 3-4-27(a)所示,当采用组合封闭箍筋的形式时,开口箍筋上方应做成 135° 的弯钩,如图 3-4-27(b)所示。非抗震设计时,弯钩端头平直段长度不应小于 5d(d 为箍筋直径)。抗震设计时,平直段长度不应小于 10d。现浇应采用箍筋帽封闭开口箍,箍筋帽末端应做成 135° 弯钩,也可做成一端 135°、另一端 90° 的弯钩,但 135° 的弯钩和 90° 的弯钩应沿纵向受力钢筋方向交错布置,框架梁弯钩平直段长度不应小于 10d,次梁的 135° 的弯钩平直段长度不应小于 5d,90° 的弯钩平直段长度不应小于 10d。

3) 叠合梁对接连接时的要求

(1) 连接处应设置后浇段,后浇段的长度应满足梁下部纵向钢筋连接作业的空间需求。

(2) 梁下部纵向钢筋在后浇段内宜采用机械连接、套筒灌浆连接或焊接。

(3) 后浇段内的箍筋应加密,箍筋间距不应大于 5d(d 为纵向钢筋直径),且不应大于 100 mm,如图 3-4-28 所示。

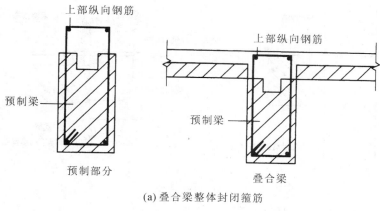

(a) 叠合梁整体封闭箍筋

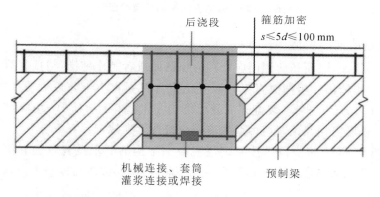

(b) 叠合梁组合封闭箍筋

图 3-4-27　叠合梁的箍筋构造示意图

图 3-4-28　叠合梁对接连接节点示意图

4）叠合主梁与次梁的节点构造

叠合主梁与次梁采用后浇段连接时，应符合下列规定：

（1）在端部节点处，次梁下部纵向钢筋伸入主梁后浇段的长度不应小于 $12d$，次梁上部纵向钢筋应在主梁后浇段内锚固。当采用弯折锚固或锚固板时，如图 3-4-29（a）所示，锚固直段长度不应小于 $0.6l_{ab}$；当钢筋应力不大于钢筋强度设计值的 50% 时，锚固直段长度不应大于 $0.35l_{ab}$；弯折锚固弯折后直段长度不应小于 $12d$（d 为纵向钢筋直径）。

（2）在中间节点处，两侧次梁的下部纵向钢筋伸入主梁后浇段的长度不应小于 $12d$（d 为纵向钢筋直径）；次梁上部纵向钢筋应在现浇层内贯通，如图 3-4-29（b）所示。

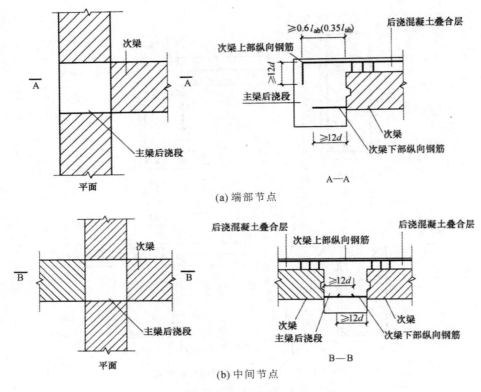

(a) 端部节点

(b) 中间节点

图 3-4-29　叠合主次梁的节点构造图

4. 预制剪力墙的连接构造

　　预制剪力墙的顶面、底面和两侧面应处理为粗糙面或者制作键槽,与预制剪力墙连接的圈梁上表面也应处理为粗糙面。粗糙面露出的混凝土粗骨料不宜小于其最大粒径的 1/3,且粗糙面凹凸深度不应小于 6 mm。根据《装配式混凝土结构技术规程》(JGJ 1—2014)规定,对高层预制装配式墙体结构,楼层内相邻预制剪力墙的连接应符合下列规定:

　　(1) 边缘构件应现浇,现浇段内按照现浇混凝土结构的要求设置箍筋和纵筋。如图 3-4-30 和图 3-4-31 所示,预制剪力墙的水平钢筋应在现浇段内锚固,或者与现浇段内水平钢筋焊接或搭接连接。

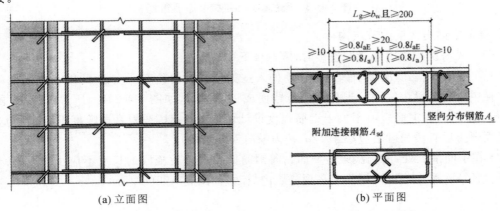

(a) 立面图　　　　　　　　　　(b) 平面图

图 3-4-30　预制剪力墙间的竖向接缝构造(附加封闭连接钢筋与预留弯钩钢筋连接)

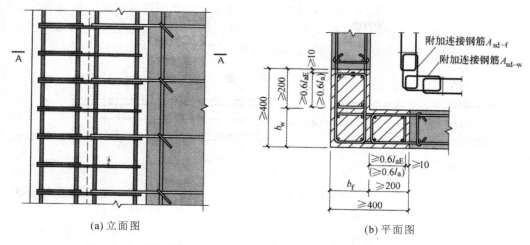

| (a) 立面图 | (b) 平面图 |

图 3-4-31　预制剪力墙在转角墙处的竖向接缝构造（构造边缘转角墙）

（2）上下剪力墙板之间，先在下层墙板和叠合板上部浇筑圈梁连续带后，安装上部墙板，套筒灌浆或者浆锚搭接进行连接，如图 3-4-32 所示。

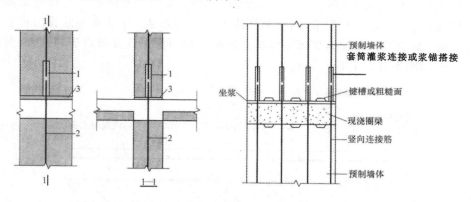

图 3-4-32　预制墙板上下节点连接

1—钢筋套筒灌浆连接；2—连接钢筋；3—座浆层

5. 叠合板的连接构造

预制混凝土与后浇混凝土之间的结合面应设置粗糙面。粗糙面的凹凸深度不应小于 4 mm，以保证叠合面有较强的黏结力，使两部分混凝土共同、有效地工作。预制板厚度由于脱模、吊装、运输、施工等因素，最小厚度不宜小于 60 mm。后浇混凝土层最小厚度不应小于 60 mm，主要考虑楼板的整体性以及管线预埋、面筋铺设、施工误差等因素。当板跨度大于 3 m 时，宜采用桁架钢筋混凝土叠合板，可增加预制板的整体刚度和水平抗剪性能；当板跨度大于 6 m 时，宜采用预应力混凝土预制板，节省工程造价；板厚大于 180 mm 的叠合板，其预制部分采用空心板，空心部分板端空腔应封堵，可减轻楼板自重，提高经济性能。

叠合板支座处的纵向钢筋应符合下列规定：

（1）端支座处，预制板内的纵向受力钢筋宜从板端伸出并锚入支撑梁或墙的后浇混凝土，锚固长度不应小于 $5d$（d 为纵向受力钢筋直径），且宜伸过支座中心线，如图 3-4-33（a）所示。

（2）单向叠合板的板侧支座处，当板底分布钢筋不伸入支座时，宜在紧邻预制板顶面的后浇混凝土叠合层中设置附加钢筋,附加钢筋截面面积不宜小于预制板内的同向分布钢筋的面积,间距不宜大于 600 mm,在板的后浇混凝土叠合层内的锚固的长度不应小于 $15d$,在支座内的锚固长度不应小于 $15d$(d 为附加钢筋直径)且宜伸过支座中心线,如图 3-4-33(b)所示。

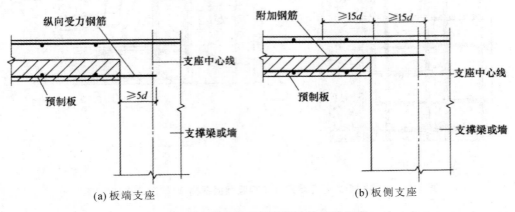

(a) 板端支座   (b) 板侧支座

图 3-4-33 叠合板端及板侧支座构造示意

(3) 单向叠合板板侧的分离式接缝宜配置附加钢筋,如图 3-4-34 所示。接缝处紧邻预制板顶面宜设置垂直于板缝的附加钢筋,附加钢筋伸入两侧后浇混凝土叠合层的锚固长度不应小于 $15d$(d 为附加钢筋直径);附加钢筋截面面积不宜小于预制板中该方向钢筋的面积,钢筋直径不宜小于 6 mm、间距不宜大于 250 mm。

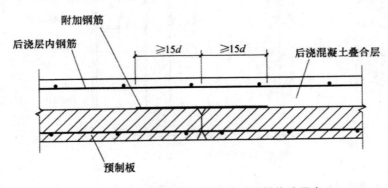

图 3-4-34 单向叠合板板侧分离式接缝构造示意

(4) 双向叠合板板侧的整体式接缝处由于有应变集中情况,宜将接缝设置在叠合板的次要受力方向上且宜避开最大弯矩截面。接缝可采用后浇带形式,并应符合下列规定。

① 后浇带宽度不宜小于 200 mm。

② 后浇带两侧板底纵向受力钢筋可在后浇带中焊接、搭接连接、弯折锚固。

③ 当后浇带两侧板底纵向受力钢筋在后浇带中弯折锚固时,应符合下列规定:叠合板厚度不应小于 $10d$,且不应小于 120 mm(d 为弯折钢筋直径的较大值);垂直于接缝的板底纵向受力钢筋配置量宜按计算结果增大 15% 配置;接缝处预制板侧伸出的纵向受力钢筋应在后浇混凝土叠合层内锚固,且锚固长度不应小于 l_a;两侧钢筋在接缝处重叠的长度不应小于 $10d$,钢筋弯折角度不应大于 $30°$,弯折处沿接缝方向应配置不少于 2 根通长构造钢筋,且直径不应小于该方向预制板内钢筋的直径。

3.5 装配式混凝土建筑遇到的问题 ··

本节列出装配式混凝土建筑需要进一步解决的技术课题,供从事科研工作的读者参考。

(1)预制剪力墙横向连接节点简化。

(2)预制剪力墙竖向连接无现浇混凝土带节点研究。

(3)全装配式混凝土结构连接节点与适用范围。

(4)筒体结构装配式混凝土连接节点研究。

(5)叠合楼板预制板钢筋伸入支座的作用分析。

(6)隔震、减震在装配式混凝土建筑中的应用。

(7)外围护系统优化设计(如外墙外保温、夹心保温的优化等课题)。

(8)套筒灌浆检测技术。

思 考 题

1.什么是装配式混凝土结构?有哪些特点?

2.我国装配式混凝土建筑可以分为哪些类?各有什么特点?

3.预制混凝土构件的钢筋连接方式有哪些?如何操作?

4.装配式混凝土剪力墙结构的竖向缝应如何连接?

5.简述预制剪力墙水平连接的基本内容。

6.目前我国常见的装配式混凝土构件有哪些?

Chapter 4

任务 4　熟悉装配式混凝土构件的生产

学习任务：
- 熟悉装配式混凝土构件的生产流程及常用设备；
- 熟悉装配式混凝土构件的材料与配件及其用途、用法；
- 掌握常见装配式混凝土构件的制作流程及制作工艺；
- 了解装配式混凝土构件的存放与运输要求。

重难点：
- 常见装配式混凝土构件的制作流程及制作工艺；
- 常见装配式混凝土构件的检验与修补。

4.1　装配式混凝土构件的生产流程

深化设计完成后，构件生产厂家根据深化设计图纸进行构件制作。预制装配式混凝土构件应用领域广泛、结构形式和种类多样。随着国家建筑产业政策的不断推进、装配式建造技术的日益完善、机械装备水平的不断提高、混凝土技术的不断发展，未来还将会开发出许多新型、高品质、性能各异的 PC 构件产品服务于我国装配式建筑的发展。

装配式混凝土建筑的基本预制构件，按照组成建筑的构件特征和性能划分，有以下几种：

① 预制楼板（含预制实心板、预制空心板、预制叠合板、预制阳台）；

② 预制梁（含预制实心梁、预制叠合梁、预制"U"形梁）；

③ 预制墙（含预制实心剪力墙、预制空心墙、预制叠合式剪力墙、预制非承重墙）；

④ 预制柱（含预制实心柱、预制空心柱）；

⑤ 预制楼梯（预制楼梯段、预制休息平台）；

⑥ 其他复杂异形构件（预制飘窗、预制带飘窗外墙、预制转角外墙、预制整体厨房及卫生间、预制空调板等）。

4.1.1　构件制作前的准备工作

生产企业应具备保证产品质量要求的生产工艺设施、试验检测条件，建立完善的质量管理体系和可追溯的质量控制制度，有持证要求的岗位应持证上岗。采用游牧式生产线进行预制构件生产的，在生产线与生产工艺经验收满足构件生产要求后方可进行正式生产。

预制构件制作前由建设单位组织设计单位、监理单位、施工总包单位和构件生产单位的相关

技术、质量、管理人员进行设计技术交底,必要时,生产单位应根据批准的设计文件制作加工详图。设计交底内容如下:

  ① 讲解图样要求和质量重点,进行答疑;

  ② 提出质量检验要求,列出检验清单,包括隐蔽工程记录清单;.

  ③ 提出质量检验程序等;

  ④ 各分包单位提出需要工厂预埋配套的相关预埋件。

  预制构件生产前,应编制生产方案,具体内容包括生产计划及生产工艺,模具方案及计划,技术质量控制措施,成品存放、运输、保护方案等。冬期施工和预应力构件还应编制专项方案。预制构件生产计划如下:

  ① 生产年度计划、月计划、周计划,实施时,计划应落实到天、落实到件、落实到模具、落实到工序、落实到人员;

  ② 编制材料计划,选用和组织材料进厂并检验;

  ③ 编制模具计划,组织模具设计与制作,对模具制作图及模具进行验收;

  ④ 编制劳动力计划,根据生产均衡或流水线合理流速安排各个环节的劳动力;

  ⑤ 编制设备、工具计划;

  ⑥ 编制能源使用计划;

  ⑦ 编制安全设施、护具计划。

  预制构件制作时需做的技术准备如下:

  ① 针对构件使用的套筒灌浆连接方式,做套筒和灌浆料试验;

  ② 进行混凝土配合比设计;

  ③ 构件表面有装饰混凝土,需要进行配合比设计,做出样块,由建设、设计、监理、总包和工厂会签存档,作为验收时的对照样品;

  ④ 预制构件制作前,带饰面砖或饰面板的构件应绘制排砖图或排板图;

  ⑤ 修补料配合比设计,对其附着性、耐久性进行试验,颜色与修补表面一致或接近;

  ⑥ 对构件裂缝制订预防措施和处理方案;

  ⑦ 进行详细的制作工艺设计;

  ⑧ 吊架、吊具设计、制作和复核;

  ⑨ 翻转、转运方案设计;

  ⑩ 构件存放方案设计,场地布置分配,货架设计制作等;

  ⑪ 产品保护设计、装车、运输方案设计等。

  生产企业的检测、试验、张拉、计量等设备及仪器、仪表均应检定合格,并在有效期内使用。企业不具备试验能力的检验项目,应委托具有相应资质的第三方工程质量检测机构进行试验。

  预制构件的生产应建立首件验收制度。预制构件生产前宜进行样品试制,经建设、设计、施工和监理等相关单位认可后方可实施。首件验收制度是指结构较复杂的预制构件或新型构件首次生产或间隔较长时间重新生产时,生产单位需会同建设单位、设计单位、施工单位、监理单位共同进行首件验收,重点检查模具、构件、预埋件、混凝土浇筑成型中存在的问题,确认该批预制构件生产工艺是否合理,质量能否得到保障,共同验收合格之后方可批量生产。

  预制构件的原材料的质量,钢筋加工和焊接的力学性能,混凝土强度,构件结构性能,装饰材料、保温材料及拉结件的质量等均应根据现行有关标准进行检查和检验,应具有完整的生产操作依据和质量检验记录。

预制构件生产前应进行纵向受力钢筋连接工艺检验,并应符合下列规定。

(1)钢筋焊接接头工艺检验结果应符合现行行业标准《钢筋焊接及验收规程》(JGJ 18—2012)的有关规定;

(2)钢筋机械连接接头工艺检验结果应符合现行行业标准《钢筋机械连接技术规程》(JGJ 107—2016)的有关规定;

(3)预制构件生产企业应委托专业检测机构进行套筒灌浆连接接头工艺检验,结果应符合现行行业标准《钢筋套筒灌浆连接应用技术规程》(JGJ 355—2015)的有关规定;

(4)其他类型纵向受力钢筋连接工艺检验应符合设计文件和现行国家标准的有关规定。

预制构件和部品生产中采用新技术、新工艺、新材料、新设备时,生产单位应制订专门的生产方案;必要时进行样品试制,经检验合格后方可实施。

4.1.2 装配式混凝土构件的制作工艺

装配式混凝土构件制作工艺按模具是否移动可分为固定方式和移动方式两大类。固定方式是指模具布置在固定位置的制作工艺,包括固定模台工艺、长线模台工艺和预应力工艺等。移动方式(即流水线工艺)是指模具在生产线上移动的制作工艺。制作工艺的选择需要综合考虑构件类型、复杂程度、构件品种等因素。

1.固定方式

固定方式是预制构件生产中历史最悠久的一种生产工艺。其优点是生产的构件重量大、操作应用灵活、可调整性较好;每个工序都是独立的,不会因为相邻工序出现问题后暂停而影响下一个工序;设备投资相对较少。其缺点是劳动力资源不能够充分利用、场地有限、生产效率相对较低。

1)固定模台工艺

固定模台工艺采用一块平整度较高的钢构平台或高平整度的水泥基材料平台作为底模,在模台上固定构件侧模,组合形成完整的模具,如图 4-1-1 所示。在车间里布置一定数量的固定模台,模台固定不动,组模、放置钢筋与预埋件、浇筑振捣混凝土、养护构件和拆模都在固定模台上进行,作业人员和钢筋、混凝土等材料在各个模台间"流动",绑扎或焊接好的钢筋用起重机送到各个固定模台处,混凝土用送料机或送料吊斗送到模台处,养护蒸汽管道也通到各个模台下。构件就地养护,构件脱模后再用起重机送到存放区。固定模台工艺流程如图 4-1-2 所示。

图 4-1-1 固定模台工艺生产线

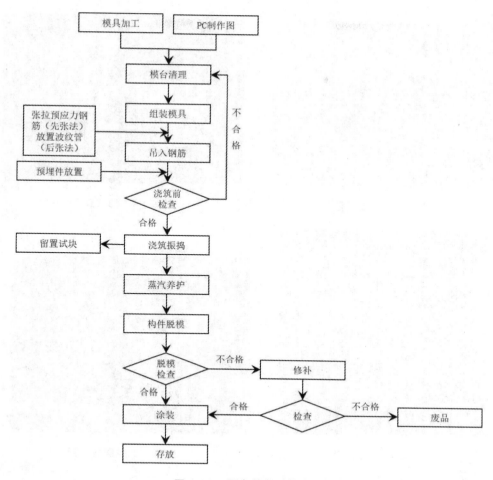

图 4-1-2　固定模台工艺流程

固定模台工艺可以生产柱、梁、楼板、墙板、楼梯、飘窗、阳台板、转角等各类构件。它的优势是适用范围广、灵活方便、适应性强、启动资金较少、见效快。固定模台工艺是目前世界上装配式预制混凝土构件中应用最多的工艺,但属于手工作业,难以机械化,人工消耗较多,生产效率较低。

根据模台是否水平,固定模台工艺分为平模工艺和立模工艺,立模工艺又分为独立立模和组合立模两种形式。平模工艺如图 4-1-3 所示。独立立模适用于独立浇筑柱子或楼梯板,如图 4-1-4 所示;组合立模适用于成组浇筑墙板,如图 4-1-5 所示。立模工艺具有节省空间、养护效果好、预制钢筋表面平整等优点,但其受制于构件形状,通用性不强。

2)长线模台工艺

长线模台工艺的模台较长(一般超过 100 m),操作人员和设备在生产产品的不同环节,沿长线模台依次移动,如图 4-1-6 所示。模台用混凝土浇筑而成,按构件的种类和规格进行构件的单层或叠层生产,或采用快速脱模的方法生产较大的梁、柱类构件。

对于板式预应力构件,如普通预应力楼板,一般采用挤压拉模工艺进行预制生产。对于预应力叠合楼板,通常采用长线模台工艺进行成批次预制生产。每个台位的预应力钢筋张拉到设计值后,浇筑混凝土并振捣。非预应力叠合梁、板、柱亦可采用长线模台工艺预制生产。

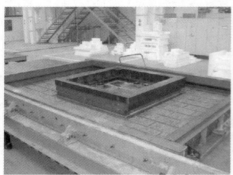

图 4-1-3 平模工艺

图 4-1-4 独立立模

图 4-1-5 组合立模

图 4-1-6 长线模台工艺

3）预应力工艺

根据施加预应力钢筋的先后顺序,将预应力工艺分为先张法预应力工艺和后张法预应力工艺,前者适用于制作预应力楼板,后者适用于制作混凝土梁等。

2.移动方式

移动方式是一种先进的工业化生产方式,优点是能够充分利用劳动力资源,有利于大规模生产;生产效率比较高,能够得到有效调控;由于流水作业定岗定位,减少了操作时的劳动力浪费;产品的流动、翻转都不需要起重机的协助,提高了生产效率。其缺点是不适合生产形状、大小各不相同,种类各异的构件,以及立体构件或大型构件;员工对流水线全局了解不多,只是对本工位的技能比较熟练;生产订单要求稳定,才能保证流水线正常生产;一次性投资相对较高,成本较大。

移动方式包括流动模台工艺、自动化流水线工艺和流动式集约组合立模工艺。其中,前两者的区别在于自动化程度。流动模台工艺自动化程度较低,自动化流水线工艺的自动化程度较高。

1）流动模台工艺

目前国内的预制构件流水生产线属于流动模台工艺。流动模台工艺将标准订制的钢平台(一般为 4 m×9 m)放置在滚轴上移动。先在组模区组模;然后移到钢筋入模区,进行钢筋和预埋件入模作业;再移到浇筑振捣平台上进行混凝土浇筑;完成浇筑后模台下的平台开始振动,进行振捣;之后,模台移到养护窑养护;养护结束出窑后,移到脱模区脱模,构件或被吊起,或在翻转台翻转后吊起；最后运送到构件存放区。流动模台工艺生产线如图 4-1-7 所示。

目前，流动模台工艺在清理模具、画线、喷涂脱模剂、振捣、翻转环节实现或部分实现了自动化，但在最重要的模具组装、钢筋入模等环节没有实现自动化。

流动模台工艺只适合生产板式构件。如果制作大批量同类型构件，可以提高生产效率、节约能源、降低工人劳动强度。但生产不同类型构件，特别是出筋较多的构件时，没有以上优势。中国目前装配式建筑以剪力墙为主，构件一边预留套筒或浆锚孔，三边出筋，且出筋复杂，很难实现自动化。

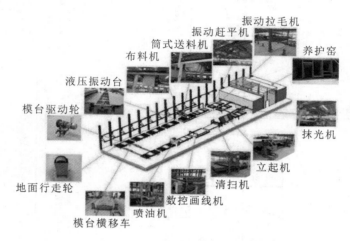

图 4-1-7 流动模台工艺生产线

2）自动化流水线工艺

自动化流水线由混凝土成型流水线和自动钢筋加工流水线两部分组成，通过电脑编程软件控制，将这两部分设备自动衔接起来，实现了设计信息输入、模台自动清理、机械手画线、机械手组模、脱模剂自动喷涂、钢筋自动加工、钢筋机械手入模、混凝土自动浇筑、机械自动振捣、电脑控制自动养护、翻转机翻转、机械手抓取边模入库等全部工序的自动完成，是真正意义上的自动化流水线，如图 4-1-8 所示。

自动化流水线价格昂贵，适用范围非常窄，目前国内板式构件大都出筋，尚没有适用自动化流水线的构件。

一些人以为流水线就等于自动化和智能化，甚至有一部分人把流水线作为选择预制构件供货厂家的前提条件，这是一个很大的误区。如果按照这个标准，日本、美国、澳洲绝大多数预制构件厂家在中国都不合格。日本是装配式建筑的大国和强国，也只有不出筋的叠合板用流水线制造。欧洲也只有侧边不出筋的叠合板、双面叠合剪力墙墙板和非剪力墙墙板用自动化流水线制造。只有在构件标准化、规格化、专业化、单一化和数量大的情况下，流水线才能实现自动化和智能化。

目前国内的流水线绝大多数是流动模台，并没有实现自动化，与固定模台比没有技术和质量优势，生产线也很难做到匀速流动，并不节省劳动力。流水线投资较大，适用范围却很窄。梁、柱、飘窗、转角板、转角构件均不能做，各种异形构件也不能做。

3）流动式集约组合立模工艺

流动式集约组合立模工艺主要生产内隔墙板。组合立模通过轨道被移送到各个工位，浇筑混凝土后入窑养护。流动式集约组合立模的主要优点是可以集中养护。

101

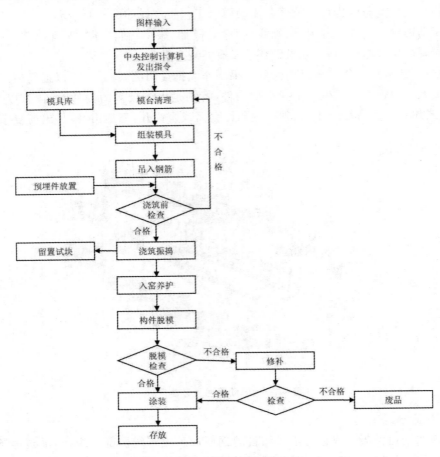

图 4-1-8　自动化流水线工艺

　　固定模台工艺与流动模台工艺是目前国内应用最多的工艺,表 4-1-1 所示为固定模台工艺与流动模台工艺的适宜性比较。

表 4-1-1　固定模台工艺与流动模台工艺的适宜性比较

比较项目	固定模台工艺	流动模台工艺
可生产的构件	梁、叠合梁、莲藕梁、柱梁一体、柱、楼板、叠合楼板、内墙板、外墙板、"T"形板、"L"形板、曲面板、楼梯板、阳台板、飘窗、夹心保温墙板、后张法预应力梁、各种异形构件	楼板、叠合楼板、剪力墙内墙板、剪力墙外墙板、夹心保温墙板、阳台板、空调板等板式构件
10 万立方米产能设备投资	800 万～1200 万元	3000 万～5000 万元
优点	1.适用范围广; 2.可生产复杂构件; 3.生产安排机动灵活,限制较少; 4.投资少、见效快; 5.租用厂房就可以启动; 6.可用于工地临时工厂	1.放线、清理模台、喷脱模剂、振捣、翻转环节实现了自动化; 2.钢筋、模具和混凝土运输线路固定; 3.实现自动化的环节节约劳动力; 4.集中养护在生产饱满时节约能源; 5.制作过程质量管控点固定,方便管理

比较项目	固定模台工艺	流动模台工艺
缺点	1.与流动模台相比,同样产能占地面积要大10%～15%; 2.可实现自动化的环节少; 3.生产同样构件,振捣、养护、脱模环节比流水线工艺用工多; 4.养护耗能高	1.适用范围窄,仅适用于板式构件; 2.投资较大; 3.制作不一样的构件,对效率影响较大; 4.不机动灵活; 5.一个环节出现问题会影响整个生产线的运行; 6.生产量小的时候浪费能源; 7.不宜在租用厂房投资设置
适用范围	1.产品定位范围广的工厂; 2.市场规模小的地区; 3.受投资规模限制的小型工厂或启动期; 4.没有条件马上征地的工厂	适合市场规模较大地区的板式构件

不同工艺对制作常用预制构件的适用范围如表 4-1-2 所示。

表 4-1-2 不同工艺对制作常用预制构件的适用范围

制作工艺	适用范围
固定模台工艺	适合除了先张法预应力构件之外的所有构件,包括板、柱、梁、各种装饰保温一体化板、飘窗、阳台板等(40多种构件)
流动模台工艺	适合板类构件,如非预应力的叠合板、剪力墙板、内隔墙板、标准化的装饰保温一体化板等(10多种构件)
全自动工艺	适合品种单一的构件,如叠合板、双层叠合墙板、不出筋且表面装饰不复杂的构件(2～5种构件)
预应力工艺	各种先张法预应力及后张法预应力构件,如预应力叠合板、预应力梁、预应力叠合梁、双"T"板等(10多种构件)

4.1.3 生产线常用的生产设备

预制构件的生产设备主要包括模台、清扫喷涂机、画线机、送料机、布料机、振动台、振捣刮平机、拉毛机、抹光机、养护窑、翻板机、平移车、堆码机等。

1. 模台

目前常见的模台有碳钢模台和不锈钢模台两种。模台通常采用 Q345 材质整板铺面,台面钢板厚度为 10 mm,预制构件的制作在模台上进行,模台需具有一定的刚度及平整度,保证构件制作过程中不产生较大的变形,同时模台要能抵抗构件制作过程中的振动冲击。碳钢模台如图4-1-9 所示。

2. 清扫喷涂机

清扫喷涂机采用除尘器一体化设计,具有清扫模台、喷涂脱模剂的功能。清扫喷涂机如图4-1-10所示。

图 4-1-9　碳钢模台

图 4-1-10　清扫喷涂机

3. 画线机

画线机主要用于在模台上实现全自动画线。画线机采用数控系统,具备 CAD 图形编程功能和线宽补偿功能,配备 USB 接口;按照设计图纸进行模板安装位置及预埋件安装位置定位画线,完成一平台画线的时间小于 5 min。画线机如图 4-1-11 所示。

4. 送料机

送料机主要用于运送构件所需的钢筋、预埋件等。送料机的有效容积不小于 2.5 m³,运行速度为 0~30 m/min,速度变频控制,可调,由外部振捣器辅助下料。运行时输送料斗运行与布料机位置设置互锁保护;在自动运转的情况下与布料机实现联动;可选择自动、手动、遥控操作方式;每个输送料斗均有防撞感应互锁装置、声光报警装置以及静止时的锁紧装置。

5. 布料机

布料机是用来浇筑混凝土的机械,可沿上横梁轨道运行,装载的拌合物以螺旋式下料方式下料。储料斗的有效容积为 2.5 m³,下料速度为 0.5~1.5 m³/min(不同的坍落度要求);在布料的过程中,下料口开闭数量可控;与送料机、振动台、模台等可实现联动互锁;具有安全互锁装置;纵横向行走速度及下料速度采用变频控制,可实现完全自动布料功能。布料机如图 4-1-12 所示。

104

图 4-1-11　画线机

图 4-1-12　布料机

6. 振动台

构件浇筑混凝土后在振动台上进行振密。振动台的模台采用液压锁紧;振捣时间小于 30 s,振捣频率可调;模台升降、锁紧、振捣、移动,布料机运行具有安全互锁功能。振动台如图 4-1-13 所示。

7. 振捣刮平机

振捣刮平机可将混凝土构件表面通过振捣的方式刮平，可沿上横梁轨道纵向运行。升降系统采用电液推杆，可在任意位置停止并自锁；大车行进速度为 $0 \sim 30$ m/min，变频可调；刮平有效宽度与模台宽度相适应；激振力大小可调。振捣刮平机如图 4-1-14 所示。

图 4-1-13　振动台

图 4-1-14　振捣刮平机

8. 拉毛机

拉毛机适用于叠合楼板的混凝土表面处理，可升降，可锁定位置；拉毛机有定位调整功能，通过调整可准确地下降到预设高度。拉毛机如图 4-1-15 所示。

9. 抹光机

当预制构件（如预制内、外墙等）表面需要抹光处理时，可采用抹光机进行操作。抹光机的抹头可升降调节，能准确地下降到预设高度并锁定；在作业中抹头在水平面内可实现二维方向的移动调节，在设定的范围内作业；抹平力和浮动叶片的角度可机械调节。抹光机如图 4-1-16 所示。

图 4-1-15　拉毛机

图 4-1-16　抹光机

10. 养护窑

预制构件的养护在养护窑中进行，养护窑温度、湿度可单独控制；保温板芯部材料密度值不低于 15 kg/m³，并且防火阻燃，保温材料耐受温度不低于 80℃；温度、湿度自动检测监控；加热、加湿自动控制；窑内平台确保定位锁紧，支撑轮悬臂采用防变形设计，支撑轮悬臂轴的长度不大于 300 mm；窑温均匀，温差小于 3℃。数控式立体养护窑如图 4-1-17 所示。

11. 翻板机

构件养护完成后准备起吊时,需要将制作完成的预制构件进行一定角度的翻转,该项工作在翻板机上进行。翻板机的翻板角度为 80°～85°,翻起到位时间小于 90 s。翻板机如图 4-1-18 所示。

图 4-1-17 数控式立体养护窑

图 4-1-18 翻板机

12. 平移车

平移车负载不小于 25 t,主要用于预制构件及模具的运送。平移车液压缸同步升降;两台平移车行进过程中保持同步,采用伺服控制;平台在升降车上定位准确,具备限位功能;模台状态、位置与平移车位置、状态互锁保护;运行时,车头端部安装安全防护连锁装置。平移车如图 4-1-19 所示。

13. 堆码机

堆码机主要用于预制构件的堆放,可在地面轨道运行,模台升降采用卷扬式升降结构,开门行程不小于 1 m;堆码机具有大车定位锁紧机构、升降架调整定位机构、升降架升降导向机构;负荷不小于 30 t;横向行走速度、提升速度均变频可调;可实现手动、自动化运行。堆码机如图 4-1-20 所示。

图 4-1-19 平移车

图 4-1-20 堆码机

除上述常见机械外,预制装配式构件场常用机械还包括以下五种。

(1)混凝土搅拌机组。

(2)钢筋加工设备。常用的钢筋加工设备有冷拉机、冷拔机、调直切断机、弯曲机、弯箍机、切断机、滚丝机、除锈机、对焊机、电阻点焊机、交流手工弧焊机、氩弧焊机、直流焊机、二氧化碳保护焊机、埋弧焊机、砂轮机,以及钢筋强化机械、自动调直切断机械、数控钢筋弯箍机械、数控钢筋弯曲机械、数控钢筋笼滚焊机械、数控钢筋矫直切断机械、数控钢筋剪切线、数控钢筋桁架生产线、柔性焊网机等数控智能化设备。

（3）模具加工设备。常用的模具加工设备有剪板机、折弯机、冲床、钻床、刨床、磨床、砂轮机、电焊机、气割设备、铣边机、车床、矫平机、激光切割机、等离子切割机、天车等。

（4）混凝土浇筑设备。常用的混凝土浇筑设备有插入式振动棒、平板振动器、振动梁、高频振动台、普通振动台、附着式振动器等。

（5）吊装码放设备，例如天车、汽车吊、起吊钢梁、框架梁、钢丝绳、尼龙吊带、卡具、吊钉等。

4.2 装配式混凝土构件的材料与配件

装配式混凝土构件在生产过程中经常用到的材料与配件有混凝土、普通钢筋、预应力钢筋、预埋件、保温连接件及构件模具。

材料与配件应按照国家现行有关标准、设计文件及合同约定进行进厂检验。预制构件生产单位将采购的同一厂家同批次材料、配件及半成品用于生产不同工程的预制构件时，可统一划分检验批。获得认证的或来源稳定且连续三批均一次检验合格的材料与配件，进场检验时检验批的容量可按标准的有关规定扩大一倍，且检验批容量仅可扩大一倍。扩大检验批后的检验中，出现不合格情况时，应按扩大前的检验批容量重新验收，且该种材料或配件不得再次扩大检验批容量。

4.2.1 混凝土

1. 混凝土材料

广义混凝土是指由胶凝材料，粗、细骨料，水及外加剂按照适当的比例配制而成的人工石材。预制装配式构件制作所采用的混凝土主要由水泥、砂、石子、外加剂、矿物掺合料、水组成。预制构件制作中混凝土常用材料如下。

（1）水泥：预制构件生产通常选用普通硅酸盐水泥。

（2）砂：预制混凝土构件生产中通常使用中砂，不得直接使用海砂。

（3）石子：根据构件尺寸选取相应的连续级配粒级的山碎石或尾矿石。在构件生产中通常使用的石子粒径为 5～15 mm、5～20 mm、20～40 mm。

（4）外加剂：改善混凝土性能的材料。外加剂按其主要使用功能分为五类。

① 改善混凝土拌合物的和易性：减水剂、泵送剂等；

② 调节混凝土的凝结时间、硬化性能：缓凝剂、促凝剂、速凝剂等；

③ 改善混凝土的耐久性：引气剂、防水剂、阻锈剂和矿物外加剂等；

④ 改善混凝土的其他性能：膨胀剂、防冻剂、着色剂等；

⑤ 矿物掺合料：为了节约水泥、改善混凝土性能加入的矿物粉体材料，包括粉煤灰、粒化高炉矿渣粉、沸石粉、燃烧煤矸石等。

2. 预制构件混凝土要求

预制构件的混凝土强度等级不宜低于 C30；预应力混凝土预制构件的混凝土强度等级不宜等于 C40，且不应低于 C30；现浇混凝土的强度等级不应低于 C25。混凝土的力学性能指标应符

合表 4-2-1 和表 4-2-2 的要求,混凝土的力学性能与耐久性应符合现行国家标准《混凝土结构设计规范》(GB 50010—2010)的规定。

表 4-2-1　混凝土轴心抗压强度标准值与设计值(N/mm²)

强度	混凝土强度等级													
	C15	C20	C25	C30	C35	C40	C45	C50	C55	C60	C65	C70	C75	C80
f_{ck}	10.0	13.4	16.7	20.1	23.4	26.8	29.6	32.4	35.5	38.5	41.5	44.5	47.4	50.2
f_c	7.2	9.6	11.9	14.3	16.7	19.1	21.1	23.1	25.3	27.5	29.7	31.8	33.8	35.9

表 4-2-2　混凝土轴心抗拉强度标准值与设计值(N/mm²)

强度	混凝土强度等级													
	C15	C20	C25	C30	C35	C40	C45	C50	C55	C60	C65	C70	C75	C80
f_{tk}	1.27	1.54	1.78	2.01	2.20	2.39	2.51	2.64	2.74	2.85	2.93	2.99	3.05	3.11
f_t	0.91	1.10	1.27	1.43	1.57	1.71	1.80	1.89	1.96	2.04	2.09	2.14	2.18	2.22

因构件厂需要模具、模台周转,加快制作节拍,混凝土中一般不使用缓凝剂。预制构件混凝土的坍落度通常为 80~160 mm,一般不使用泵送剂。预制构件混凝土用的砂石质量要求比现浇混凝土高,特别是清水混凝土构件。

3. 预制构件混凝土配合比设计

混凝土配合比设计中的三个重要参数为水灰比、用水量、砂率。其中,砂率是决定混凝土强度的主要因素,决定了混凝土拌合物的流动性、密实性和强度等。

配合比设计有三个步骤。

(1)计算确定初步配合比:根据公式计算出配制强度,根据公式初步确定水胶比,根据查表方法得出 1 m³ 混凝土的单位用水量及砂率,由此计算出粗、细骨料的用量,从而得到初步配合比。

(2)确定基准配合比:按初步配合比,称取实际工程中使用的材料,进行试拌。混凝土的搅拌方法,应与生产时使用的方法相同。

(3)确定施工配合比:设计配合比是以干燥材料为基准的,而工地存放的砂、石都含有一定的水分,且随着气候的变化而变化。所以,现场材料的实际称量应按工地砂、石的含水情况进行修正,修正后的配合比称施工配合比。

4. 材料进厂及混凝土检验要求

1)水泥

同一厂家、同一品种、同一代号、同一强度等级且连续进厂的水泥,袋装水泥不超过 200 t 为一批,散装水泥不超过 500 t 为一批。按批抽取试样进行水泥强度、安定性和凝结时间的检验,设计有其他要求时,尚应对相对应的其他性能进行试验。

2)骨料

同一厂家(产地)且同一规格的骨料不超过 400 m³ 或 600 t 为一批。天然细骨料按批抽取试样进行颗粒级配、细度模数、含泥量和泥块含量试验;机制砂应增加石粉含量和压碎指标值试验;再生细骨料应增加吸水率、压碎指标值和表观密度试验;天然粗骨料按批抽取试样进行颗粒级配、含泥量、泥块含量和针片状颗粒含量试验;再生粗骨料应增加再生胶砂需水量和表观密度试验。

3）外加剂

同一厂家、同一品种的减水剂不超过 50 t 为一批,按批抽取试样进行固体含量、减水率、1 d 抗压强度比、pH 值和密度试验。

4）矿物掺合料

同一厂家、同一品种、同一技术指标的矿物掺合料,粉煤灰和粒化高炉矿渣粉不超过 200 t 为一批,硅灰不超过 30 t 为一批。按批抽取试样进行细度(比表面积)、需水量比(流动度比)和烧失量(活性指数)试验,设计有其他要求时,尚应对相应的其他性能进行试验。

5）混凝土拌制及养护用水

混凝土拌制及养护用水应符合现行行业标准《混凝土用水标准》(JGJ 63—2016)的有关规定。采用饮用水时,可不检验。采用中水、搅拌站清洗水或回收水时,应对其成分进行检验,同一水源每年至少检验一次。

6）混凝土

混凝土应进行抗压强度检验,混凝土检验试件应在浇筑地点制作。每拌制 100 盘且不超过 100 m³ 的同一配合比混凝土,每工作班拌制的同一配合比的混凝土不足 100 盘为一批。每批制作强度检验试块不少于 3 组、随机抽取 1 组进行同条件转标准条件养护后进行强度检验,其余可作为同条件试件在预制构件脱模和出厂时控制其混凝土强度;还可根据预制构件吊装、张拉和放张等要求,留置足够数量的同条件混凝土试块进行强度检验。蒸汽养护的预制构件,其强度评定混凝土试块应随同构件蒸养后,再转入标准条件养护。构件脱模起吊、预应力张拉或放张的混凝土同条件试块,其养护条件应与构件生产中采用的养护条件相同。除设计有要求外,预制构件出厂时的混凝土强度不宜低于设计混凝土强度等级值的 75%。

4.2.2 钢筋及连接件

1. 钢筋

钢筋是预制混凝土构件中的主要材料,包括光圆钢筋、带肋钢筋、预应力钢丝及钢绞线等,如图 4-2-1 和图 4-2-2 所示。钢筋自身具有良好的抗拉、抗压强度,同时与混凝土之间具有良好的握裹力,在混凝土中主要承受拉应力。生产预制混凝土构件的钢筋的选用应符合现行国家标准《混凝土结构设计规范》(GB 50010—2010)的规定。普通钢筋及预应力钢筋的力学性能指标应符合表 4-2-3 和表 4-2-4 的规定。

(a) 光圆钢筋

(b) 带肋钢筋

图 4-2-1　普通钢筋

(a) 预应力钢丝

(b) 钢绞线

图 4-2-2　预应力钢筋

表 4-2-3　普通钢筋强度设计值（N/mm²）

牌号	抗拉强度设计值 f_y	抗压强度设计值 f_y'
HPB300	270	270
HRB335	300	300
HRB400、HRBF400、RRB400	360	360
HRB500、HRBF500	435	435

表 4-2-4　预应力钢筋强度设计值（N/mm²）

种类	极限强度标准值 f_{ptk}	抗拉强度设计值 f_{py}	抗压强度设计值 f_{py}'
中强度预应力钢丝	800	510	410
	970	650	
	1270	810	
消除应力钢丝	1470	1040	410
	1570	1110	
	1860	1320	
钢绞线	1570	1110	390
	1720	1220	
	1860	1320	
	1960	1390	
预应力螺纹钢筋	980	650	400
	1080	770	
	1230	900	

　　装配式混凝土构件制作中经常用到的钢筋：预制叠合板中的钢筋网片及桁架筋，如图 4-2-3 所示；预制墙、柱、梁构件中的箍筋、主筋及分布钢筋。钢筋宜采用自动化机械设备加工，并应符

合现行国家标准《混凝土结构工程施工规范》(GB 50666—2011)的有关规定。桁架筋和钢筋网片多采用排焊机械制造,钢筋之间使用电阻点焊焊接。

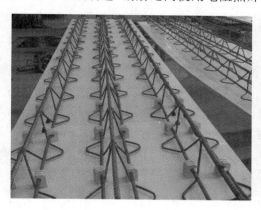

图 4-2-3　桁架筋及钢筋网片

普通钢筋采用套筒灌浆连接和浆锚搭接连接时,钢筋应采用热轧带肋钢筋。预制构件的吊环应采用未经冷加工的 HPB300 级钢筋制作。吊装用内埋式螺母或吊杆的材料应符合国家现行相关标准的规定。

2. 钢筋连接件

钢筋连接件主要有直螺纹套筒、锥螺纹套筒、挤压套筒等,其选用应符合现行行业标准《钢筋机械连接用套筒》(JG/T 163—2013)的规定。

3. 钢筋及连接件的进厂验收

钢筋进厂时,应全数检查外观质量,并应按国家现行有关标准的规定抽取试件做屈服强度、抗拉强度、伸长率、弯曲性能和重量偏差检验,检验结果应符合相关标准的规定,检查数量应按进厂批次和产品的抽样检验方案确定。

同一厂家、同一类型且同一钢筋来源的成型钢筋,不超过 30 t 为一批,每批中每种钢筋牌号、规格均应至少抽取 1 个钢筋试件,总数不应少于 3 个,进行屈服强度、抗拉强度、伸长率、外观质量、尺寸偏差和重量偏差检验,检验结果应符合国家现行有关标准的规定。由热轧钢筋组成的成型钢筋,当有企业或监理单位的代表驻厂监督加工过程并能提供材料力学性能检验报告时,可仅进行重量偏差检验。

预应力钢筋进厂时,应全数检查外观质量,并应按国家现行相关标准的规定抽取试件做抗拉强度、伸长率检验,其检验结果应符合相关标准的规定,检查数量应按进厂批次和产品的抽样检验方案确定。

钢筋连接除应符合现行国家标准《混凝土结构工程施工规范》(GB 50666—2011)的有关规定外,钢筋接头的方式、位置,同一截面受力钢筋的接头百分率,钢筋的搭接长度及锚固长度等应符合设计要求或国家现行有关标准的规定。钢筋焊接接头、机械连接接头和套筒灌浆连接接头均应进行工艺检验,检验结果合格后方可进行预制构件生产。螺纹接头和半灌浆套筒连接接头应使用专用扭力扳手拧紧至规定扭力值。钢筋焊接接头和机械连接接头应全数检查外观质量。焊接接头、机械连接接头、钢筋套筒灌浆连接接头的力学性能应符合现行行业标准《钢筋焊接及验收规程》(JGJ 18—2012)、《钢筋机械连接技术规程》(JGJ 107—2016)和《钢筋套筒灌浆连接应用技术规程》(JGJ 355—2015)的有关规定。

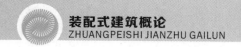

4.2.3 预埋件

预制混凝土构件制作时需设置的预埋件按其作用可以分为三类。

1.构件间连接用预埋件

构件间连接用预埋件包括灌浆套筒、灌浆出浆管、浆锚搭接用波纹管、浆锚搭接用螺旋箍筋，以及螺母、螺栓等。

灌浆出浆管是套筒灌浆接头与构件外表面联通的通道，需要保证生产中灌浆出浆管与灌浆套筒连接处连接牢固，且可靠密封，管路全长内管路内截面圆形饱满，保证灌浆通路顺畅。选用的灌浆出浆管内(外)径尺寸精确，与套筒接头(孔)相匹配，安装配合紧密，无间隙，密封性能好；管壁坚固，不易破损或压瘪，弯曲时不易折叠或扭曲变形影响管道内径，首选硬质 PVC 管，其次选薄壁 PVC 增强塑料软管，如图 4-2-4 所示。

(a) 灌浆套筒与出浆管

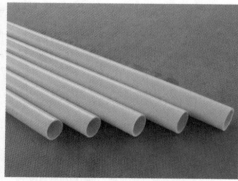
(b) 硬质PVC管

(c) 薄壁PVC增强塑料软管

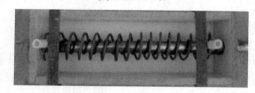

(d) 浆锚搭接预埋件

图 4-2-4 构件间连接用预埋件

钢筋浆锚搭接连接用镀锌金属波纹管进厂检验时应全数检查外观质量，其外观应清洁，内外表面应无锈蚀、油污、附着物、孔洞，不应有不规则褶皱，咬口应无开裂、脱扣。应进行径向刚度和抗渗漏性能检验，检查数量应按进场的批次和产品的抽样检验方案确定。检验结果应符合现行行业标准《预应力混凝土用金属波纹管》(JG/T 225—2020)的规定。

2.构件翻转、起吊用预埋件

预制混凝土构件以前常用的预埋吊件为吊环，目前多采用预埋吊钉。预埋吊钉可分为圆头吊钉、套筒吊钉以及平板吊钉等。

圆头吊钉如图 4-2-5 所示,适用于所有预制混凝土构件的起吊,例如墙体、柱子、横梁、水泥管道等。它的特点是无须加固钢筋、拆装方便、性能卓越、使用操作简便。还有一种带孔的圆头吊钉,通常在尾部的孔中拴锚固钢筋,以增强圆头吊钉在预制混凝土中的锚固力。

套筒吊钉如图 4-2-6 所示,适用于所有预制混凝土构件的起吊。其优点是预制混凝土构件表面平整;缺点是采用螺纹接驳器时,需要将接驳器的丝杆完全拧入套筒,如果接驳器的丝杆没有拧到位或接驳器的丝杆受到损伤,可能降低其起吊能力,因此,在大型构件中较少使用套筒吊钉。

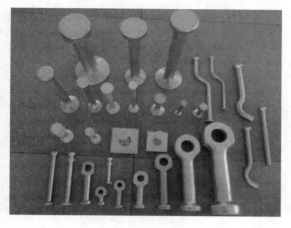

图 4-2-5　圆头吊钉

图 4-2-6　套筒吊钉

平板吊钉如图 4-2-7 所示,适用于所有预制混凝土构件的起吊,尤其适合墙板类薄型构件。平板吊钉种类繁多,选用时应根据厂家的产品手册和指南选用。平板吊钉的优点是起吊方式简单,安全可靠,正得到越来越广泛的运用。

预埋吊件进厂检验时,同一厂家、同一类别、同一规格的预埋吊件,不超过 10 000 件为一批。按批抽取试样进行外观尺寸、材料性能、抗拉拔性能等试验,试验结果应符合设计要求。

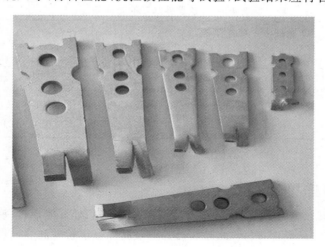

图 4-2-7　平板吊钉

3.设备安装用预埋件

设备安装用预埋件主要包括预埋管线、预埋线盒、预埋钢板、预埋穿墙(板)管等,如图 4-2-8

所示。预埋管线通常为钢管、铸铁管或 PVC 管等。

(a) 预埋管线

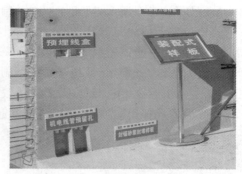

(b) 预埋线盒

(c) 预埋钢板

(d) 预埋穿墙(板)管

图 4-2-8 设备安装用预埋件

受力型预埋件进厂检验时同一厂家、同一类别、同一规格的产品不超过 1000 件为一批,进行材料性能、抗拉拔性能、焊接性能和防腐蚀涂层厚度等试验,试验结果应符合设计要求。有丝扣的预埋件应检验丝扣质量。预埋件加工的允许偏差如表 4-2-5 所示。

表 4-2-5 预埋件加工的允许偏差

项次	检验项目及内容		允许偏差/mm	检验方法
1	预埋件锚板的边长		0,−5	用钢尺量
2	预埋件锚板的平整度		1	用直尺和塞尺量
3	锚筋	长度	10,−5	用钢尺量
4		间距偏差	±10	用钢尺量

4.2.4 保温连接件

保温连接件又叫拉结件,用于连接预制夹心保温墙体的内、外叶墙板,传递外叶墙板剪力,以使内、外叶墙板形成整体。保温连接件按材质可分为非金属保温连接件和金属保温连接件两大类,如图 4-2-9 和图 4-2-10 所示,其中玻璃纤维复合材料保温连接件和不锈钢保温连接件应用最广。

保温连接件进厂检验时,同一厂家、同一品种且同一规格产品,不超过 5000 m² 为一批。按批抽取试样进行导热系数、密度、压缩强度、吸水率和燃烧性能试验,试验结果应符合设计要求和国家现行相关标准的有关规定。

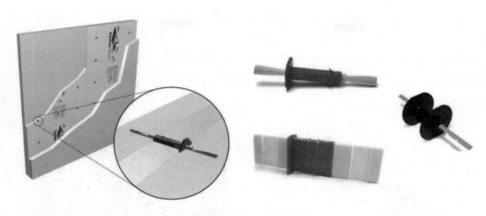

图 4-2-9　玻璃纤维复合材料保温连接件

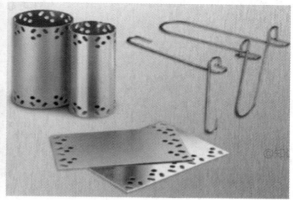

图 4-2-10　不锈钢保温连接件

棒状或片状拉结件宜采用矩形或梅花形布置,间距一般为 400~600 mm,拉结件与墙体洞口边缘的距离一般为 100~200 mm;当有可靠依据时,也可按设计要求确定。拉结件的锚入方式、锚入深度、保护层厚度等参数应满足现行国家标准的规定。

内、外叶墙板拉结件进厂检验时,同一厂家、同一类别、同一规格产品,不超过 10 000 件为一批。按批抽取试样进行外观尺寸、材料性能、力学性能试验,试验结果应符合设计要求。

夹心外墙板中,内、外叶墙板的拉结件应符合下列规定。

(1)金属及非金属材料拉结件均应具有规定的承载力、变形和耐久性能,并应经过试验验证。

(2)拉结件应满足防腐和耐久性要求。

(3)拉结件应满足夹心外墙板的节能设计要求。

(4)外墙保温拉结件的拉伸强度、弯曲强度、剪切强度必须满足国家标准或行业标准规定。

4.2.5　模具

1.模具的种类

现有的模具设计体系可分为独立式模具和大底模式模具(即底模可公用,只加工侧模)。独立式模具用钢量较大,适用于构件类型较单一且重复次数多的项目。大底模式模具只需制作侧模,底模还可以在其他工程上重复使用。主要的模具类型有梁模、柱模、叠合楼板模具、阳台板模具、楼梯模具、内墙板模具和外墙板模具等,如图 4-2-11 所示。模具按生产工艺分类有如下几种:生产线流转模台与边模、固定模台与构件模具、立模模具、预应力台模与边模。预制装配式混凝土结构的模具以钢模为主,面板主材选用 Q235 钢板,支撑结构可选型钢或者钢板,规格可根据模具形式选择。

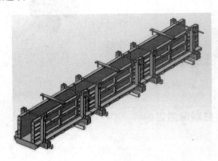

(a) 梁模

(b) 柱模

(c) 叠合楼板模具

(d) 阳台板模具

(e) 楼梯模具(卧式)

(f) 楼梯模具(立式)

(g) 内墙板模具

(h) 外墙板模具

图 4-2-11　装配式构件模具

2. 模具的制作要求

模具的制作加工工序可概括为开料、制成零件、拼装成模。"模具是制造业之母"，模具的好坏直接决定了构件产品质量的好坏和生产安装的质量和效率，预制构件模具的制造关键是精度，包括尺寸的误差精度、焊接工艺水平、模具边楞的打磨光滑程度等，模具组合后应严格按照要求涂脱模剂或水洗剂。预制构件的质量和精度是保证建筑质量的基础，也是预制装配整体式建筑施工的关键工序之一，为了保证构件的质量和精度，必须采用专用的模具进行构件生产，预制构件生产前应对模具进行检查验收，严禁采用地胎模等"土办法"。

预制构件生产应根据生产工艺、产品类型等制订模具方案，应建立健全的模具验收、使用制度。模具应具有足够的强度、刚度和整体稳定性，并应符合下列规定：

（1）模具应装拆方便，并应满足预制构件质量、生产工艺和周转次数的要求；

（2）结构造型复杂、外形有特殊要求的模具应制作样板，经检验合格后方可批量制作；

（3）模具各部件之间应连接牢固，接缝应紧密，附带的埋件或工装应定位准确，安装牢固；

（4）用作底模的台座、胎模、地坪及铺设的底板等应平整光洁，不得有下沉、裂缝、起砂和起鼓现象；

（5）模具应保持清洁，涂脱模剂、表面缓凝剂时应均匀、无漏刷、无堆积，且不得沾污钢筋，不得影响预制构件的外观效果；

（6）应定期检查侧模、预埋件和预留孔洞定位措施的有效性，应采取防止模具变形和锈蚀的措施，重新启用的模具检验合格后方可使用；

（7）模具与平模台间的螺栓、定位销、磁盒等固定方式应可靠，防止混凝土振捣成型时造成模具偏移和漏浆。

预制构件模具尺寸的允许偏差和检验方法如表4-2-6所示。当设计有要求时，模具尺寸的允许偏差应按设计要求确定。

表 4-2-6　预制构件模具尺寸的允许偏差和检验方法

项次	检查项目及内容		允许偏差/mm	检验方法
1	长度	≤6 m	1，−2	用钢尺量平行构件高度方向，取其中偏差绝对值较大处
		>6 m 且≤12 m	2，−4	
		>12 m	3，−5	
2	截面尺寸	墙板	1，−2	用钢尺测量两端或中部，取其中偏差绝对值较大处
3		其他构件	2，−4	
4	对角线差		3	用钢尺量纵、横两个方向对角线
5	侧向弯曲		1/1 500 且≤5	拉线，用钢尺量测侧向弯曲最大处
6	翘曲		1/1 500	对角拉线测量交点间距离值的两倍
7	底模表面平整度		2	用 2 m 靠尺和塞尺量
8	组装缝隙		1	用塞片或塞尺量
9	端模与侧模高低差		1	用钢尺量

3. 模具的使用要求

每套模具被分解得较零碎，需按顺序统一编号，防止错用。模具编号规则如图4-2-12所示。

例如"MYWB15060—93JG/T"表示预制屋面板模具,尺寸为 1500 mm×6000 mm,1993 年定型设计。

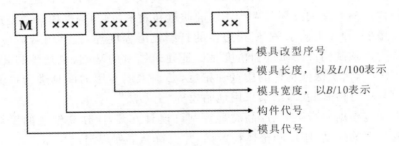

图 4-2-12　模具编号规则

模具精度是保证预制构件质量的关键。按设计要求及现行国家标准验收合格的模具才可用于预制构件的制作。改制模具使用前的验收标准与新制模具相同。对于重复使用的模具,在每次浇筑混凝土前应核对模具的关键尺寸,并应针对模具的磨损情况进行及时、有效的修补。为提高预制构件的品质,模具建议使用定型钢模生产。

模具安装应按照组装顺序进行,对于特殊构件,钢筋可先入模后组装;应根据生产计划合理组合模具,充分利用模台。模具组装前,模板接触面平整度、板面弯曲、拼装缝隙、几何尺寸等应满足要求。模具安装过程中应满足如下操作要点:

(1) 跨度较大的预制构件的模具应根据设计要求预设反拱;

(2) 模具安装前必须进行清理,清理后的模具内表面的任何部位不得有残留杂物;

(3) 固定在模具上的预埋件、预留孔应位置准确、安装牢固,不得遗漏;

(4) 模具安装就位后,接缝及连接部位应有接缝密封措施,不得漏浆;

(5) 模具验收合格后模具面应均匀地涂脱模剂,模具夹角处不得漏涂,钢筋、预埋件不得沾有脱模剂;

(6) 脱模剂应选用质量稳定、适于喷涂、脱模效果好的水性脱模剂。

4.3 装配式混凝土构件的制作 ······

装配式混凝土构件的制作流程如图 4-3-1 所示。

4.3.1 模具清理、画线

模具组装前应将钢模和预埋件定位架等部位彻底清理干净,模具清理可采用人工或机械方式进行,严禁用锤子敲打,流水线工艺可通过清扫喷涂机对底模进行清理,如图 4-3-2 所示。应将模板表面的泥土、木屑、水泥渣等清除干净,新制模具应使用抛光机进行打磨抛光处理,将模具内腔表面的杂物、浮锈等清理干净。

画线一般采用画线机,也可采用手工放线方法,如图 4-3-3 所示。画线是后续模板组装的基础,其精细程度决定了构件的生产质量。画线作业除标明构件的尺寸、位置外尚应标明预埋件、预留孔洞的位置及尺寸。

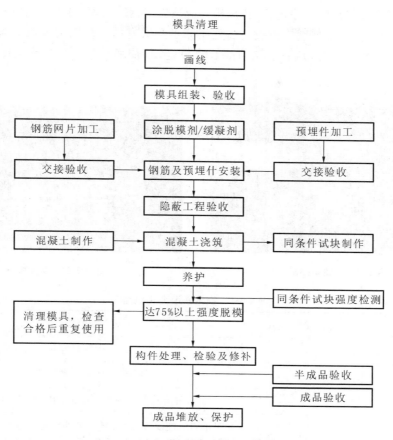

图 4-3-1　装配式混凝土构件的制作流程

图 4-3-2　模具清理

图 4-3-3　画线作业

4.3.2　模具组装、验收

模具组装前先检查模具是否到位,如发现模具清理不干净,不得进行模具组装。模具组装时应仔细检查模板是否损坏、缺件,损坏、缺件的模板应及时维修或者更换。模具组装时选择正确的侧板型号进行拼装,拼装时不许漏放紧固螺栓。拼接部位要贴密封胶条,密封胶条粘贴要平直,无间断、褶皱,胶条不应在构件转角处搭接。各部位的螺栓应拧紧,模具拼接部位不得有间隙,要确保模具的所有尺寸偏差控制在要求的范围以内。模具组装如图 4-3-4 所示。

模具组装应该按照组装顺序进行,特殊构件应该先将钢筋入模,再组装。模板组装时应注意将销钉敲紧,控制侧模定位精度。模板接缝处用原子灰嵌塞抹平后用细砂纸打磨。精度必须符合设计要求,设计无要求时,应符合表 4-3-1 的规定,并应验收合格,再投入使用,如图 4-3-5 所示。

图 4-3-4　模具组装

图 4-3-5　模具验收

表 4-3-1　模具拼装允许偏差

测定部位	允许误差/mm	检验方法
边长	±2	用钢尺测量
板厚	±1	用钢尺测量,取两边平均值
扭曲	2	四角用两根细线交叉固定,用钢尺测中心点高度
翘曲	3	四角固定细线,用钢尺测量细线到钢模边的距离,取最大值
表面凹凸	2	用靠尺和塞尺检查
弯曲	2	四角用两根细线交叉固定,用钢尺测量细线到钢模边的距离
对角线误差	2	用细线测量两条对角线尺寸,取差值
预埋件	±2	用钢尺测量

4.3.3　涂脱模剂/缓凝剂

模具与混凝土接触的表面除饰面材料铺贴范围外,应均匀地涂脱模剂,如图 4-3-6 所示。脱模剂可采用柴、机油混合型,为避免污染墙面砖,模板表面刷一遍脱模剂后再用棉纱均匀擦拭两遍,形成均匀的薄层油膜,见亮不见油,注意尽量避开放置橡胶垫块处,该部位可先用胶带纸遮住。在选择脱模剂时尽量选择隔离效果较好、能确保构件在脱模起吊时不发生黏结损坏现象、能保持板面整洁、易于清理、不影响墙面粉刷质量的脱模剂。

脱模剂应选用质量稳定、适于喷涂、脱模效果好的水性脱模剂,并应具有改善混凝土构件表观质量效果的功能。脱模剂选用应符合下列规定:

(1) 脱模剂应无毒、无刺激性气味,不应影响混凝土性能和预制构件表面装饰效果;

(2) 脱模剂应按照使用品种,选用前及正常使用后每年进行一次匀质性和施工性能试验;

(3) 检验结果应符合现行行业标准《混凝土制品用脱模剂》(JC/T 949—2005)的有关规定。

图 4-3-6　涂脱模剂

4.3.4　钢筋及预埋件安装

钢筋及预埋件安装如图 4-3-7 所示。预制构件的钢筋安装时,应注意以下几点。

(1)预制构件所用钢筋须检验合格。

(2)钢筋骨架整体尺寸准确。

(3)绑扎钢筋位置须有清晰、准确的记号。

(4)绑扎钢筋扎丝的扎点应牢固、无松动,扎丝头不可伸入保护层。

(5)钢筋笼不可直接摆放于地上,应用木楞承托或存放于架上。

(6)在钢筋网上装轮式塑料垫块、墩式塑料垫块,需要合理确定使用数量,不能用错型号,轮式塑料垫块开口一定不能朝向模具,垫块在钢筋网上要稳固,特殊位置要用扎丝固定。

(7)所有钢筋交接位置及驳口位必须稳固扎妥。

(8)预留孔位须加上足够的洞口钢筋。

(9)钢筋应没有铁锈及污染物。

(10)钢筋笼牌应标明钢筋笼的型号、楼层位置、生产日期。

(a) 钢筋骨架吊装

(b) 预埋件安装

图 4-3-7　钢筋及预埋件安装

钢筋半成品、钢筋网片、钢筋骨架和钢筋桁架检查合格后方可进行安装,钢筋表面不得有油污,不应严重锈蚀。钢筋网片和钢筋骨架宜采用专用吊架进行吊运。混凝土保护层厚度应满足设计要求。保护层垫块宜与钢筋骨架或网片绑扎牢固,按梅花状布置,间距满足钢筋限位及控制变形要求,钢筋绑扎丝甩扣应弯向构件内侧。钢筋成品的允许偏差和检验方法如表 4-3-2 所示,钢筋桁架的允许偏差如表 4-3-3 所示。

表 4-3-2 钢筋成品的允许偏差和检验方法

项目		允许偏差/mm	检验方法
钢筋网片	长、宽	±5	钢尺检查
	网眼尺寸	±10	钢尺量连续三挡,取最大值
	对角线	5	钢尺检查
	端头不齐	5	钢尺检查
钢筋骨架	长	0,−5	钢尺检查
	宽	±5	钢尺检查
	高(厚)	±5	钢尺检查
	主筋间距	±10	钢尺量两端、中间各一点,取最大值
	主筋排距	±5	钢尺量两端、中间各一点,取最大值
	箍筋间距	±10	钢尺量连续三挡,取最大值
	弯起点位置	15	钢尺检查
	端头不齐	5	钢尺检查
	保护层 梁、柱	±5	钢尺检查
	板、墙	±3	钢尺检查

表 4-3-3 钢筋桁架的允许偏差

项次	检验项目	允许偏差/mm
1	长度	总长度的±0.3%,且不超过±10
2	高度	+1,−3
3	宽度	±5
4	扭翘	≤5

混凝土构件中灌浆套筒的净距不应小于 25 mm。混凝土构件的灌浆套筒长度范围内,预制混凝土柱箍筋的混凝土保护层厚度不应小于 20 mm,预制混凝土墙最外层钢筋的混凝土保护层厚度不应小于 15 mm。构件上的预埋件和预留孔洞宜通过模具进行定位,并安装牢固。预埋件、预留孔洞安装的允许偏差如表 4-3-4 所示。

表 4-3-4 预埋件、预留孔洞安装的允许偏差

项次	检查项目		允许偏差/mm	检验方法
1	预埋钢板、建筑幕墙用槽式预埋件	中心线位置	3	用尺量测纵横两个方向的中心线位置,取其中较大值
		平面高差	±2	钢直尺和塞尺检查

122

项次	检查项目		允许偏差/mm	检验方法
2	预埋管、电线盒、电线管水平和垂直方向的中心线位置偏移、预留孔、浆锚搭接预留孔(或波纹管)		2	用尺量测纵横两个方向的中心线位置,取较大值
3	插筋	中心线位置	3	用尺量测纵横两个方向的中心线位置,取较大值
		外露长度	+10,0	用尺量测
4	吊环	中心线位置	3	用尺量测纵横两个方向的中心线位置,取较大值
		外露长度	0,-5	用尺量测
5	预埋螺栓	中心线位置	2	用尺量测纵横两个方向的中心线位置,取较大值
		外露长度	+5,0	用尺量测
6	预埋螺母	中心线位置	2	用尺量测纵横两个方向的中心线位置,取较大值
		平面高差	±1	钢直尺和塞尺检查
7	预留洞	中心线位置	3	用尺量测纵横两个方向的中心线位置,取较大值
		尺寸	+3,0	用尺量测纵横两个方向的尺寸,取较大值
8	灌浆套筒及连接钢筋	灌浆套筒中心线位置	1	用尺量测纵横两个方向的中心线位置,取较大值
		连接钢筋中心线位置	1	用尺量测纵横两个方向的中心线位置,取较大值
		连接钢筋外露长度	+5,0	用尺量测

预制构件中预埋门窗框时,如图 4-3-8 所示,应在模具上设置限位装置进行固定,并应逐件检验。门窗框安装的允许偏差和检验方法如表 4-3-5 所示。

表 4-3-5　门窗框安装的允许偏差和检验方法

项目		允许偏差/mm	检验方法
锚固脚片	中心线位置	5	钢尺检查
	外露长度	+5,0	钢尺检查
门窗框位置		2	钢尺检查
门窗框高、宽		±2	钢尺检查

项目	允许偏差/mm	检验方法
门窗框对角线	±2	钢尺检查
门窗框平整度	2	钢尺检查

图 4-3-8　预制构件中预埋门窗框

4.3.5　隐蔽工程验收

在混凝土浇筑前应进行预制构件的隐蔽工程验收,验收合格后方可进行混凝土浇筑施工。检查项目应包括下列内容:

① 钢筋的牌号、规格、数量、位置、间距等;

② 纵向受力钢筋的连接方式、接头位置、接头质量、接头面积百分率、搭接长度等;

③ 箍筋、横向钢筋的牌号、规格、数量、位置、间距,箍筋弯钩的弯折角度及平直段长度;

④ 预埋件、吊环、插筋的规格、数量、位置等;

⑤ 灌浆套筒、预留孔洞的规格、数量、位置等;

⑥ 钢筋的混凝土保护层厚度;

⑦ 夹心外墙板的保温层位置、厚度,拉结件的规格、数量、位置等;

⑧ 预埋管线、线盒的规格、数量、位置及固定措施。

4.3.6　混凝土浇筑及养护

1. 试样留置

混凝土浇筑前,预埋件及预留钢筋的外露部分宜采取防止污染的措施;混凝土在浇筑时应进行和易性检验,混凝土倾落高度不宜大于 600 mm,并应均匀摊铺。用于检查预制混凝土构件混凝土强度的试块应在混凝土的浇筑地点随机抽取,取样与试块留置应符合现行国家标准《混凝土结构工程施工质量验收规范》(GB 50204—2015)的规定。混凝土浇筑前测试留样如图 4-3-9 所示。浇筑过程应连续进行,混凝土从出机到浇筑完毕的延续时间,气温高于 25℃时不宜超过

60 min，气温不高于 25℃时不宜超过 90 min。

(a) 混凝土坍落度测试

(b) 混凝土试块制作

图 4-3-9　混凝土浇筑前测试留样

2. 浇筑及振捣

按规范要求的程序浇筑混凝土，每层混凝土不可超过 450 mm。浇筑过程中应及时对混凝土进行振捣，宜采用机械振捣方式成型，如图 4-3-10 所示。混凝土的振捣现多在振动台上进行。振捣设备应根据混凝土的品种、工作性能，预制构件的规格和形状等因素确定，应制定振捣成型操作规程。当采用振捣棒时，混凝土振捣过程中不应碰触钢筋骨架、面砖和预埋件。混凝土振捣过程中应随时检查模具有无漏浆、变形或预埋件有无移位等现象。振捣时快插慢拔，先大面后小面；振点间距不超过 300 mm，且不得靠近洗水面模具；振捣混凝土时限应以混凝土内无气泡冒出为准；不可用力振混凝土，以免混凝土分层离析；如混凝土内已无气泡冒出，应立即停振该位置的混凝土。振捣混凝土时，应避免振松钢筋、模板等。卸混凝土时，不可利用振机把混凝土移到要落的地方。

图 4-3-10　混凝土浇筑及振捣

3. 外墙板施工

外墙板一般采用"三明治"结构，通常采用结构层（200 mm）＋保温层（50 mm）＋保护层（50 mm）的形式。夹心外墙板宜采用平模工艺生产，生产时应先浇筑外叶墙板混凝土层，再安装保温材料和拉结件，最后浇筑内叶墙板混凝土层；当采用立模工艺生产时，应同步浇筑内、外叶墙板混凝土层，并应采取保证保温材料及拉结件位置准确的措施。

此类墙板可采用正打或反打工艺。建筑对外墙板的平整度要求很高，如果采用正打工艺，无论是人工抹面还是机器抹面，都不足以达到要求的平整度，对后期制作较为不利，但采用正打工

艺有利于预埋件的定位,操作工序也相对简单。可根据工程的需求,选择不同的工艺。

正打通常指混凝土墙板浇筑后,在表面压轧出各种线条和花饰的工艺。反打就是在平台座或平钢模的底模上预铺各种花纹的衬模,使墙板的外皮在下面,内皮在上面,与正打正好相反,这种工艺可以在浇筑外墙混凝土墙体的同时一次将外饰面的各种线形及质感呈现出来,如图4-3-11所示。

图 4-3-11　反打施工工艺

反打工艺将所选用的瓷砖或天然石材预贴于模板表面,采用反打成型工艺,与"三明治"保温外墙板的外叶墙混凝土形成一体化装饰效果。为保证瓷砖和石材与混凝土黏结牢固,应使用背面带燕尾槽的瓷砖或带燕尾槽的仿石材效果陶瓷薄板。如果采用天然石材装饰材料,背面还要设专用爪丁,并涂防水剂。

根据浇筑顺序,将模具分为两层:第一层为保护层+保温层;第二层为结构层。第一层模具作为第二层的基础,在第一层的连接处需要加固;第二层的结构层模具与内墙板模具形式相同。结构层模具的定位螺栓较少,故需要增加拉杆定位,防止胀模。

带面砖或石材饰面的预制构件宜采用反打一次成型工艺制作。当构件饰面层采用面砖时,在模具中铺设面砖前,应根据排砖图的要求进行配砖和加工;饰面砖应采用背面带有燕尾槽或黏结性能可靠的产品。当构件饰面层采用石材时,在模具中铺设石材前,应根据排板图的要求进行配板和加工;应按设计要求在石材背面钻孔、安装不锈钢卡钩、涂隔离层。应采用具有抗裂性和柔韧性、收缩小且不污染饰面的材料嵌填面砖或石材之间的接缝,并应采取防止面砖或石材在安装钢筋、浇筑混凝土等生产过程中发生位移的措施。

4. 刮平及抹面

预制构件混凝土浇筑并振捣完成后,使用刮平机或人工进行刮平作业。刮平设备要避免与模具直接接触;刮平作业时要以模具面板为基准面控制混凝土厚度,在预制构件边角区域需要人工进行刮平,刮平后应清理散落在模具、模台和地面上的混凝土,保持工位清洁。反打时,若构件外漏钢筋、埋件较多,则使用刮杠进行人工赶平,并将贴近表面的石子压下,如图4-3-12所示。

混凝土表面粗平完成后半小时,且混凝土表面的水渍变成浓浆状后,可进行混凝土表面的细平工序。先用铝合金方通边赶边压平,然后用钢抹刀反复抹压两三次,将部分浓浆压入下表层。用灰刀取一些多余浓浆填入低凹处使混凝土表面平整,厚度一致,无泛砂且表面无气孔、无明显刀痕。

在细平一个模表面后半小时且表面的浓浆用手能捏成稀团状时,开始进行抹面工作,如图4-3-13所示。抹面可分为提浆、抹平、收面三个步骤,整个过程不允许加水。抹面时抹面机要避免与模具、埋件接触,预制构件边角区域需要人工进行抹面,直至混凝土平整度满足要求,表面无裂纹并不产生刀痕,表面泛光一致。抹面后将模台、模具上的杂物清理干净,保持工位整洁。

图 4-3-12 赶平

图 4-3-13 抹面

在混凝土表面收光完后,在需要扫毛的地方用钢丝耙进行初次的处理。在浇完混凝土 3 h 后(初凝后),再次用钢丝耙进行混凝土表面的扫毛。在混凝土初凝后,在产品的底部盖上钢印,标明日期。混凝土浇筑完毕或压面工序完成后应及时覆盖保湿,脱模前不得揭开。

5. 构件养护

加热养护制度应通过试验确定,宜采用加热养护温度自动控制装置。预制构件养护应根据预制构件的特点和生产任务量选择自然养护、自然养护加养护剂或加热养护方式。

预制构件采用洒水、覆盖等方式进行常温养护时,应符合现行国家标准《混凝土结构工程施工规范》(GB 50666—2011)的要求。

采用自然养护加养护剂的养护方式时,涂养护剂应在混凝土终凝后进行。

加热养护可选择蒸汽加热、电加热或模具加热等方式。预制构件宜在常温下预养护 2 h～6 h,升、降温速度不宜超过 20 ℃/h,最高养护温度不宜超过 70 ℃。预制构件脱模时的表面温度与环境温度的差值不宜超过 25 ℃。夹心保温外墙板最高养护温度不宜大于 60 ℃。

当采用蒸汽养护时,其养护工艺应符合下列要求:

(1)静停时间为混凝土全部浇捣完毕后不宜少于 2 h;

(2)升温速度不得大于 15 ℃/h;

(3)恒温时最高温度不宜超过 55 ℃,恒温时间不宜少于 3 h;

(4)降温速度不宜大于 10 ℃/h。

(5)预制构件蒸汽养护后,蒸养罩内外温差小于 20 ℃时方可出池。

4.3.7 构件脱模

构件脱模应严格按照顺序操作,严禁使用振动、敲打的方式脱模。为了防止过早脱模造成预制构件变形或开裂,脱模之前需做同条件试块的抗压试验,并满足下列要求:

(1)脱模混凝土强度等级应不小于 15 MPa;

(2)预应力 PC 构件脱模时,混凝土强度等级应不小于设计值的 75%;

(3)外墙板、楼板等较薄的预制构件起吊时,混凝土强度等级不宜小于 20 MPa;

(4)梁、柱等较厚的预制构件起吊时,混凝土强度等级应不小于 30 MPa 或设计强度等级;

(5)构件起吊应平稳,楼板应采用专用多点吊架进行起吊,复杂构件应采用专门的吊架进行起吊。

脱模顺序与支模顺序相反,应先脱非承重模板后脱承重模板,先脱帮模再脱侧模和端模、最后脱底模。高宽比大于 2.5 的大型预制构件,应边脱模边加支撑避免预制构件倾倒。模具拆卸完毕后,将底模周围打扫干净。

预制构件起吊前,应确认构件与模具间的连接部分完全拆除。

图 4-3-14　翻转脱模

构件多吊点起吊时,应保证各个吊点受力均匀。预制构件起吊的吊点设置,除强度应符合设计要求外,还应满足预制构件平稳起吊的要求,构件起吊宜以 4～6 点吊进行。水平反打的墙板、挂板和管片类预制构件,宜采用翻板机翻转或直立后再进行起吊,如图 4-3-14 所示。

预制构件使用的吊具和吊装时吊索的夹角,在吊装过程中,吊索水平夹角不宜小于 60°且不应小于 45°,尺寸较大或形状复杂的预制构件应使用分配梁或分配桁架类吊具,并应保证吊车主钩位置、吊具及预制构件重心在垂直方向重合。

4.3.8　构件处理、检验及修补

1. 粗糙面处理

构件脱模后,为保证混凝土连接质量,采用后浇混凝土或砂浆、灌浆料连接的预制构件结合面,应按设计要求进行粗糙面处理,预制板与后浇混凝土叠合层之间的结合面应设置粗糙面,预制梁与后浇混凝土叠合层之间的结合面应设置粗糙面。设计无具体要求时,可采用化学处理、拉毛、凿毛以及键槽等方法制作粗糙面。

粗糙面的面积不宜小于结合面的 80%,预制板的粗糙面凹凸深度不宜小于 4 mm,预制梁端、预制柱端、预制墙端的粗糙面凹凸深度不应小于 6 mm。

1) 露骨料粗糙面

露骨料粗糙面的施工方法是在模板表面涂适量的缓凝剂,或者在预制构件需要露骨料的部位直接涂缓凝剂,在混凝土脱模或初凝后,采用高压水枪冲洗掉未凝结的水泥砂浆形成粗糙面,如图 4-3-15 所示。

图 4-3-15　露骨料粗糙面施工

2）拉毛

叠合面粗糙面可在混凝土初凝前进行拉毛处理。拉毛多采用拉毛机进行处理，如图 4-3-16 所示。

(a) 拉毛机拉毛

(b) 拉毛效果

图 4-3-16　拉毛

3）键槽

当设计采用键槽进行后浇混凝土连接时，在构件生产过程中需增设键槽的模板，以保证构件键槽满足设计要求。

键槽设置如图 4-3-17 所示。

(a) 梁端非贯通键槽

(b) 梁端贯通键槽

(c) 墙侧键槽

(d) 柱底键槽

图 4-3-17　键槽设置

2. 构件检验

预制构件出模后应及时对其外观质量进行全数目测检查。预制构件的外观检验,主要依靠观察方法进行。外观质量缺陷根据其影响结构性能、安装和使用功能的严重程度,划分为严重缺陷和一般缺陷,如表4-3-6所示。预制构件的外观质量不应有严重缺陷,且不宜有一般缺陷。对已出现的一般缺陷,应按技术方案进行处理,并应重新检验。

表 4-3-6　构件外观质量缺陷分类

名称	现象	严重缺陷	一般缺陷
露筋	构件内钢筋未被混凝土包裹而外露	纵向受力钢筋有露筋	其他钢筋有少量露筋
蜂窝	混凝土表面缺少水泥砂浆而形成石子外露	构件主要受力部位有蜂窝	其他部位有少量蜂窝
孔洞	混凝土中孔洞深度和长度均超过保护层厚度	构件主要受力部位有孔洞	其他部位有少量孔洞
夹渣	混凝土中夹有杂物且深度超过保护层厚度	构件主要受力部位有夹渣	其他部位有少量夹渣
疏松	混凝土中局部不密实	构件主要受力部位有疏松	其他部位有少量疏松
裂缝	缝隙从混凝土表面延伸至混凝土内部	构件主要受力部位有影响结构性能或使用功能的裂缝	其他部位有少量不影响结构性能或使用功能的裂缝
连接部位缺陷	构件连接处混凝土缺陷及连接钢筋、连接件松动,插筋严重锈蚀、弯曲,灌浆套筒堵塞、偏位,灌浆孔洞堵塞、偏位、破损等缺陷	连接部位有影响结构传力性能的缺陷	连接部位有基本不影响结构传力性能的缺陷
外形缺陷	缺棱掉角、棱角不直、翘曲不平、飞出凸肋等,装饰面砖黏结不牢、表面不平、砖缝不顺直等	清水或具有装饰的混凝土构件内有影响使用功能或装饰效果的外形缺陷	其他混凝土构件有不影响使用功能的外形缺陷
外表缺陷	构件表面麻面、掉皮、起砂、沾污等	具有重要装饰效果的清水混凝土构件有外表缺陷	其他混凝土构件有不影响使用功能的外表缺陷

预制构件不应有影响结构性能、安装和使用功能的尺寸偏差。对超过尺寸的允许偏差且影响结构性能、安装和使用功能的部位应经原设计单位认可,制订技术处理方案进行处理,并重新检验。

预制构件尺寸的允许偏差及检验方法如表4-3-7所示。预制构件有粗糙面时,与预制构件粗糙面相关的尺寸的允许偏差可放宽1.5倍。

表 4-3-7　预制构件尺寸的允许偏差及检验方法

项目		允许偏差/mm	检验方法
长度	板、梁、柱、桁架 <12 m	±5	尺量检查
	板、梁、柱、桁架 ≥12 m且<18 m	±10	
	板、梁、柱、桁架 ≥18 m	±20	
	墙板	±4	
宽度、高(厚)度	板、梁、柱、桁架截面尺寸	±5	钢尺量一端及中部,取其中偏差绝对值较大处
	墙板的高度、厚度	±3	

项目		允许偏差/mm	检验方法
表面平整度	板、梁、柱、墙板内表面	5	2 m 靠尺和塞尺检查
	墙板外表面	3	
侧向弯曲	板、梁、柱	$l/750$ 且 $\leqslant 20$	拉线、钢尺量最大侧向弯曲处
	墙板、桁架	$l/1\,000$ 且 $\leqslant 20$	
翘曲	板	$l/750$	调平尺在两端量测
	墙板	$l/1000$	
对角线差	板	10	钢尺量两个对角线
	墙板、门窗口	5	
挠度变形	梁、板、桁架设计起拱	±10	抢线、钢尺量最大弯曲处
	梁、板、桁架下垂	0	
预留孔	中心线位置	5	尺量检查
	孔尺寸	±5	
预留洞	中心线位置	10	尺量检查
	洞口尺寸、深度	±10	
门窗口	中心线位置	5	尺量检查
	宽度、高度	±3	
预埋件	预埋件锚板中心线位置	5	尺量检查
	预埋件锚板与混凝土面平面高差	0,−5	
	预埋螺栓中心线位置	2	
	预埋螺栓外露长度	+10,−5	
	预埋套筒、螺母中心线位置	2	
	预埋套筒、螺母与混凝土面平面高差	0,−5	
	线管、电盒、木砖、吊环在构件平面的中心线位置偏差	20	
	线管、电盒、木砖、吊环与构件表面混凝土高差	0,−10	
预留插筋	中心线位置	3	尺量检查
	外露长度	+5,−5	
键槽	中心线位置	5	尺量检查
	长度、宽度、深度	±5	

注:1. l 为构件最长边的长度,单位为 mm;

2. 检查中心线、螺栓和孔道的位置偏差时,应沿纵横两个方向量测,并取其中的较大值。

3. 构件修补

预制构件脱模后,当出现表面破损和裂缝时,应按表 4-3-8 所示的处理方法进行废弃处理或

修补,修补后应再次检验,合格后方可使用。

表 4-3-8　构件表面破损和裂缝处理方法

项目	缺陷描述	处理方案	检验依据与方法
破损	1.影响结构性能且不能恢复的破损	废弃	目测
	2.影响钢筋、连接件、预埋件锚固的破损	废弃	目测
	3.上述 1、2 以外的,破损长度超过 20 mm 的破损	修补 1	目测、卡尺测量
	4.上述 1、2 以外的,破损长度 20 mm 以下的破损	现场修补	—
裂缝	1.影响结构性能且不可恢复的裂缝	废弃	目测
	2.影响钢筋、连接件、预埋件锚固的裂缝	废弃	目测
	3.宽度大于 0.3 mm 且长度超过 300 mm 的裂缝	废弃	目测、卡尺测量
	4.上述 1、2、3 以外的,宽度超过 0.2 mm 的裂缝	修补 2	目测、卡尺测量
	5.上述 1、2、3 以外的,宽度不足 0.2 mm 且在外表面的裂缝	修补 3	目测、卡尺测量

注:修补 1——用不低于混凝土设计强度的专用修补浆料修补;修补 2——用环氧树脂浆料修补;修补 3——用专用防水浆料修补。

4.构件标识

预制构件检验合格后,工厂质检人员应对合格的产品(半成品)签发合格证和说明书,并在预制混凝土构件表面醒目位置标注产品代码。标识不全的构件不得出厂。预制构件生产企业的产品合格证应包括合格证编号、构件编号、产品数量、预制构件型号、质量情况、生产企业名称、生产日期、出厂日期、检验员签名。

预制构件应根据构件设计制作及施工要求设置编码系统,并在构件表面醒目位置设置标识,如图 4-3-18 所示。标识内容包括工程名称、构件型号、生产日期、生产单位、合格标识、监理签章等。

图 4-3-18　构件标识

预制构件编码系统应包括构件型号、质量情况、安装部位、外观尺寸、生产日期(批次)及(合格)字样。

预制构件的资料应与产品生产同步形成、收集和整理,预制构件产品资料归档应包括产品质量形成过程中的有关依据和记录,具体归档资料还应满足不同工程对其资料归档的具体要求。归档资料宜包括以下内容:

① 预制混凝土构件加工合同；

② 预制混凝土构件加工图纸、设计文件、设计洽商、变更或交底文件；

③ 生产方案和质量计划等文件；

④ 原材料质量证明文件、复试试验记录和试验报告；

⑤ 混凝土试配资料；

⑥ 混凝土配合比通知单；

⑦ 混凝土开盘鉴定；

⑧ 混凝土强度报告；

⑨ 钢筋检验资料、钢筋接头的试验报告；

⑩ 模具检验资料；

⑪ 预应力施工记录；

⑫ 混凝土浇筑记录；

⑬ 混凝土养护记录；

⑭ 构件检验记录；

⑮ 构件性能检测报告；

⑯ 构件出厂合格证；

⑰ 质量事故分析和处理资料；

⑱ 其他与预制混凝土构件生产和质量有关的重要文件资料。

预制构件交付的产品质量证明文件应包括以下内容：

① 出厂合格证；

② 混凝土强度检验报告；

③ 钢筋套筒等其他构件钢筋连接类型的工艺检验报告；

④ 合同要求的其他质量证明文件。

4.4 装配式混凝土构件的存放与运输

4.4.1 构件的保护与存放

构件的存放位置不平整、刚度不够，存放不规范都有可能使构件在存放时受损、破坏。因此，构件在浇筑、养护出窑后，一定要选择合格的地点规范存放，确保构件在运输之前不受损破坏。构件存放前，应先对构件进行清理。

1. 构件清理

构件清理标准为套筒、埋件内无残余混凝土，粗糙面分明，光面上无污渍，挤塑板表面清洁等。套筒内如有残余混凝土，用钎子将其掏出；埋件内如有混凝土残留现象，应用与埋件型号匹配的丝锥进行清理，操作丝锥时需要注意不能一直向里拧，要遵循"进两圈回一圈"的原则，避免丝锥折断在埋件内，造成不必要的麻烦。外漏钢筋上如有残余混凝土，需进行清理。检查是否有卡片等附件漏卸现象，如有漏卸，及时拆卸后送至相应班组。

清理所用工具应放置在相应的位置，保证作业环境的整洁。将清理完的构件装到摆渡车上，起吊时避免构件磕碰,保证构件质量。摆渡车由专门的转运工人进行操作,操作时应注意摆渡车轨道内严禁站人,严禁人车分离操作,人与车的距离保持在 2～3 m。将构件运至堆放场地,然后指挥吊车将不同型号的构件码放到规定的堆放位置,码放时应注意构件的整齐。

2. 构件保护

构件在运输、存放、安装施工过程中及装配后应做好成品保护,成品保护可采取包、裹、盖、遮等有效措施。构件存放处 2 m 范围内不应进行电焊、气焊作业。构件成品保护应符合下列规定:

(1)构件成品外露保温板应采取防止开裂的措施,外露钢筋应采取防弯折措施,外露预埋件和连接件等外露金属件应按不同环境类别进行防护或防腐、防锈处理;

(2)宜采取保证吊装前预埋螺栓孔清洁的措施;

(3)钢筋连接套筒、预留孔洞应采取防止堵塞的临时封堵措施;

(4)露骨料粗糙面冲洗完成后应对灌浆套筒的灌浆孔和出浆孔进行透光检查,并清理灌浆套筒内的杂物;

(5)冬期生产和存放的构件的非贯穿孔洞应采取措施防止雨水、雪水进入发生冻胀损坏;

(6)外墙门框、窗框和带外装饰材料的表面宜采用塑料贴膜或其他防护措施;

(7)预留孔洞应采取防止堵塞的临时封堵措施;

(8)构件的薄壁和门洞口处宜用型钢进行加固。

3. 构件存放

1)场地要求

场地应符合吊装位置的要求,放置在吊装区域,避免吊车移位而耽误工期,并应当方便运输构件的大型车辆装车和出入。场地应为钢筋混凝土地坪、硬化地面或草皮砖地面,平整坚实,避免地面凹凸不平。场地应有良好的排水措施,防止雨天积水后不能及时排泄,导致预制构件浸泡在水中,污染预制构件。存放构件时要留出通道,不宜密集存放。存放库区宜实行分区管理和信息化台账管理,根据工地安装顺序分类堆放构件。

2)构件堆放

构件堆放前应制订构件的运输与堆放方案,其内容应包括运输时间、次序、堆放场地、运输线路、固定要求、堆放支垫及成品保护措施等。对于超高、超宽、形状特殊的大型构件的运输和堆放应有专门的质量安全保证措施。

构件运输与堆放时的支承位置应经过计算确定。应保证最下层构件垫实,预埋吊件宜向上,标识宜朝向堆垛间的通道;垫木或垫块在构件下的位置宜与脱模、吊装时的起吊位置一致;重叠堆放构件时,每层构件间的垫木或垫块应在同一垂直线上;堆垛层数应根据构件与垫木或垫块的承载力及堆垛的稳定性确定,必要时应设置防止构件倾覆的支架;施工现场堆放的构件,宜按安装顺序分类堆放,堆垛宜布置在吊车工作范围内且不受其他工序施工作业影响的区域;预应力构件的堆放应根据反拱影响采取措施。

应根据构件的刚度及受力情况,确定构件平放或立放,并应保持其稳定。一般板、柱、梁构件平放;构件的断面高宽比大于 2.5 时,存放时下部应加支撑或坚固的存放架,上部应拉牢固。预制构件应采取可靠措施进行固定,以免倾倒,对于特殊和不规则形状的构件的存放,应制订施工方案并严格执行。

墙板类构件应根据施工要求选择堆放方式。预制墙板宜采用存放架插架存放或靠架存放,如图 4-4-1 所示。存放架应具有足够的承载力和刚度;预制墙板外饰面不宜作为支撑面,对构件薄弱部位应采取保护措施;外形复杂墙板宜采用插放架或靠放架直立堆放和运输。插放架、靠放架应安全可靠。采用靠放架直立堆放的墙板宜对称靠放、面饰朝外,与竖向的倾斜角不宜大于10°。

(a) 靠架存放

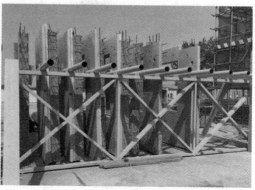
(b) 插架存放

图 4-4-1　预制墙板的存放

预制叠合板、柱、梁宜采用叠放方式。底层及层间应设置支垫,支垫应平整且应上下对齐,堆垛层数应根据构件、支垫的承载力确定,并应根据需要采取防止堆垛倾覆的措施,如表 4-4-1 所示。叠堆高度一般不宜超过 2 m,应避免堆垛的下沉或局部沉陷。支垫地基应坚实,构件不得直接放置于地面;重叠存放的构件,吊环应向上,标志应向外,面上有吊环的构件,两层构件之间的支垫应高于吊环。构件中有预留钢筋的,叠放层不允许钢筋相互碰撞;其堆垛高度应根据构件与支垫的承载能力及堆垛的稳定性确定。各层支垫的位置应在一条垂直线上,最大偏差不应超过支垫横截面宽度的一半。构件支承点按结构要求以不起反作用为准,构件悬臂一般不应大于500 mm;叠堆应按构件型号分别存放,构件型号应清楚易见,不同型号的构件不得混放在同一堆垛内。叠放后应平正、整齐、不歪斜,并应除净外突的水泥飞边。

预制构件堆放如图 4-4-2 所示。

表 4-4-1　预制混凝土构件的最多存放层数

构件类别	最多存放层数	构件类别	最多存放层数
预应力大型屋面板(高 240 mm)	10	民用高低天沟板	8
预应力槽形板、卡口板(高 300 mm)	10	天窗侧板	8
槽形板(高 400 mm)	6	预应力大楼板	9
空心板(高 240 mm)	10	设备实心楼板	12
空心板(高 180 mm)	12	隔墙实心板	12
空心板(高 120~130 mm)	14	楼梯段	10
大型梁、"T"形梁	3	阳台板	10
大型桩	3	带坡屋面梁(立放)	1
桩	8	桁架(立放)	1
工业天沟板	6		

(a) 预制叠合板堆放

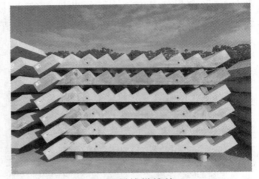

(b) 预制楼梯堆放

(c) 预制柱堆放

(d) 预制梁堆放

(e) 预制阳台板堆放

(f) 预制空调板堆放

图 4-4-2　预制构件堆放

4.4.2　构件运输

构件运输前应制订构件运输方案。运输方案的内容应包括运输方式、运输路线选择、运输工具配置、承运人员配置和构件保护等措施。

构件的运输方式分为立运法和平运法,墙板等竖向构件采用立运法,楼板、屋面板等构件采用平运法。构件重叠平运时,垫木应放在吊点位置,且在同一垂线上。外墙板、剪力墙等竖向构件宜采用插放架对称立放,构件倾斜角度应大于80°,相邻构件间要用柔性垫层分隔。应根据吊装顺序组织运输,提高施工效率。运输外墙板的时候,所有门窗必须扣紧,防止碰坏。在不超载和确保安全的前提下,尽可能提高装车量,降低运输成本。

构件的运输线路应根据道路、桥梁的实际条件确定，场内运输宜设置循环线路。构件运输一般采用专用运输车，若采用改装车，应采取相应的加固措施，运输车应满足构件尺寸和载重要求，牵引车上应悬挂安全标志，如图4-4-3所示。超高的部件应有专人照看，并配备适当工具，保证在有障碍物情况下安全通过；平板拖车运输构件时，除一名驾驶员主驾外，还应指派一名助手协助，及时反映安全情况和处理安全事宜。平板拖车上不得坐人；重车下坡应缓慢行驶，并应避免紧急刹车。

(a) 国外预制构件专用运输车

(b) 我国预制构件专用运输车

(c) 改装的预制构件运输车

图 4-4-3　构件运输车

　　装车前，应对车辆及箱体进行检查，配好驾照、送货单和安全帽。装车出厂前应检测混凝土强度，普通构件的实测值不应低于 30 MPa；预应力构件应按设计要求，若无设计要求，其实测值不应低于混凝土立方体高压强度设计值的 75%。装卸构件过程中，应确保车辆和场地承载对称均匀，避免在装车或卸车时发生倾覆，同时应采取保证车体平衡、防止车体倾覆的措施。装车完毕，应采用辊绳将预制构件与支架和车辆固定，辊绳与预制构件边角处应垫上钢包角。运输构件时，应采取防止构件移动、倾倒、变形等的固定措施，同时还应采取防止构件损坏的措施，对构件边角部或链索接触处的混凝土，宜设置保护衬垫，运输细长构件时应根据需要设置水平支架。运输车辆应严格遵守交通规则，行驶速度不宜超过 60 km/h，在泥泞和坑洼处，应减速慢行。卸车时吊车臂起落必须平稳、低速，避免对预制构件造成损坏。

　　构件运输如图4-4-4至图4-4-10所示。

图 4-4-4　墙板立运

图 4-4-5　墙板"人"字架式运输

装配式建筑概论
ZHUANGPEISHI JIANZHU GAILUN

图 4-4-6　叠合板平运

图 4-4-7　预制楼梯平运

图 4-4-8　预制柱平运

图 4-4-9　预制飘窗立运

图 4-4-10　多构件组合运输

思 考 题

1. 装配式混凝土构件生产前的准备工作有哪些？
2. 固定模台工艺的优缺点有哪些？
3. 简述装配式混凝土构件生产线常用的生产设备及各自作用。
4. 试说明装配式混凝土构件的制作流程。
5. 装配式混凝土构件的检验有哪些要求？
6. 装配式混凝土构件有哪些存放要求？

138

Chapter 5

任务 5　掌握装配式混凝土构件的施工

学习任务：

● 熟悉装配式混凝土构件的施工准备中技术、现场、资源准备的内容及要求；

● 掌握预制剪力墙、预制叠合板的安装流程及工艺要求。熟悉预制柱，预制梁，预制外挂墙板，预制楼梯，预制阳台板、空调板的安装流程；

● 掌握装配式混凝土构件灌浆施工及后浇混凝土施工的技术要求；

● 了解装配式建筑施工过程中的成品保护与环境保护要求。

重难点：

● 水平及竖向构件安装的施工流程及工艺要求；

● 装配式混凝土构件灌浆施工及后浇混凝土施工的技术要求。

5.1　装配式混凝土构件的施工准备

预制构件在工厂生产完毕并经过质量检查验收后，会暂时存放在工厂的堆场中，根据施工现场的施工进度安排运输流程。施工单位在装配式混凝土构件施工前的准备工作主要包括三方面内容：技术准备、现场准备及资源准备。

5.1.1　技术准备

装配式混凝土构件施工前的技术准备主要包含两方面内容：① 交底及会审；② 专项施工方案及施工组织设计编制。

1. 交底及会审

装配式混凝土结构施工前，施工单位应就施工措施性预留、预埋和各专业预留、预埋等内容向深化设计单位进行交底及协商，并将其成果以深化设计文件的形式确定下来，经设计单位认可后作为后续施工的依据。同时，施工单位应熟悉施工图纸，掌握关键连接节点的技术细节，针对图纸问题，进行图纸会审。图纸会审的关注点主要有以下几点：

（1）检查现浇与装配转换标高处，检查构件底标高与现浇混凝土标高是否吻合、构件底部是否需要现浇混凝土做构造处理；

（2）构件上留设的用于现浇模板安装的预留洞、预埋件是否能满足模板安装要求；

（3）构件上留设的用于塔吊的附墙预埋件或预留洞的位置、构造是否满足塔吊设计要求及工期进度要求；

（4）构件的质量是否在塔吊承载能力范围内（考虑动力系数）；

（5）构件上留设的用于脚手架的预埋件或预留洞的位置、构造是否满足施工设计要求；

（6）构件上留设的用于施工电梯安装的预埋件或留洞的位置、构造是否满足施工设计要求。

2. 专项施工方案及施工组织设计编制

1）专项施工方案编制

装配式混凝土结构施工方案应全面、系统，且应结合装配式建筑的特点和一体化建造的具体要求，本着资源节省、人工减少、质量提高、工期缩短的原则制订装配方案。进度计划应结合协同构件生产计划和运输计划等；预制构件运输方案包括车辆型号及数量、运输路线、发货安排、现场装卸方法等；施工场地布置包括场内循环通道、吊装设备布设、构件码放场地等；安装与连接施工包括测量方法、吊装顺序和方法、构件安装方法、节点施工方法、防水施工方法、后浇混凝土施工方法、全过程的成品保护及修补措施等；安全管理包括吊装安全措施、专项施工安全措施等；质量管理包括构件安装的专项施工质量管理，渗漏、裂缝等质量缺陷防治措施；预制构件的安装应结合构件连接装配方法和特点，合理制订施工工序。

装配式混凝土建筑施工中，应建立健全安全管理保障体系和管理制度，危险性较大的分部分项工程应经专家论证通过后进行施工，应结合装配施工的特点，针对构件吊装、安装施工安全要求，制订系列安全专项方案。专项施工方案所涉及的内容至少应包括塔吊布置及附墙、预制构件吊装及临时支撑方案，后浇部分钢筋绑扎及混凝土浇筑方案，构件安装质量及安全控制方案；若采用钢筋套筒灌浆接头连接工艺，应对此工艺编制专项施工方案，明确钢筋套筒灌浆连接接头施工操作要点及质量控制措施。专项施工方案应结合结构深化设计，构件制作、运输和安装全过程各工况的验算，以及施工吊装与支撑体系的验算等进行策划与制订，充分反映装配式混凝土结构施工的特点和工艺流程的特殊要求。国家现行有关标准包括《建筑施工高处作业安全技术规范》（JGJ 80—2016）、《建筑机械使用安全技术规程》（JGJ 33—2012）、《建筑施工起重吊装工程安全技术规范》（JGJ 276—2012）和《施工现场临时用电安全技术规范》（JGJ 46—2019）等。

2）BIM 技术应用

装配式混凝土建筑施工宜采用建筑信息模型技术对施工全过程及关键工艺进行信息化模拟。施工安装前宜采用 BIM 组织施工方案，用 BIM 模型指导和模拟施工，制订合理的施工工序并精确算量，从而提高施工管理水平和施工效率，减少浪费。

3）预制构件试安装

装配式混凝土建筑施工前，宜选择有代表性的单元进行预制构件试安装，并应根据试安装结果及时调整施工工艺、完善施工方案。为避免由于设计或施工缺乏经验造成工程实施障碍或损失，保证装配式混凝土结构的施工质量，并不断摸索和积累经验，应通过试生产和试安装进行验证性试验。装配式混凝土结构施工前的试安装，对于没有经验的承包商非常必要，不但可以验证设计和施工方案存在的缺陷，还可以培训人员，调试设备，完善方案。另一方面，没有实践经验的新的结构体系，应在施工前进行典型单元的安装试验，验证并完善方案实施的可行性，这对于体系的定型和推广使用，是十分重要的。

4）新技术、新工艺、新材料、新设备要求

装配式混凝土建筑施工中采用新技术、新工艺、新材料、新设备时，应经过试验和技术鉴定，制订可行的技术方案,并按有关规定进行评审、备案。施工前,应对新的或首次采用的施工工艺进行评价,并应制订专门的施工方案。施工方案经监理单位审核批准后实施。设计文件中要求使用新技术、新工艺、新材料时,施工单位应依据设计要求进行施工。施工单位欲使用新技术、新工艺、新材料时,应经监理单位核准,并按相关规定办理。"新的施工工艺"系指以前未在任何工程应用的施工工艺,"首次采用的施工工艺"系指施工单位以前未实施过的施工工艺。

5) 施工组织设计编制

装配式混凝土建筑应结合设计、生产、装配一体化的原则整体策划,协同建筑、结构、机电、装饰装修等专业要求,编制以装配为主的施工组织设计文件。施工组织设计应体现管理组织方式吻合装配工法的特点,以发挥装配技术优势为原则。施工组织设计的内容应符合现行国家标准《建筑施工组织设计规范》(GB/T 50502—2009)的规定。装配式建筑施工组织设计的主要内容如下。

(1) 编制说明及依据:文件名称、项目特征、施工合同、工程地质勘察报告、经审批的施工图、主要的现行国家和地方标准等。

(2) 工程特点分析:从本工程特点分析入手,层层剥离出施工重点,并提出解决措施;要着重分析预制深化设计、加工制作运输、现场吊装、测量、连接等施工技术。

(3) 工程概况:工程的建设概况、设计概况、施工范围、构件生产厂商、现场条件、工程施工特点等,同时针对工程重点、难点提出解决措施。

(4) 工程目标:工程的工期、质量、安全生产、文明施工以及职业健康安全管理、科技进步和创优目标、服务目标等,对各项目标进行内部责任分解。

(5) 施工组织与部署:要以图表等形式列出项目管理组织机构图并说明项目管理模式、项目管理人员配备、职责分工和项目劳务队安排;要概述工程施工区段的划分、施工顺序、施工任务划分、主要施工技术措施等。

(6) 施工准备:概述施工准备工作组织、时间安排、技术准备、资源准备、现场准备等。

技术准备包括规范标准准备、图纸会审及构件安装准备、施工过程设计与开发、检验批的划分、配合比设计、施工方案编制计划等。

资源准备包括机械设备、劳动力、工程用材、周转材料、资源组织等。

现场准备包括定位桩接收和复核、现场准备任务安排、现场准备内容的说明等。

(7) 施工总平面布置:结合工程实际,说明总平面图编制的约束条件,分阶段说明现场平面布置图的内容,并阐述施工现场平面布置管理内容。

在施工现场平面布置策划中,除需要考虑生活办公设施、施工便道、堆场等临时建筑的布置外,还应根据工程预制构件的种类、数量、最大重量、位置等因素结合工程运输条件,设置构件专用堆场及道路;PC构件堆场应根据预制构件堆载重量、堆放数量,结合方便施工、垂直运输设备吊运半径及吊重等条件进行设置,构件运输道路设置应能够满足构件运输车辆载重、转弯半径、车辆交汇等要求。

(8) 施工技术方案:根据施工组织与部署中所采取的技术方案,对本工程的施工技术进行相应的说明,并对施工技术的组织措施及其实施、检查改进、实施责任划分进行说明。在装配式建筑施工组织设计技术方案中,除包含传统基础施工、现浇结构施工等施工方案外,应对PC构件的生产方案、运输方案、堆放方案、外防护方案进行详细说明。

(9) 相关保证措施:质量保证措施、渗漏和裂缝等质量缺陷防治措施、信息化管理措施、安全生产保证措施、文明施工及环境保护措施、应急响应措施、季节施工措施、成本控制措施等。

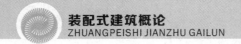
5.1.2 现场准备

装配式建筑施工与普通建筑施工不同,预配件入场所需的场地比较大,因此,根据施工图纸及施工组织设计的要求,计划好施工场地的面积,合理分配各种装配式预制构件的放置场地,对于减少使用施工现场面积、加强预制构件成品保护、保证构件装配作业、提高工程作业进度、构建文明施工现场具有重要意义,也是保障装配式建筑施工的前提条件。

装配式混凝土结构施工前,现场场地布置应根据项目情况充分考虑预制构件场内运输道路及场内构件存放场地、存放量等的实际要求。为满足构件车辆顺利通行于施工现场,施工道路宽度应大于 6 m,道路转弯半径需要≥10 m,道路上空 6.5 m 以下清空,且现场内施工道路最好为环形道路,有利于车辆的通行,如图 5-1-1 所示。

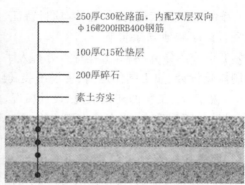

250厚C30砼路面,内配双层双向
Φ16@200HRB400钢筋

100厚C15砼垫层

200厚碎石

素土夯实

图 5-1-1 施工现场道路

施工现场应根据装配化建造方式布置施工总平面,宜规划主体装配区、构件堆放区、材料堆放区和运输通道。各个区域宜统筹规划布置,满足高效吊装、安装的要求,通道宜满足构件运输车辆平稳、高效、节能行驶的要求。竖向构件宜采用专用存放架进行存放,专用存放架应根据需要设置安全操作平台。施工现场应根据施工平面规划设置运输通道和存放场地,并应符合下列规定。

(1)现场运输通道和存放场地应坚实平整,并应有排水措施。

(2)运输车辆进入施工现场的道路,应满足预制构件的运输要求。卸放、吊装工作范围内不应有障碍物,并应有满足预制构件周转使用的场地。

图 5-1-2 预制构件堆放场地

(3)预制构件运送到施工现场后,应按规格、品种、使用部位、吊装顺序分别设置存放场地。存放场地应设置在吊装设备的有效起重范围内,且应在堆垛之间设置通道。

(4)构件应存放在保证安全、利于保护、便于检验、易于吊运的专用存放架内,存放架应具有足够抗倾覆稳定性能。

(5)构件运输和存放对已完成结构、基坑有影响时,应经计算复核。

预制构件维放场地如图 5-1-2 所示。

堆放场地应划分为独立区域,并设置围挡

分隔及警示标志;若构件要存放于地下车库顶板上,应对运输通道及堆放场地下方的顶板通过计算进行加固,并在构件与车库顶板间设置方木等弹性材料作为缓冲隔垫,如图 5-1-3 所示。平放构件时,层与层之间应采用垫木等垫平、垫实,各层构件间的支垫点应上下对齐,底层构件垫应有足够的抗压强度及刚度,且宜通长垫设。叠合板叠放层数不应大于 6 层,楼梯与空调板叠放层数不应大于 3 层,阳台板叠放层数不应大于 2 层。

(a) 地下室顶板加固

(b) 构件堆放设置方木

图 5-1-3　地下车库顶堆放构件

安装施工前,应结合深化设计图纸核对已施工完成结构或基础的外观质量,尺寸偏差,混凝土强度和预留、预埋等条件是否适合上层构件的安装,并应核对待安装预制构件的混凝土强度及预制构件和配件的型号、规格、数量等是否符合设计要求。

安装施工前,应制订安装定位标识方案,根据安装连接的精细化要求,控制合理误差。安装定位标识方案应按照一定顺序进行编制,标识点应清晰明确,定位顺序应便于查询标识,如图 5-1-4 所示。测量放线应符合现行国家标准《工程测量规范》(GB 50026—2007)的有关规定。

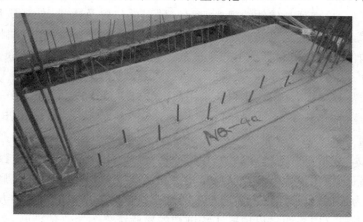

图 5-1-4　装配式构件施工前标识及定位

预制构件吊装前,应确认预制构件的安装工作面满足预制构件安装要求,并按设计要求,根据楼层已弹好的平面控制线和标高线,确定预制构件的安装位置线及标高线,并进行复核。

5.1.3　资源准备

施工前的资源准备主要围绕施工组织要素中的人员、材料、机械展开。

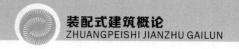

1. 人员准备

施工前的人员准备工作是最核心的环节,主要强调对操作人员,特别是吊装工、灌浆工等与装配式混凝土结构施工质量息息相关的人员的培训,使该部分人员形成质量意识。

装配式混凝土结构施工具有固有特性,应设立与装配施工技术相匹配的项目部机构和人员。装配施工对不同岗位的技能和知识要求区别于传统施工方式,需要配置满足装配施工要求的专业人员,且在施工前应对相关人员进行培训和技术、安全、质量交底,培训和交底对象包括一线管理人员和作业人员、监理人员等。

装配式混凝土结构的施工管理和施工技术均与传统现浇结构有较大差异。对管理人员与操作人员进行有针对性的交底与培训是将装配式混凝土结构施工管理及施工技术付诸实践的最好途径。对于没有装配式混凝土结构施工经验的施工单位而言,应在开工前选取本工程典型单元进行试装配,以达到磨合吊装工艺、把控质量、领会安全控制要点的目的。选择有代表性的单元或部分进行试制作、试安装,要求在实体工程施工前,选择标准户型,针对标准户型中的预制构件进行试生产,并将生产构件用于样板间;在样板间的施工过程中,每道工序均按照吊装方案进行,管理人员和操作人员在样板间施工中均应规范管理、操作;试安装过程中应解决遇到的问题,积累经验,可在将来应用于实体工程施工中。无论是管理人员还是作业人员,尽量在施工现场展示样板间处进行全程跟踪学习。对于作业人员来说,应要求各个班组工人在施工样板间处轮流进行所负责工序的操作学习。在正式施工前应最大限度地提高管理水平、磨炼操作技能、掌握施工技术要点,这也是相关规范中反复强调进行试安装的原因。

2. 材料准备

材料准备的重点是装配式混凝土结构施工所特有的连接材料,包括预制构件、灌浆料、座浆料等连接材料的准备。

预制构件进场后,检查预制构件的规格、型号、预埋件位置及数量、外观质量等,均应符合设计和相关标准要求,预制构件应有出厂合格证,表面标识清晰、唯一,并做预制构件进场检查记录。不同类型的构件之间应留有不小于 0.7 m 的人行通道,确保施工现场人员通行方便,以及方便检查和调度构件。

灌浆料选用成品高强灌浆料,灌浆料应采用防潮袋(筒)包装,每袋(筒)净含量宜为 25 kg 或 50 kg,且不应小于标志质量的 99%,如图 5-1-5 所示。随机抽取 40 袋(筒)25 kg 包装或 20 袋(筒)50 kg 包装的产品,其总净含量不应少于 1000 kg。包装袋(筒)上应标明产品名称、净重量、使用说明、生产厂家(包括单位地址、电话)、生产批号、生产日期、保质期等内容。交货时生产厂家应提供产品合格证、使用说明书和产品质量检测报告。交货时产品的质量验收可抽取实物试样,以其检验结果为依据;也可以以产品同批号的检验报告为依据。采用何种方法验收由买卖双方商定,并在合同或协议中注明。以抽取实物试样的检验结果为验收依据时,买卖双方应在发货前或交货地共同取样和封存。取样按 GB 12573—2008 进行,样品均分为两等份。一份由卖方保存 40 d,一份由买方按标准规定的项目和方法进行检验。在 40 d 内,买方检验认为质量不符合本标准要求,而卖方有异议时,双方应将卖方保存的另一份试样送双方认可的有资质的第三方检测机构进行检验。以同批号产品的检验报告为验收依据时,在发货前或交货时买卖双方在同批号产品中抽取试样,双方共同签封后保存 2 个月,在 2 个月内,买方对产品质量有疑问时,则买卖双方应将签封的试样送双方认可的有资质的第三方检测机构进行检验。灌浆料在运输和储存时不应受潮和混入杂物。产品应储存于通风、干燥、阴凉处,运输过程中应注意避免阳光长时间照射。

图 5-1-5　灌浆料

3. 机械准备

机械准备主要指装配式混凝土构件吊装、临时支撑固定、连接钢筋控制等专用工具的准备。

1）起重吊装设备

在装配式混凝土结构工程施工中，要合理选择吊装设备；根据预制构件存放、安装和连接等要求，确定安装使用的机具方案。选择吊装主体结构预制构件的起重机械时，应关注以下事项：起重量、作业半径（最大半径和最小半径），力矩应满足最大预制构件的组装作业要求，起重机械的最大起重量不宜低于 10 t，塔吊应具有安装和拆卸空间，轮式或履带式起重设备应具有移动式作业空间和拆卸空间，起重机械的提升或下降速度应满足预制构件的安装和调整要求。起重吊装设备根据建筑的高度、平面尺寸、构件的重量、所在位置及现场设备条件选用，常用的有履带式起重机、汽车式起重机、轮胎式起重机、塔式起重机等。

履带式起重机简称履带吊，是一种底盘是履带行走机构，靠履带行走的吊车，如图 5-1-6 所示。履带吊起重量大，可以吊重行走，具有较强的吊装能力，拆装麻烦，适合大型工厂，在厂区内工作。履带吊稳定性好、载重能力大、防滑性能好、对路面要求低，但灵活性差、行驶速度慢、油耗高。履带吊场地作业性能好，超出汽车式起重机，影响其安全的危险因素是地基的稳定性，是否超载或突发阵风等，其安全装置包括力矩限制器，重量限制器，吊钩高度或深度限制器等。

汽车式起重机是装在普通汽车底盘或特制汽车底盘上的一种起重机，其行驶驾驶室与起重操纵室分开设置，如图 5-1-7 所示。这种起重机的优点是机动性好，转移迅速。缺点是工作时须支腿，不能负荷行驶，也不适合在松软或泥泞的场地上工作。汽车式起重机的底盘性能等同于同样整车总重的载重汽车，符合公路车辆的技术要求，因而可在各类公路上通行。此种起重机一般备有上、下车两个操纵室，作业时必需伸出支腿保持稳定，起重量的范围很大，为 8～1600 吨，底盘的车轴数为 2～10 根。汽车式起重机是产量最大，使用最广泛的起重机类型。

图 5-1-6　履带式起重机

图 5-1-7　汽车式起重机

　　轮胎式起重机是利用轮胎式底盘行走的动臂旋转起重机,如图 5-1-8 所示。轮胎式起重机是把起重机构安装在加重型轮胎和轮轴组成的特制底盘上的一种全回转式起重机,其上部构造与履带式起重机基本相同,为了保证安装作业时机身的稳定性,起重机设有四个可伸缩的支腿。在平坦地面上可不用支腿进行小起重量吊装及吊物低速行驶。它由上车和下车两部分组成:上车为起重作业部分,设有动臂、起升机构、变幅机构、平衡重和转台等;下车为支承和行走部分。上、下车之间用回转支承连接。吊重时一般需放下支腿,增大支承面,并将机身调平,以保证起重机的稳定。与汽车式起重机相比轮胎式起重机的优点:轮距较宽、稳定性好、车身短、转弯半径小,可在 360°范围内工作。但其行驶时对路面要求较高,行驶速度比汽车式起重机慢,不适于在松软泥泞的地面上工作。

　　塔式起重机简称塔机,亦称塔吊,是动臂装在高耸塔身上部的旋转起重机,如图 5-1-9 所示。塔式起重机工作范围大,主要用于多层和高层建筑施工中材料的垂直运输和构件安装。塔式起重机分上旋转式和下旋转式两类。上旋转式塔式起重机塔身不转动,回转支承以上的动臂、平衡臂等,通过回转机构绕塔身中心线全回转。塔式起重机根据使用要求,又分运行式、固定式、附着式和内爬式。下旋转式塔式起重机回转支承装在底座与转台之间,除行走机构外,其他工作机构都布置在转台上一起回转。除轨道式外,塔式起重机还有以履带底盘和轮胎底盘为行走装置的履带式和轮胎式。塔式起重机整机重心低,能整体拆装和转移,轻巧灵活。

图 5-1-8　轮胎式起重机

图 5-1-9　塔式起重机

　　2)吊具

　　吊具选用按起重吊装工程的技术和安全要求执行。为提高施工效率,可以采用多功能专用吊具,以适应不同类型的构件吊装。施工验算可依据规程及相关技术标准进行,特殊情况无参考依据时,需进行专项设计计算分析或必要的试验研究。吊具使用时,应注意构件安装的施工安全要求。为防止预制构件在安装过程中因不合理受力造成损伤、破坏或高空滑落,吊具应严格遵守有关施工安全的规定。

装配式混凝土建筑施工宜采用工具化、标准化的工装系统。工装系统是指装配式混凝土建筑吊装、安装过程中所用的工具化、标准化吊具和支撑架体等产品，包括标准化堆放架、模数化通用吊梁、框式吊梁、起吊装置、吊钩吊具、预制墙板斜支撑、叠合板独立支撑、支撑体系、模架体系、外围护体系、系列操作工具等产品。工装系统的定型产品及施工操作均应符合国家现行有关标准及产品应用技术手册的规定，在使用前应进行必要的施工验算。

预制混凝土构件常用到的吊具主要有起吊扁担、专用吊件等。吊装用吊具应按国家现行有关标准的规定进行设计、验算或试验检验。吊具应根据预制构件的形状、尺寸及重量等参数进行配置；对尺寸较大或形状复杂的预制构件，宜采用有分配梁或分配桁架的吊具。

起吊扁担的主要作用是在起吊、安装过程中平衡构件受力，主要采用 20 mm 厚的槽钢、15～20 mm 厚的钢板等材料制作，如图 5-1-10 所示。

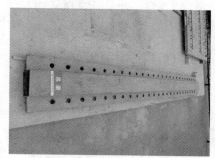

图 5-1-10　起吊扁担

专用吊件包括鸭嘴吊钩、卸扣、万向吊钉、吊索、钢丝绳、手拉葫芦、溜绳、缆风绳等，如图 5-1-11 和图 5-1-12 所示。

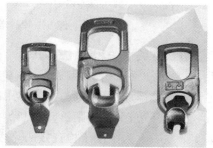

图 5-1-11　鸭嘴吊钩

鸭嘴吊钩是吊装墙体和楼梯等预制构件的专用吊具，是配合预埋的吊钉进行吊装的。

在使用卸扣吊装前，应检查卸扣是否发生变形和产生裂纹，卸扣与横销永久变形和产生裂纹时，不得以任何方式进行修复，必须报废。若卸扣已有明显永久变形，横销已不能转动自如或本体与横销任何一处横截面磨损超过名义尺寸 10% 时卸扣应按报废处理。

万向吊钉是吊装 PCF 板的专用吊具，配合 PCF 板中预埋的套筒使用。

吊索是常用的多点起吊工具，多用于装配式叠合板的起吊作业。

手拉葫芦用来调节起吊过程中构件的平衡。

钢丝绳在使用前应进行检查，当钢丝绳发生如图 5-1-13 所示的情况时，应予以报废处理。钢

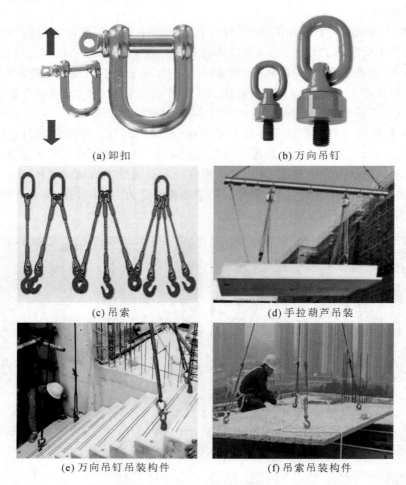

(a) 卸扣　　　　　　　　　　　　(b) 万向吊钉

(c) 吊索　　　　　　　　　　　　(d) 手拉葫芦吊装

(e) 万向吊钉吊装构件　　　　　　(f) 吊索吊装构件

图 5-1-12　常用专用吊具

丝绳连接的主要方法有编结法、卡结法,如图 5-1-14 所示。编结法是将钢丝绳一头绳端按规定方法编插在绳中,末端用细钢丝扎紧,编插长度 $l \geqslant 20d \sim 25d$(绳径),同时不应小于 300 mm。卡结法是用卡子将钢丝绳端部连接到一起,是最常用的连接方法。卡子数不得少于 3 个,且卡子压板在长头(受力钢丝绳)一边;卡子间距 $\geqslant 6d$(绳径),最后一个卡子距绳头 $\geqslant 150$ mm,且卡子拧紧到把钢丝绳压扁 2/3 左右。为了便于检查接头是否可靠和钢丝绳是否滑动,可在最后一个夹头后面大约 500 mm 处再安一个夹头,并将绳头设置成一个"安全弯"。

3) 构件固定工具

装配式混凝土结构施工中预制构件的安装支撑体系、模板体系以及构件连接灌浆材料等应在工程施工前预先购置或租赁。预制构件、安装用材料与配件等应按现行国家相关标准的规定进行进场验收,未经检验或不合格的产品不得使用。

装配式安装施工中常用的构件固定工具包括临时斜支撑、独立支撑、钢筋定位工具、楔子(木楔、钢或混凝土楔)等。

临时斜支撑是用于预制墙体临时固定的,如图 5-1-15 所示,可分为长杆和短杆两种,长杆通过把手的旋转来调整墙体的垂直度,短杆通过把手的旋转来调整墙身的位置。临时斜支撑通过预埋在构件内和楼板内的预埋件进行连接,如图 5-1-16 所示。

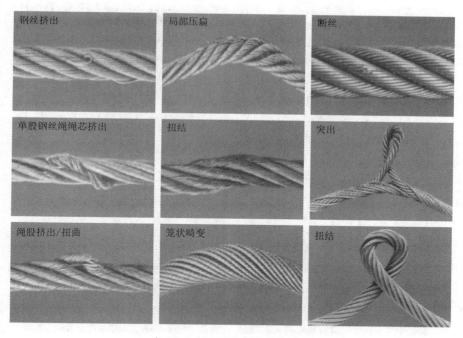

图 5-1-13　钢丝绳报废标准

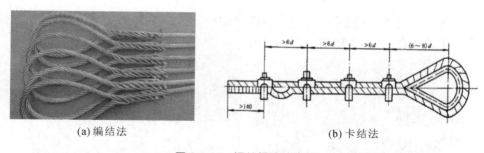

(a) 编结法　　　　　　　　　　　　(b) 卡结法

图 5-1-14　钢丝绳连接方法

　　独立支撑是用于叠合板的支撑体系,如图 5-1-17 所示,它包括四部分:三脚架、立杆、U 托和水平梁。独立支撑的排布需要通过计算进行合理设计。构件安装过程的临时支撑和拉结应具有足够的承载力和刚度。

图 5-1-15　临时斜支撑

图 5-1-16　临时斜支撑的预埋件

图 5-1-17　独立支撑

　　钢筋定位工具的主要作用是校正钢筋位置，保证钢筋可以插入预制构件的套筒。钢筋定位工具一般由施工单位自制，多采用钢筋定位钢板形式，如图 5-1-18 所示。

图 5-1-18　钢筋定位工具

　　4）施工操作工具

　　施工操作工具包括撬棍、钢角码、钢垫板、大锤、小型液压千斤顶、镜子、扫帚等。

　　5）测量、放线、检验工具

　　测量、放线、检验工具包括水准仪、经纬仪、靠尺、楔形塞尺、线坠、钢卷尺、水平尺等。

　　6）防护系统准备

　　防护系统应按照施工方案进行搭设、验收，并符合下列规定：

　　① 工具式外防护架应试组装并全面检查，附着在构件上的防护系统应复核其与吊装系统的协调；

　　② 利用预制外墙板作为工具式防护架受力点时，应在构件设计阶段进行单独设计，在防护架使用中应采取成品保护措施确保外墙板不受损坏；

③ 高处作业人员应正确使用安全防护用品,使用工具式操作架进行安全安装作业。防护系统如图 5-1-19 所示。

图 5-1-19　防护系统

5.2　装配式混凝土构件的安装

　　装配式混凝土结构施工前,宜选择有代表性的单元进行预制构件试安装,并应根据试安装结果及时调整、完善施工方案和施工工艺。

　　装配式混凝土结构施工流程如图 5-2-1 所示。在装配式构件的安装施工中,吊装作业有很重要的地位,装配式混凝土构件的吊装顺序为先竖向构件再水平构件。具体吊装次序根据现场实际情况合理安排,遵循便于施工、利于安装的原则,预制构件吊装校正可采用"起吊→就位→初步校正→精细调整"的作业方式。

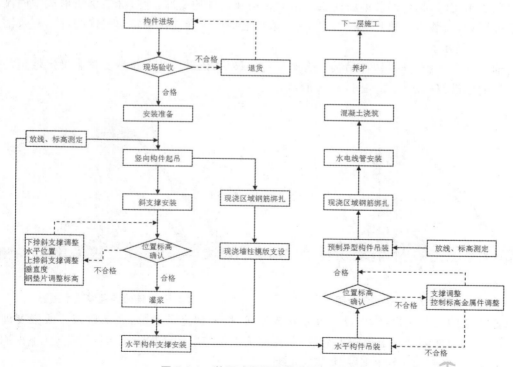

图 5-2-1　装配式混凝土结构施工流程

预制构件的吊运应符合下列规定：

（1）应根据预制构件的形状、尺寸、重量和作业半径等要求选择吊具和起重设备，所采用的吊具和起重设备及其操作，应符合国家现行有关标准及产品应用技术手册的规定；

（2）吊点数量、位置应经计算确定，应保证吊具连接可靠，应采取保证起重设备的主钩位置、吊具及构件重心在竖直方向上重合的措施；

（3）吊索的水平夹角不宜小于60°，不应小于45°；

（4）应采用慢起、稳升、缓放的操作方式，吊运过程，应保持稳定，不得偏斜、摇摆和扭转，严禁吊装构件长时间悬停在空中；

（5）吊装大型构件、薄壁构件或形状复杂的构件时，应使用分配梁或分配桁架类吊具，并应采取避免构件变形和损伤的临时加固措施。

（6）应根据当天的作业内容进行班前技术安全交底；

（7）预制构件应按照吊装顺序预先编号，吊装时严格按编号顺序起吊；

（8）预制构件在吊装过程中，宜设置缆风绳控制构件转动；

（9）预制构件就位前，应检查套筒、预留孔的规格、位置、数量和深度；应检查被连接钢筋的规格、数量、位置和长度；当套筒、预留孔内有杂物时，应清理干净；当连接钢筋倾斜时，应进行校直。连接钢筋偏离套筒或孔洞中心线不宜超过 2 mm。

5.2.1　预制剪力墙的安装

1.预制剪力墙的连接方法

预制剪力墙的连接方法分为座浆法和连通腔灌浆法，连通腔灌浆法也叫压浆法。

座浆法施工时，构件吊装前将座浆料铺设在吊装构件的底部，通过抹刀修正形成中间高两边低的断面形状，安装定位垫片并设置七字码，依靠七字码的导向作用定位竖向构件。座浆法示意图如图 5-2-2 所示。

连通腔灌浆法施工时，构件吊装仅需安装定位垫片，依靠调节下排斜支撑来确定墙板的水平位置。连通腔灌浆法示意图如图 5-2-3 所示。

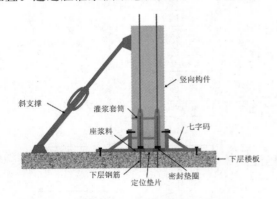

图 5-2-2　座浆法示意图

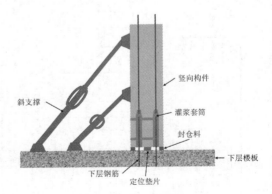

图 5-2-3　连通腔灌浆法示意图

从座浆法的工艺流程可以看出，墙板安装完成，接缝即充满底部，底部砂浆一天强度即能达到 15 MPa，完全能够承受上部施工荷载，套筒灌浆操作与上部结构施工可同时进行，不占用关键工作时间，与连通腔灌浆法相比大大节省工期。

座浆法在质量控制方面有明显的优势，采用底部座浆的方式填充连接部位的接缝，墙板在安装过程当中,对座浆料的挤压能保证接缝的密实度和受力性能,采用座浆后逐个灌浆的方式能保证每个套筒灌浆的密实度,避免了诸多外部因素对套筒灌浆密实度的影响,座浆法工艺在灌浆时每个套筒相互独立,个别套筒灌浆困难并不影响其他套筒的正常灌浆,方便后期对问题套筒的单独处理。

座浆法需要在吊装前设置好座浆料,若吊装时间过长,将影响座浆料的连接性能。为了保证座浆料不进入套筒,需要在套筒上设置密封装置(常用弹簧垫片或橡胶塞,如图 5-2-4 所示),后期灌浆施工时每个套筒逐一进行灌浆,施工稍繁杂,同时对座浆料的性能要求比较特殊,施工完成后构件标高误差较大。

(a) 弹簧垫片

(b) 橡胶塞

图 5-2-4　密封装置

连通腔灌浆法采用从一个灌浆孔灌浆,通过底部连通腔的作用使其他套筒充满灌浆料的方式灌浆。连通腔灌浆法操作简单,在吊装作业时仅设置标高控制垫块,吊装作业简单,吊装后方便后期墙体位置、垂直度及标高的调整,甚至可以在浆层达到规定强度的 75% 时对设备进行多次调整以确定最终的标高,容错率较高。

连通腔灌浆法在底部灌浆前,墙板的自重完全靠标高调节垫片来承受,墙板安装后如不及时灌浆,将影响上部结构的施工,因此墙板安装、底部封仓、灌浆、上部结构施工成为必须依次进行的关键工作,同时考虑到封仓与灌浆之间一天的时间间隔,整个施工过程耗时较长。

连通腔灌浆法灌浆时腔体处于封闭状态,无法进行润湿处理,导致灌浆时灌浆料在行进过程中不断与干燥混凝土面接触,从而大量失水,损失灌浆料流动度,容易导致灌浆料强度降低、灌浆不密实等安全隐患。

灌浆时,灌浆料的不均匀推进或空腔端部无法排气等原因容易导致墙板底部不密实、不饱满,不仅影响墙板底部受力,而且留下漏水隐患。实验发现,灌浆料搅拌后气泡较多,灌浆后气泡上浮到墙板底部接触面,导致墙板底部与灌浆料之间形成气泡隔离带,严重影响墙板底部的受压承载力,同时也形成了室内外连通的空气层,给连接节点留下了严重的漏水隐患。另外,我国规范规定墙板底部采用粗糙面的设计,凹槽部分的深度不小于 6 mm,灌浆过程中凹槽部分无法充满,形成空腔,进一步加剧了气泡对接头部位的影响,如图 5-2-5 所示。

连通腔灌浆法灌浆过程中采用压力灌浆,四周封仓料承受压力后有漏浆风险,且漏浆部位在短时间内很难采取

图 5-2-5　灌浆料凝固后构件上表面空腔

有效办法进行封堵,处理不好会影响灌浆的饱满度进而影响接头质量。灌浆作业面为室内一侧,灌浆时间较短,对于室外一侧漏浆的质量事故当场很难发现,事后如果发现,返工处理的代价极大,如若未发现,将是严重的质量事故。在快速灌浆的过程中,个别套筒不出浆的情况很难处理,如果停工检查,同一连通腔内已灌满的套筒内灌浆料会流向远端,需重新灌浆,如果检查处理时间超过 30 分钟,返工处理的代价极大,且不能保证质量。

2. 预制剪力墙的安装步骤

竖向构件的安装步骤与吊装完成后构件的连接方法有关。预制剪力墙座浆法施工安装流程图如图 5-2-6 所示。

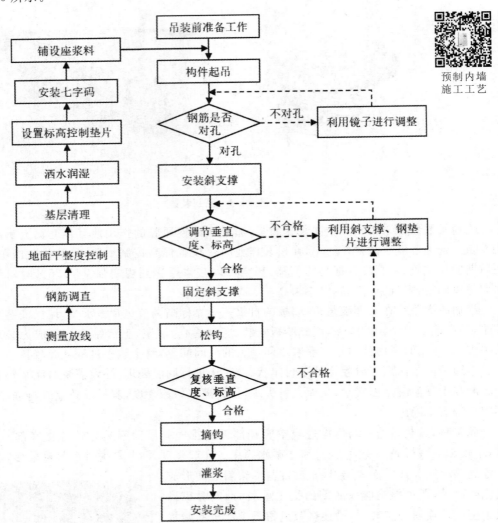

预制内墙
施工工艺

图 5-2-6 预制剪力墙座浆法施工安装流程图

预制剪力墙连通腔灌浆法施工安装流程图如图 5-2-7 所示。

3. 准备工作

构件吊装前,准备工作主要有以下几点。

(1)预制构件放置位置的混凝土面层需提前清理干净,不能存在颗粒状物质,否则将会影响

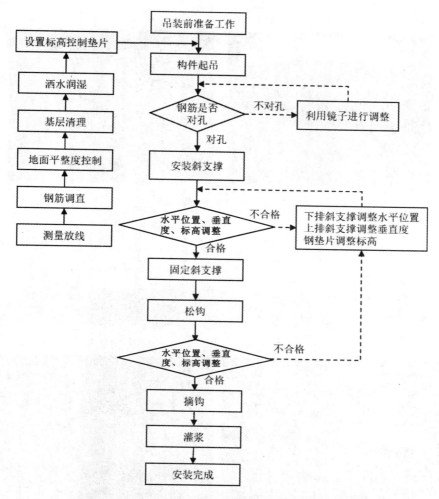

图 5-2-7 预制剪力墙连通腔灌浆法施工安装流程图

构件间的连接性能；

（2）楼层混凝土浇筑前需要确认预埋件的位置和数量，避免因找不到预埋件无法支撑斜支撑影响吊装进度、工期；

（3）楼面预制构件外侧边缘预先贴止水泡棉条，用于封堵水平接缝外侧，为后续灌浆施工作业做准备，如图 5-2-8 所示。

4. 测量放线

测量放线测设楼面预制构件的高程控制垫片及找平，以此来控制预制构件的标高。找平层厚度通常为 20 mm。高程控制垫片可采用钢质垫片、硬橡胶垫片或预埋螺栓，如图 5-2-9 所示。

在作业层混凝土上表面，弹设控制线以便安装墙体，包括墙体及洞口边线、墙体 500 mm（300 mm）平面位置控制线；作业层 500 mm 标高控制线（混凝土楼板插筋上），如图 5-2-10 所示。

5. 钢筋调直

采用专用钢筋卡具等检查后浇层外露连接钢筋的位置、尺寸是否正确，对超过允许偏差的钢筋进行处理。当外露连接钢筋倾斜时，应进行校正，保证外露连接钢筋位置准确，便于墙板顺利就位。外露连接钢筋的位置、尺寸的允许偏差及检验方法如表 5-2-1 所示。

图 5-2-8　贴止水泡棉条

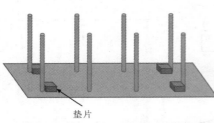
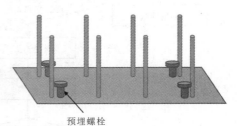

垫片　　　　　　　　　　　　　　预埋螺栓

图 5-2-9　高程控制垫片

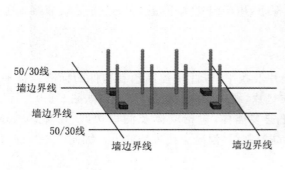

50/30线
墙边界线
墙边界线
50/30线
墙边界线　　　　　　墙边界线

(a) 水平控制线

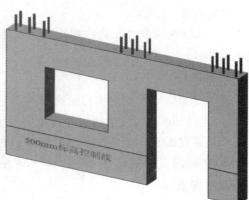

500mm标高控制线

(b) 500 mm标高控制线

图 5-2-10　测量放线

表 5-2-1　外露连接钢筋的位置、尺寸的允许偏差及检验方法

项目	允许偏差/mm	检验方法
中心位置	+3 0	钢尺测量
外露长度、顶点标高	+15 0	

6. 铺设座浆料

预制构件底部与下层楼板上表面不能直接相连,应有 20 mm 厚的座浆层,以保证两者混凝土能够可靠协同工作,如图 5-2-11 所示。座浆层应在构件吊装前铺设,且不宜铺设太早,以免座浆层凝结硬化失去黏结能力。一般而言,应在座浆层铺设后 1 小时内完成预制构件的安装工作,天气炎热或气候干燥时应缩短安装作业时间。

图 5-2-11　铺设座浆料

座浆料应采用专用材料,拌合用水应符合《混凝土用水标准》(JGJ 63—2006)的有关规定,座浆料及拌合用水的比例应严格满足要求,拌制完成后应留置座浆料试样。座浆料试样为 70.7 mm×70.7 mm×70.7 mm 的正方体试样,如图 5-2-12 所示。将拌合好的座浆料倒入试模中,人工振捣或机械振捣,使拌合物与试模上口齐平,表面覆盖,避免风吹或暴晒,待终凝后(4 h)对表面进行洒水养护,1 d 以后脱模,脱模过程中注意轻拿轻放,严禁摔打、敲击试块,脱模后放入室内养护水中进行标准静水养护至规定龄期测定其性能。

(a)座浆料试模

(b)座浆料试样

图 5-2-12　座浆料取样

7. 构件起吊

在施工准备完成后即可进行下一工序——吊装施工。预制剪力墙起吊时,与现浇部分连接的墙板宜先行吊装,其他宜按照外墙先行吊装的原则进行吊装。装配式混凝土结构的吊装安装方法主要有储存吊装法和直接吊装法两种,如表 5-2-2 所示。

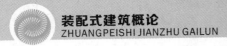
表 5-2-2　装配式混凝土结构常见安装方法对比表

名称	说明	特点
直接吊装法	又称原车吊装法,将预制构件由生产场地按构件安装顺序配套运往施工现场,在运输工具上直接向建筑物上安装	(1)可以减少构件的堆放设施,少占用场地; (2)要有严密的施工组织管理; (3)需用较多的预制构件运输车
储存吊装法	构件从生产场地按型号、数量配套,直接运往施工现场吊装机械工作半径范围内储存,然后进行安装。这是常用的方法	(1)有充分的时间做好安装前的施工准备工作,可以保证构件安装连续进行; (2)构件安装和构件卸车可分日夜班进行,充分利用机械; (3)占用场地较多。需用较多的插放(或靠放)架

　　构件吊装前对较重构件、开口构件、开洞构件、异形构件及其他设计要求的构件,应进行吊装过程受力分析,包括翻身过程、起吊过程、临时支撑状态等多种工况,对其中受力不利状态进行加固补强,避免吊装过程中构件破坏或者出现其他安全事故。

　　预制墙板的起吊步骤如下。

图 5-2-13　使用扁担梁起吊

　　(1)预制墙板吊装前,施工管理及操作人员应熟悉施工图纸,按照吊装流程核对构件类型及编号,确认安装位置,并标注吊装顺序。当灌浆套筒有杂物时,应清理干净、保证通畅。起吊前应根据当天的作业内容进行班前技术安全交底。

　　(2)起吊预制墙板采用专用吊装钢梁,如图 5-2-13 所示,用卸扣将钢丝绳与预制墙板上端的预埋吊环相连接,并确认连接牢固。

　　(3)起吊前为方便支撑安装,可将支撑端部预先安装在预制构件上,如图 5-2-14 所示。

　　(4)构件起吊应设置溜绳,控制构件转动,如图 5-2-15 所示。

图 5-2-14　安装支撑端部

图 5-2-15　设置溜绳

　　(5)缓缓将预制墙板吊起,待板的底边升至距地面 500 mm 时停顿,再次检查吊挂是否牢固,板面有无污染、破损,若有问题必须立即处理。确认无误后,继续提升使之慢慢靠近安装作业面。起吊过程中,应注意预制墙板板面不得与堆放架发生碰撞。

（6）在距作业层上方 500 mm 左右处停顿，施工人员可以用搭钩钩住溜绳，使预制墙板靠近作业面，手扶预制墙板，控制预制墙板的下落方向。

（7）预制墙板缓慢下降，待到距预埋钢筋顶部 20 mm 时，预制墙板两侧挂线坠对准地面上的控制线，套筒位置与地面预埋钢筋位置对准后，将墙板缓缓下降，使之平稳就位。在此过程中为方便钢筋对孔，可以使用镜子进行观察，如图 5-2-16 所示。

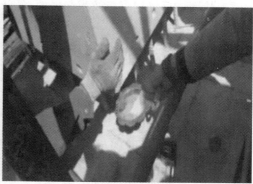

图 5-2-16　使用镜子对孔

8. 支撑安装

预制构件吊装就位后，应及时校准并采取临时固定措施，并应符合现行国家标准《混凝土结构工程施工规范》（GB 50666—2011）的相关规定。

竖向构件安装采用临时支撑时，应符合下列规定：

（1）预制构件的临时支撑不宜少于 2 道；

（2）预制柱、墙板构件的上部斜支撑，其支撑点距离板底的距离不宜小于构件高度的 2/3，且不应小于构件高度的 1/2，斜支撑应与构件可靠连接，如图 5-2-17 所示；

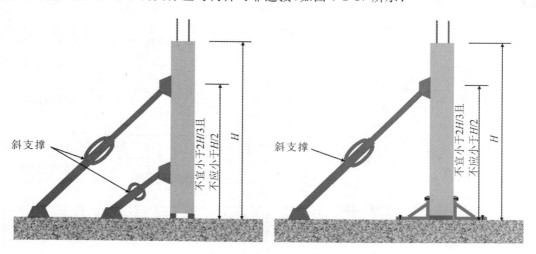

图 5-2-17　支撑点要求

（3）构件安装就位后，可通过临时支撑对构件的位置和垂直度进行微调；

（4）临时固定措施、临时支撑系统应具有足够的强度、刚度和整体稳定性，应按现行国家标准《混凝土结构工程施工规范》（GB 50666—2011）的有关规定进行验算。

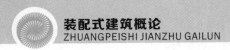

当墙板下部都采用斜支撑时,墙板先就位,斜支撑后安装,然后摘吊钩;当墙板下部采用七字码进行定位时,七字码先安装,准确定位后,进行墙板的安装,最后安装斜支撑。

预制构件与吊具的分离应在校准定位及临时支撑安装完成后进行。斜支撑安装完成后,进行初调,保证墙板大致竖直。斜支撑安装完成以后,将准备好的人字梯挨着墙板放置,由专人将吊钩摘掉。

构件连接部位后浇混凝土及灌浆料的强度达到设计要求后,方可拆除临时固定措施。

图 5-2-18　墙体垂直度测量

9. 垂直度调整

吊装工根据已弹好的预制剪力墙的安装控制线和标高控制线,用 2 m 长靠尺、吊线坠检查预制剪力墙、柱的垂直度,并通过可调斜支撑微调预制剪力墙、柱的垂直度,预制剪力墙应在安装施工时同步进行校正,如图 5-2-18 所示。竖向构件垂直度满足设计及相关规范要求后,应及时固定各斜支撑。下排斜支撑主要调整墙体的水平位置,上排斜支撑主要调整墙体的垂直度,钢垫片调整标高。

在墙体垂直度调整完成后,将支撑紧固,进入下一工序施工。

预制构件安装尺寸的允许偏差及检验方法如表 5-2-3 所示。

表 5-2-3　预制构件安装尺寸的允许偏差及检验方法

项目			允许偏差/mm	检验方法
构件中心线对轴线位置	基础		15	经纬仪及尺量
	竖向构件(柱、墙、桁架)		8	
	水平构件(梁、板)		5	
构件标高	梁、柱、墙、板底面或顶面		±5	水准仪或拉线、尺量
构件垂直度	柱、墙	≤6 m	5	经纬仪或吊线、尺量
		>6 m	10	
构件倾斜度	梁、桁架		5	经纬仪或吊线、尺量
相邻构件平整度	板端面		5	2m靠尺和塞尺量测
	梁、板底面	外露	3	
		不外露	5	
	柱墙侧面	外露	5	
		不外露	8	
构件搁置长度	梁、板		±10	尺量
支座、支垫中心位置	板、梁、柱、墙、桁架		10	尺量
墙板接缝	梁、板		±5	尺量

5.2.2 预制柱的安装

1.预制柱的安装步骤

在对预制柱进行检查和编号确认后,矫正柱头的钢筋垂直度,并采取合适的施工方式进行施工,在施工过程中底部高程以铁片垫平并对斜支撑固定座进行锁定。其次,分别进行样板绘制柱头梁位线、水平运输吊耳切除、柱子起吊安装、斜支撑固定与螺丝锁紧、柱头与汽车吊钩松绑工序后,起吊下一根柱子,在此过程中需要注意预制柱垂直度的调整。循环上述吊装过程,完成预制柱的吊装工作。预制柱的安装流程图如图 5-2-19 所示。

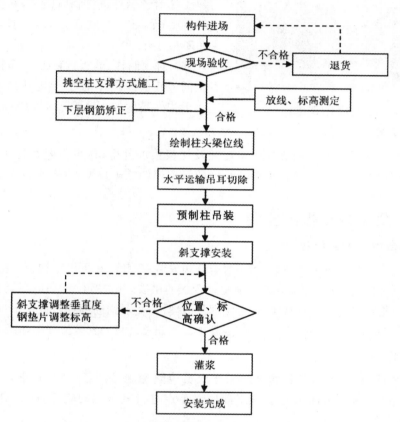

图 5-2-19 预制柱的安装流程图

2.准备工作

在进行预制柱的吊装工作前,需要进行以下准备工作:

(1)柱续接下层钢筋位置、高程复核,底部混凝土面确保清理干净,柱位置弹线;

(2)吊装前对预制柱进行质量检查,尤其是主筋续接套筒质量检查及内部清理工作;

(3)吊装前应备妥安装所需的设备,如斜支撑、斜支撑固定铁件、螺栓、柱底高程调整铁片、起吊工具、垂直度测定杆、铝梯或木梯等;

(4)确认柱头架梁位置是否已经进行标识,并放置柱头第一根箍筋;

(5)确认安装方向、构件编号、水电预埋管、吊点与构件重量。

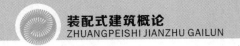

3. 安装要求

预制柱的安装应符合下列规定：

（1）宜按照角柱、边柱、中柱顺序进行安装，与现浇部分连接的柱宜先行吊装；

（2）预制柱的就位以轴线和外轮廓线为控制线，对于边柱和角柱，应以外轮廓线控制为准；

（3）就位前应设置柱底调平装置，控制预制柱安装标高；

图 5-2-20　预制柱支撑

（4）采用灌浆套筒连接的预制柱调整就位后，柱脚连接部位宜采用模板封堵；

（5）吊装就位后，立即在两个方向加设不少于2根斜支撑对预制柱进行临时固定，并应进行垂直度、扭转调整，如图5-2-20所示，斜支撑与楼面的水平夹角不应小于60°；

（6）对预制柱、墙板构件的上部斜支撑，其支撑点距离板底的距离不宜小于构件高度的2/3，且不应小于构件高度的1/2，斜支撑应与构件可靠连接。

4. 垂直度调整

预制柱吊装到位后及时将斜支撑固定在柱及楼板预埋件上，最少需要在柱子的两面设置斜支撑，复核预制柱的垂直度，并通过可调节长度的斜支撑调整垂直度，直至垂直度满足要求。

5.2.3　预制叠合板的安装

1. 预制叠合板的安装流程

在对预制叠合板进行进场验收后，画出叠合板边安装控制线，在下层结构板上搭设支撑架体并调节支撑架体顶部标高至设计标高，进行预制叠合板的吊装，并进行位置和标高调整，完成后摘钩并进行预制叠合板拼接缝处理。其次，进行预埋管线埋设、面层钢筋绑扎后进行下一块预制叠合板的吊装。所有预制叠合板安装完毕后，浇筑混凝土。预制叠合板的安装流程图如图5-2-21所示。

2. 准备工作

预制叠合板底板吊装前，施工管理及操作人员应熟悉施工图纸，按照吊装流程核对构件编号，确认安装位置，并标注吊装顺序。施工前应对吊点进行复核性的验算，同时对预制叠合板的叠合面及桁架钢筋进行检查。

预制叠合板施工前，宜选择合适的支撑体系并通过验算确定支撑间距。模板优先选用轻质高强的面板材料。支撑可采用碗扣架或独立支撑等多种支撑形式。采用可调节钢制预制工具式支撑＋铝合金梁体系更方便、快捷。

3. 弹线处理

当支承剪力墙为预制构件时，在预制叠合板安装前检查预制墙体的标高是否符合要求，并在支撑预制叠合板的梁、墙、柱顶标识出预制叠合板的平面位置及设计高程，具体要求如下。

（1）弹支撑位置线：按照施工方案在楼板上放出支撑位置线及预制叠合板底板位置线。

（2）放墙身标高线：抄平放线，在剪力墙面上弹出1 m水平线及预制叠合板的侧面边线，在墙顶弹出预制叠合板另一侧的边线，并做出明显标志，以控制预制叠合板的底板安装标高和平面位置，如图5-2-22所示。

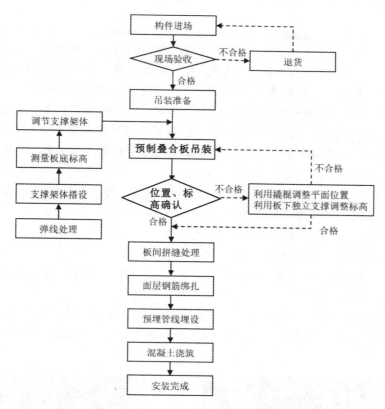

图 5-2-21　预制叠合板的安装流程图

（3）弹线处理：装配式剪力墙体系的墙体按照装配率的不同，可采用预制外墙板＋现浇内墙板＋预制叠合板的形式，也可采用预制外墙板＋预制内墙板＋预制叠合板的形式。

当支承剪力墙现浇时，为便于控制安装标高，通常采用将现浇结构墙体浇筑超过预制叠合板安装底标高 20 mm 的方法，在预制叠合板底板安装前，在墙体侧面弹预制叠合板板底标高线，根据安装需要采用角磨机将顶面超高部分切割掉，切割形成安装基面。当支承剪力墙为预制构件时，在预制叠合板安装前检查预制墙体的标高是否符合要求。预制叠合板就位弹线示意图如图 5-2-23 所示。

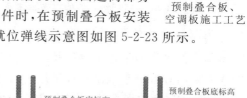

预制叠合板、空调板施工工艺

163

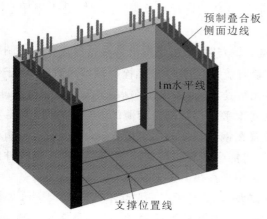

图 5-2-22　弹线处理

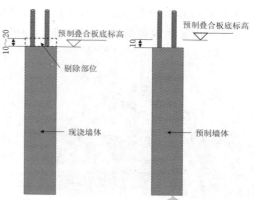

图 5-2-23　预制叠合板就位弹线示意图

4. 支撑架设

支撑体系宜采用工具式支撑体系,也可采用碗扣架或钢管脚手架体系。支撑间距经过计算确定。预制叠合板底板本身具有一定的承载能力,因此通常不需要搭设满堂脚手架,多采用工具式支撑体系,其优点在于支撑间距大、安拆方便、总投入量少,如图5-2-24所示。

预制叠合板在支座上搁置长度较小(或板未进支座),故一般情况下墙四周宜采用硬架支模,一般为单排支柱与墙体锁固,间距为60～100 cm。板的拼缝处亦设硬架支模,一般为双排支柱,间距为60～100 cm。安装预制叠合板前应认真检查硬架支模的支撑系统,检查墙或梁的标高、轴线,以及硬架支模的水平楞的顶面标高,并校正。

安装预制受弯构件时,端部的搁置长度应符合设计要求,端部与支承构件之间应座浆或设置支承垫块,座浆或支承垫块厚度不宜大于20 mm。

水平构件安装采用临时支撑时,应符合下列规定:

(1) 首层支撑架体的地基应平整坚实,宜采取硬化措施;

(2) 临时支撑的间距及其与墙、柱、梁边的净距应经设计计算确定,竖向连续支撑层数不宜少于2层且上下层支撑宜对准;

(3) 预制叠合板底板下部支架宜选用定型独立钢支柱,竖向支撑间距应经计算确定。

模板支撑完成后,为防止浇筑混凝土时预制叠合板漏浆,常在模板四周贴海绵胶条,如图5-2-25所示。

图 5-2-24　预制叠合板独立支撑体系　　　　图 5-2-25　模板贴海绵胶条

5. 预制叠合板的吊装

预制构件吊具的采用主要指吊装平衡钢梁或平衡吊具的使用。实际施工时,是否采用平衡钢梁或平衡吊具取决于预制构件采用的吊点形式。

预制构件采用预埋吊环,当构件重心与吊点位置有偏差时,采用平衡吊具对吊装过程中预制构件的平稳有益;而采用I型螺栓等预埋吊具时,由于使用了专用吊具,对是否采用平衡吊具反而不太敏感。

板式水平构件特别是较薄的叠合类构件,通常将吊点设置在钢筋桁架的固定位置,如果不采用平衡吊具起吊,可能会造成构件旋转、开裂等,故这类构件的吊装应采用平衡吊具起吊。

预制叠合板起吊时,吊点不应少于4个,如图5-2-26所示。起吊时先试吊,先吊起至距地500 mm处停止,检查钢丝绳、吊钩的受力情况,使预制叠合板

图 5-2-26　预制叠合板的吊装

底板保持水平,然后吊至作业层上方。就位时预制叠合板底板应从上方垂直向下安装,在作业层上空 200 mm 处停顿,施工人员手扶楼板调整方向,将板的边线与墙上的安放位置线对准,注意避免预制叠合板底板上的预留钢筋与墙体钢筋或叠合梁碰撞,放下时要停稳慢放,严禁快速猛放,以避免冲击力过大造成板面开裂。5 级风以上时应停止吊装。

预制叠合板吊装完后应对板底接缝高差进行校核,如图 5-2-27 所示;当预制叠合板板底接缝高差不满足设计要求时,应将构件重新起吊,通过可调托座进行调节。预制叠合板底板端部伸入支座的长度应符合设计要求,宜设置厚度不大于 20 mm 的座浆层或垫片。调整板位置时,应采用楔形小木块嵌入调整,不宜直接使用撬棍,以避免损坏板边角。预制叠合板底板位置调整完毕后,摘掉塔吊吊钩。

(a) 水平位置校核

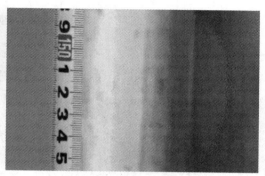
(b) 标高校核

图 5-2-27　预制叠合板位置校核

6. 板缝处理

预制叠合板底板采用密拼接缝时,板缝上侧可用腻子＋砂浆封堵,避免后浇混凝土漏浆。单向预制叠合板板缝宽度为 30～50 mm 时,接缝部位混凝土后浇,通常利用预制叠合板底板做吊模。预制叠合板底板下部通常加工预留凹槽,将木模板嵌入,避免拆模后后浇节点下侧混凝土面凸出预制叠合板。板缝下部通常不设支撑。双向叠合板接缝宽度为 200 mm 以上时,应单独支设接缝模板及下部支撑。预制叠合板拼缝构造如图 5-2-28 所示。

7. 预埋管线敷设

机电管线在深化设计阶段应进行优化,合理排布,管线连接处应采取可靠的密封措施。预制叠合板上的水电线盒及管道在生产阶段预留,安装完毕后现场只需将管线连接,如图 5-2-29 所示。

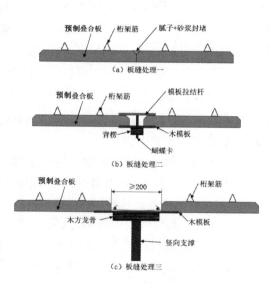

图 5-2-28　预制叠合板拼缝构造

(a) 预留线盒   (b) 现场管线敷设

图 5-2-29　预埋管线敷设

8. 钢筋绑扎

预制叠合板的桁架钢筋沿主要受力方向布置,桁架钢筋弦杆混凝土保护层厚度不应小于 15 mm。为满足最小保护层要求并保证钢筋绑扎的牢固性,楼板上层分布钢筋与桁架上弦钢筋垂直布置,宜绑扎在桁架上弦钢筋下,与桁架绑扎固定,以防止偏移和混凝土浇筑时上浮。上层受力钢筋与桁架上弦钢筋平行布置,与桁架钢筋高度相同,以满足保护层厚度要求,如图 5-2-30 所示。预制叠合板钢筋绑扎应注意下列要求。

图 5-2-30　预制叠合板钢筋绑扎

（1）预制叠合板钢筋绑扎前清理干净预制叠合板上的杂物,根据钢筋间距弹线绑扎,上部受力钢筋带弯钩时,弯钩向下摆放,应保证钢筋搭接和间距符合设计要求。

（2）钢筋绑扎过程中,应注意避免局部钢筋堆载过大。

9. 混凝土浇筑

装配式混凝土结构连接部位及叠合构件浇筑混凝土之前,应进行隐蔽工程验收。隐蔽工程验收应包括下列主要内容:

① 混凝土粗糙面的质量,键槽的尺寸、数量、位置;

② 钢筋的牌号、规格、数量、位置、间距,植筋弯钩的弯折角度及平直段长度;

③ 钢筋的连接方式、接头位置、接头数量、接头面积百分率、搭接长度、锚固方式及锚固长度;

④ 预埋件、预留管线的规格、数量、位置。

混凝土浇筑前应将模板上的杂物清理干净并用有压力的水管把板面湿润。隐蔽工程及模板工程验收合格后方可进行混凝土浇筑。混凝土浇筑应连续进行,同时需及时振捣密实,浇筑完成后需注意混凝土的养护。

预制构件连接处混凝土浇筑和振捣时,应对模板及支架进行观察和维护,发生异常情况应及时进行处理。预制构件接缝混凝土浇筑和振捣应采取措施防止模板、连接构件、钢筋、预埋件及其定位件移位。

临时支撑应在混凝土强度达到设计要求后方可拆除。

5.2.4　预制梁的安装

1. 施工流程

在对预制梁进行安装的过程中,首先需要进行支撑架体或钢管支撑的搭设,在对方向、编号、上层主筋进行确认之后进行起吊、安装。在进行一定的调整工序,预制梁中央支撑架旋紧后,将吊钩摘除,进行次梁楼板支撑架的吊运,方可进行下一根主梁的吊装工作,两侧的主梁安装后进行次梁的安装,最后在主梁与次梁接头处用砂浆填灌。循环上述吊装过程,完成预制梁的吊装工作。预制梁安装施工流程图如图 5-2-31 所示。

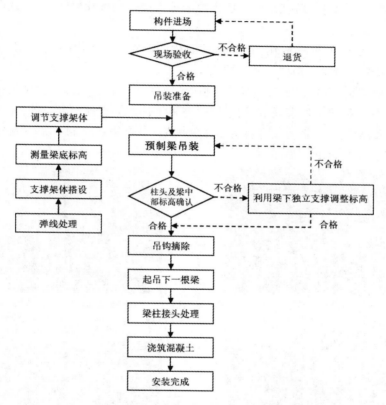

图 5-2-31　预制梁安装施工流程图

2. 安装要求

预制梁的安装应符合下列要求。

（1）预制梁吊装顺序应遵循先主梁后次梁,先低处后高处的原则。

（2）预制梁安装就位后应对水平度、安装位置、标高进行检查。

（3）预制梁安装时,主梁和次梁伸入支座的长度应符合设计要求。

（4）次梁与主梁之间的凹槽应在预制楼板安装完成后,采用不低于预制梁混凝土强度等级的材料填实。

（5）预制梁吊装前柱核心区先安装一道柱箍筋,梁就位后再安装两道柱箍筋,之后才可进行梁、墙吊装,以保证柱核心区的质量。

（6）预制梁吊装前应将所有梁底部标高进行统计,有交叉部分梁吊装方案时,应根据先低后高的原则进行施工。

3. 主要施工工艺

（1）定位放线：用水平仪测量并修正柱顶与梁底标高，确保标高一致，然后在柱上弹出梁边控制线。

（2）支撑架搭设：梁底支撑采用钢立杆支撑＋可调顶托，可调顶托上铺设长×宽为100 mm×100 mm 的木方，预制梁的标高通过支撑体系的顶丝来调节。

临时支撑位置应符合设计要求；设计无要求时，长度小于等于 4 m 时应设置不少于 2 道垂直支撑，长度大于 4 m 时应设置不少于 3 道垂直支撑。

叠合梁应根据构件类型、跨度来确定后浇混凝土支撑件的拆除时间，强度达到设计要求后方可承受全部设计荷载。

（3）预制梁吊装：预制梁一般用两点吊，预制梁的两个吊点分别位于梁顶两侧距离梁两端 0.2L 位置（L 为梁长），由生产构件厂家预留。

（4）预制梁微调定位：当预制梁初步就位后，借助柱上的梁定位线将预制梁精确校正。预制梁的标高通过支撑体系的顶丝来调节，调平同时需将下部可调支撑上紧，这时方可松去吊钩。

（5）接头连接：混凝土浇筑前应将预制梁两端键槽内的杂物清理干净，并提前 24 h 浇水湿润。

预制梁的安装如图 5-2-32 所示。

(a) 独立支撑

(b) 预装钢牛腿临时支撑

(c) 可调钢顶柱临时支撑

(d) 主梁吊装

(e) 次梁吊装

(f) 调整就位后摘钩

图 5-2-32　预制梁的安装

5.2.5 预制外挂墙板的安装

1.安装流程

在对预制外挂墙板进行安装的过程中,首先需要对下层结构及楼板面标高进行复测,对下层预埋连接铁件复测后进行预制外挂墙板的起吊、安装工作,在安装临时承重铁件及斜支撑后安装永久连接件。在进、出位置及垂直度调整,板缝防水施工后,方可摘除吊钩,在安装剩余预制外挂墙板后,对现浇接头进行施工。预制外挂墙板安装施工流程图如图 5-2-33 所示。

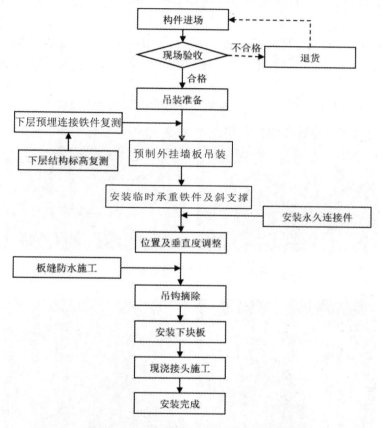

图 5-2-33　预制外挂墙板安装施工流程图

2.安装要求

预制外挂墙板的安装应符合下列要求:

(1)预制外挂墙板安装施工前,应选择有代表性的墙板构件进行试安装,并应根据试安装结果及时调整施工工艺,完善施工方案;预制外挂墙板的施工宜建立首段验收制度;

(2)线支承外挂墙板就位前,应在墙板底部设置调平装置,控制墙板安装标高;

(3)预制外挂墙板应以轴线和外轮廓线同时控制墙板的安装位置;

(4)预制外挂墙板安装就位后应临时固定,测量墙板的安装位置、安装标高、垂直度、接缝宽度等,通过节点连接件或墙底调平装置、临时支撑进行调整;

(5)带饰面层外挂墙板应对饰面层的完整性进行校核与调整;

（6）预制外挂墙板安装过程中应采取保护措施，避免墙板边缘及饰面层被污染、损伤；

（7）安装时应由专人负责预制外挂墙板下口定位、对线，并用掌尺板找直。安装首层预制外挂墙板时，应特别注意安装精度，使之成为以上各层的基准；

（8）预制外挂墙板是自承重构件，不能通过板缝进行传力，施工时要保证板的四周空腔不得混入硬质杂物，施工中设置的临时支座及垫块应在验收前及时拆除。

3. 主要工艺

预制外挂墙板与主体结构采用点支承连接时，节点构造应符合下列规定：

（1）连接点的数量和位置应根据预制外挂墙板的形状、尺寸确定，连接点不应少于 4 个，承重连接点不应多于 2 个；

（2）在外力作用下，预制外挂墙板相对主体结构在墙板平面内应能水平滑动或转动；

（3）连接件的滑动孔尺寸应根据穿孔螺栓的直径、变形能力需求和施工允许偏差等因素确定。

预制外挂墙板节点如图 5-2-34 所示，预制外挂墙板的安装如图 5-2-35 所示。

图 5-2-34　预制外挂墙板节点

图 5-2-35　预制外挂墙板的安装

4. 板缝防水处理

（1）预制外挂墙板连接接缝防水节点基层及空腔排水构造做法应符合设计要求。

（2）预制外挂墙板外侧水平、竖直接缝的防水密封胶封堵前，侧壁应清理干净，保持干燥。嵌缝材料应与挂板牢固黏结，不得漏嵌和虚粘。

（3）板缝防水密封胶的注胶宽度应大于厚度，并符合生产厂家的要求，如图 5-2-36 所示。密封胶应在预制外挂墙板校核固定后嵌填，先安放填充材料，然后注胶，应均匀顺直，饱满密实，表面光滑连续。

（4）为防止密封胶施工时污染板面，注胶前应在板缝两侧粘贴防污胶条，注意保证胶条上的胶不得转移到板面。

（5）预制外挂墙板水平缝和垂直缝的"十"字缝处 300 mm 范围内的防水密封胶注胶要一次完成，如图 5-2-37 所示。

（6）板缝防水施工 72 小时内要保持板缝处于干燥状态，禁止冬季气温低于 5℃或雨天进行板缝防水施工。

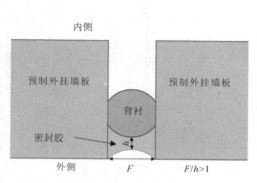

图 5-2-36　预制外挂墙板注胶宽度示意图

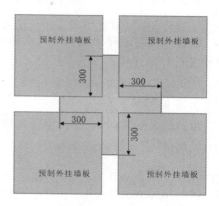

图 5-2-37　"十"字缝处一次完成注胶范围示意图

5.2.6　预制楼梯的安装

1. 安装流程

预制楼梯安装
施工工艺

预制楼梯安装施工流程：预制楼梯进场、验收→放线→预制楼梯吊装→预制楼梯安装就位→预制楼梯微调定位→吊具拆除。预制楼梯安装施工流程图如图 5-2-38 所示。

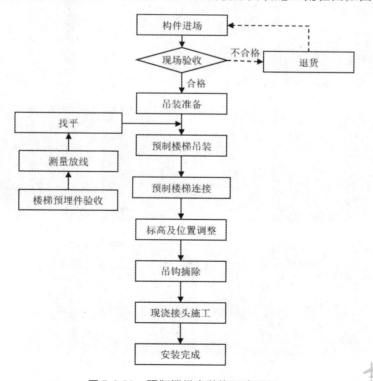

图 5-2-38　预制楼梯安装施工流程图

2. 安装要求

预制楼梯安装应符合下列规定：

（1）安装前，应检查预制楼梯的平面定位及标高，并宜设置调平装置；

（2）预制楼梯采用预留锚固钢筋方式连接时，应先放置预制楼梯，再与现浇梁或板浇筑连接成整体；

（3）预制楼梯与现浇梁或板之间采用预埋件焊接方式连接时，应先施工现浇梁或板，再放置预制楼梯进行焊接连接；

（4）框架结构预制楼梯的吊点可设置在预制楼梯侧面，剪力墙结构预制楼梯的吊点可设置在预制楼梯的板面；

（5）预制楼梯安装时，上下预制楼梯应保持通直；

（6）就位后，应及时调整并固定。

3. 主要工艺

（1）预制楼梯安装前，应在休息平台的梯梁上，根据图纸要求预留钢筋或螺栓。

（2）在休息平台及其侧墙上施放楼梯左右、内外标高位置控制线。

（3）根据图纸要求，在休息平台的梯梁上对预制楼梯安装标高进行找平。

（4）根据休息平台及其侧墙上的左右、内外标高位置控制线进行安装，安装后利用左右、内外标高位置控制线进行调整并验收。

预制楼梯安装施工工艺如图 5-2-39 所示。

(a) 楼梯预埋件验收	(b) 楼梯上下端找平	(c) 楼梯平面控制线
(d) 楼梯标高位置控制线	(e) 楼梯吊装	(f) 位置调整
(g) 水平位置校核	(h) 垂直位置校核	

图 5-2-39　预制楼梯安装施工工艺

在预制楼梯安装就位后,楼梯上节点多设置为固定端,采用专用灌浆料对楼梯上部预留孔洞进行灌浆处理,在灌浆时应在预留钢筋端部设置端板,保证钢筋的锚固。预制楼梯下节点多设置为滑动端,仅需进行表层封堵。楼梯上、下节点的构造措施如图 5-2-40 所示。

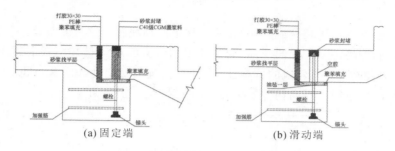

(a) 固定端　　　　　　　　　(b) 滑动端

图 5-2-40　楼梯上、下节点的构造措施

5.2.7　预制阳台板、空调板的安装

预制阳台板、空调板的安装如图 5-2-41 所示。

(a) 预制阳台板施工　　　　　　　(b) 预制空调板施工

图 5-2-41　预制阳台板、空调板的安装

1. 预制阳台板的安装

预制阳台板的安装应符合下列规定:

(1) 悬挑阳台板安装前应设置防倾覆支撑架,结构楼层混凝土达到设计强度要求时,方可拆除支撑架;

(2) 悬挑阳台板的施工荷载不得超过楼板的允许荷载值;

(3) 预制阳台板的预留锚固钢筋应伸入现浇结构,并应与现浇混凝土结构连成整体;

(4) 预制阳台板与侧板采用灌浆方式连接时阳台预留钢筋应插入孔内,然后进行灌浆;

(5) 灌浆预留孔的直径应大于插筋直径的 3 倍,并不应小于 60 mm,预留孔壁应保持粗糙或设波纹管齿槽。

2. 预制空调板的安装

预制空调板的安装应符合下列规定:

(1) 预制空调板安装时,板底应采用临时支撑措施。

(2) 预制空调板与现浇结构连接时,预留锚固钢筋应伸入现浇结构,并应与现浇结构连成整体。

(3) 预制空调板采用插入式安装方式进行安装时,连接位置应设预埋连接件,并应与预制墙板的预埋连接件连接,预制空调板与预制墙板交接的四周防水槽口应嵌填防水密封胶。

5.3 装配式混凝土构件的灌浆施工

在装配式混凝土构件安装完成后,需要对构件中的预埋套筒进行灌浆施工。灌浆施工,能够保证竖向钢筋可靠连接,实现"等同现浇"的设计要求。灌浆施工是装配式混凝土构件施工的重中之重,施工质量直接决定了建筑的可靠性,并且对建筑的安全性和耐久性也有直接影响,因此施工过程中必须高度重视。竖向构件灌浆施工的流程图如图 5-3-1 所示。

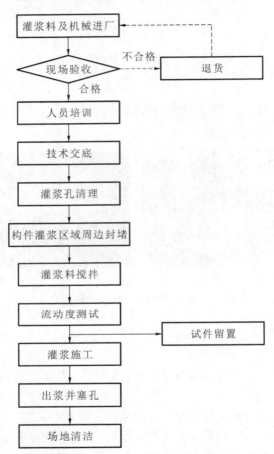

预制内墙灌浆施工工艺

图 5-3-1 竖向构件灌浆施工的流程图

5.3.1 灌浆准备

灌浆准备包括人员准备、材料准备和机械准备三方面内容。

1. 人员准备

套筒灌浆连接施工前应编制专项施工方案,同时应对灌浆施工的操作人员进行专业培训,取得相应培训合格证明后方可上岗。在灌浆施工前,需对施工人员进行技术交底,交底内容主要包括明确工艺操作要点、工序、施工操作过程中的安全要素以及常见问题及解决方法。

首次施工时,宜选择有代表性的单元或部位进行试灌浆,通过试灌浆,可以对灌浆料、灌浆工艺进行试验、改进,及时优化施工方案,提高工人的操作能力,提高灌浆施工的质量。

2. 材料准备

套筒灌浆连接应采用由接头型式检验确定的匹配的灌浆套筒、灌浆料,所有材料应有合格证明及复检报告。施工现场的灌浆料宜储存在室内,并应采取防雨、防潮、防晒措施。

灌浆施工前,应对不同钢筋生产企业的进场钢筋进行接头工艺检验;施工过程中,如更换钢筋生产企业,或同一生产企业生产的钢筋外形、尺寸与已完成工艺检验的钢筋有较大差异时,应再次进行工艺检验。接头工艺检验应符合《钢筋套筒灌浆连接应用技术规程》(JGJ 355—2015)的相关规定。套筒灌浆连接施工应采用匹配的灌浆套筒和灌浆料。灌浆套筒和灌浆料通过接头型式检验确定是否匹配。使用过程中,如果更换灌浆套筒和灌浆料,应重新进行接头型式检验。

灌浆料的性能及试验方法应符合现行行业标准《钢筋连接用套筒灌浆料》(JG/T 408—2019)的有关规定,灌浆料的抗压强度应符合任务 3 中的要求,且不应低于接头设计要求的灌浆料的抗压强度;灌浆料竖向膨胀率及拌合物的工作性能应符合任务 3 中的要求,泌水性试验方法应符合现行国家标准《普通混凝土拌合物性能试验方法标准》(GB/T 50080—2016)的规定。

3. 机械准备

灌浆施工所用机械设备包括电子秤、灌浆料搅拌器、灌浆机、灌浆料试模、截锥圆模、疏水板、封仓专用工具、橡胶塞、灌浆料容器等。机械设备应进行进厂验收,合格后方可使用。

电子秤主要用来称量灌浆料及水的重量,电子秤的量程不应低于 50 kg,精度不应低于0.1 kg。电子秤如图 5-3-2 所示。

灌浆料搅拌器用来将灌浆料与水搅拌混合均匀,分为手持搅拌器与自动搅拌器,如图 5-3-3所示。

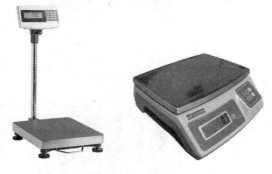

图 5-3-2　电子秤

(a) 手持搅拌器

(b) 自动搅拌器

图 5-3-3　灌浆料搅拌器

灌浆可使用灌浆机、气动压力桶及空气压缩机＋气动压力桶,设备根据施工实际情况确定,局部部位可使用手持灌浆器进行灌浆。常见灌浆设备如图 5-3-4 所示。

灌浆料试模、截锥圆模及疏水板用来在灌浆时制作灌浆料试样及测定灌浆料的流动度,如图5-3-5 所示。

(a) 灌浆机

(b) 空气压缩机

(c) 气动压力桶

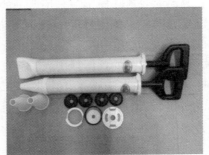

(d) 手持灌浆器

图 5-3-4 常见灌浆设备

(a) 灌浆料试模

(b) 截锥圆模及疏水板

图 5-3-5 灌浆料检测器具

灌浆施工时,需要对竖向构件进行分仓及封仓工作,此工序需使用封仓专用工具,如图 5-3-6 所示。

图 5-3-6 封仓专用工具

装配式混凝土构件灌浆施工时,需要使用其他灌浆工具,如图 5-3-7 所示。

(a) 橡胶塞　　　　　　　　　　　　(b) 灌浆料容器

图 5-3-7　其他灌浆工具

5.3.2　分仓及封仓施工

当构件灌浆施工时,在灌浆施工前应对构件进行分仓及封仓处理。整向构件宜采用连通腔灌浆,并应合理划分连通灌浆区域,分仓位置应在施工方案中明确,分仓施工时,应严格按照施工方案中的分仓位置进行施工。

灌浆施工前,对每块预制墙板分仓进行编号。每个区域除预留灌浆孔、出浆孔与排气孔外,应形成密闭空腔,不应漏浆。连通灌浆区域内任意两个灌浆套筒间距离不宜超过 1.5 m,如图 5-3-8所示。预制柱、墙采用连通腔灌浆方式灌浆时,灌浆施工前应对各连通灌浆区域进行封堵,且封堵材料不应减小结合面的设计面积。

分仓施工时将专用工具塞入预制构件下方 20 mm 缝隙中,将座浆砂浆放在托板上,用另一专用工具塞填砂浆,分仓砂浆带宽度为 30～50 mm,如图 5-3-9 所示。

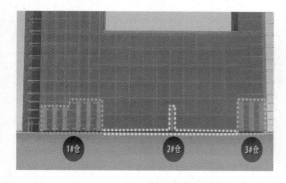

图 5-3-8　构件分仓　　　　　　　　　　图 5-3-9　分仓施工

分仓完成后进行封仓施工。首先将封仓专用工具伸入预制构件下方 20 mm 缝隙中作为抹封仓砂浆的挡板,封仓专用工具伸入构件内部 5～10 mm,保证套筒插筋的保护层厚度满足规范要求,然后用搅拌好的座浆砂浆进行封仓施工,如图 5-3-10 所示。封仓工作必须保证灌浆仓严密、不漏浆,同时应将构件周围的封仓料清理干净,如图 5-3-11 所示。封仓完成且封仓材料凝固后即可进行灌浆施工。

图 5-3-10　封仓施工

图 5-3-11　封仓完成

5.3.3　灌浆料拌制

1. 灌浆料的拌制施工

灌浆料使用前,应检查产品包装上的有效期和产品外观,灌浆料的使用应符合下列规定:

(1) 拌合用水应符合现行行业标准《混凝土用水标准》(JGJ 63—2006)的有关规定;

(2) 加水量应按灌浆料使用说明书的要求确定,并应按重量计量;

(3) 灌浆料拌合物应采用电动设备搅拌充分、均匀,并宜静置 2 min 后使用;

(4) 搅拌完成后,不得再次加水;

(5) 浆体随用随搅拌,搅拌完成的浆体必须在 30 分钟内用完。

灌浆料的拌制应遵循少量多拌的原则,减少浪费。灌浆料拌制流程如下:

(1) 按比例称量灌浆料及拌合用水;

(2) 将 70% 左右的拌合料倒入称量好的拌合用水中,高速搅拌 1 min;

(3) 加入余下 30% 的拌合料,高速搅拌 2 min;

(4) 停机,将桶壁上的干粉料刮净;

(5) 继续高速搅拌 1 min 后静置 2 min。

灌浆料的拌制施工如图 5-3-12 所示。

(a) 称量灌浆料及拌合用水

(b) 混合灌浆料及拌合用水

(c) 搅拌

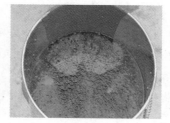

(d) 静止2min

图 5-3-12　灌浆料的拌制施工

2. 灌浆料检测及试样留置

灌浆料拌制完成后,在施工前应进行灌浆料流动度的测试。每工作班应检查灌浆料拌合物初始流动度不少于 1 次,初始流动度不小于 300 mm,30 分钟流动度不小于 260 mm。灌浆料流动度测试流程如图 5-3-13 所示。

(a) 润湿截锥圆模及疏水板

(b) 倒入灌浆料

(c) 振捣、刮平灌浆料

(d) 向上提起截锥圆模

(e) 测量流动度

图 5-3-13　灌浆料流动度测试流程

除进行灌浆料流动度测试外,每工作班灌浆施工过程中,灌浆料拌合物现场制作 40 mm × 40 mm × 160 mm 的试块 3 组,标准养护后分别测定其 1 天、3 天和 28 天的抗压强度且要求分别不低于 35 MPa、60 MPa 和 85 MPa,如图 5-3-14 所示。

图 5-3-14　灌浆料试块制作

灌浆过程中,每工作班同一规格,每 500 个灌浆套筒连接接头制作三个相同灌浆工艺的平行试件,进行抗拉强度检验。检验结果应符合《钢筋机械连接技术规程》的要求。

5.3.4　灌浆及封堵

灌浆套筒灌浆前,应有灌浆套筒型式检验报告及工艺检验报告,应在现场模拟构件连接接头的灌浆方式,每种规格钢筋应制作不少于 3 个套筒灌浆连接接头,进行灌注质量以及接头抗拉强

度的检验及工艺检验;当工艺检验与检验报告有较大差异时,应再次进行工艺检验,检验合格后,方可进行灌浆作业。

灌浆套筒的检验如图 5-3-15 所示。

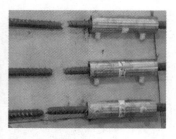

图 5-3-15　灌浆套筒的检验

1. 灌浆施工流程

灌浆前用铁丝疏通灌浆孔,检查灌浆孔是否畅通,灌浆机在加料前加清水润湿,在出浆孔部位灌入适量清水,以确保内部灌浆面润湿。

钢筋套筒灌浆连接采用连通腔灌浆时,宜采用一点灌浆的方式。当一点灌浆遇到问题而需要改变灌浆点时,各灌浆套筒已封堵灌浆孔、出浆孔应重新打开,待灌浆料拌合物再次流出后进行封堵。对水平钢筋套筒灌浆连接,灌浆料拌合物应采用压浆法从灌浆套筒灌浆孔注入,当灌浆套筒灌浆孔、出浆孔的连接管或连接头处的灌浆料拌合物均高于灌浆套筒外表面最高点时应停止灌浆,并及时封堵灌浆孔、出浆孔。

采用低压力灌浆工艺,控制灌浆压力及浆体流速,在灌浆过程中,灌浆料应随时搅拌,避免沉淀、凝固。对竖向钢筋套筒灌浆连接,灌浆料拌合物应采用压浆法从灌浆套筒下部灌浆孔注入,灌浆料拌合物从构件其他灌浆孔、出浆孔流出后应及时封堵。

所有灌浆套筒的出浆孔均排出浆体并封堵后,调低灌浆设备的压力,开始保压(0.1 MPa),保压 1 分钟。保压期间随机拔掉少数出浆孔橡胶塞。观察到灌浆料从出浆孔喷涌出时,要迅速再次封堵。保压后拔除灌浆管。拔除灌浆管到封堵橡胶塞的时间,间隔不得超过一秒,避免灌浆仓内经过保压的浆体溢出灌浆仓,造成灌浆不实。

灌浆结束后要填写灌浆施工检查记录表,并留存照片和视频资料,灌浆施工检查记录表由灌浆作业人员、施工专职质检人员及监理人员共同签字确认。

施工完成后及时清理作业面,对于不可循环使用的建筑垃圾,应收集到现场封闭式垃圾站,做到"工完场清",以便后续工序施工,散落的灌浆料拌合物不得二次使用。

灌浆料同条件养护试件抗压强度达到 35 N/mm² 后,方可进行对接头有扰动的后续施工。临时固定措施的拆除应在灌浆料抗压强度能确保结构达到后续施工承载要求后进行。

灌浆施工流程如图 5-3-16 所示。

2. 灌浆施工要求

灌浆施工应按施工方案执行,并应符合下列规定。

(1)钢筋水平连接时,灌浆套筒应各自独立灌浆。

(2)应按产品使用说明书的要求计量灌浆料和水的用量,并搅拌均匀;每次拌制的灌浆料拌合物应进行流动度检测,且其流动度应满足规定。

(3)灌浆施工时,环境温度应符合灌浆料产品使用说明书的要求;环境温度低于 5 ℃时不宜

(a)疏通灌浆孔

(b)润湿灌浆机

(c)润湿灌浆仓

(d)一点灌浆

(e)封堵出浆孔

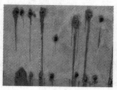
(f)保压

(g)填写灌浆施工检查记录表

(h)作业面清理

图 5-3-16　灌浆施工流程

施工,低于 0 ℃时不得施工;当连接部位养护温度低于 10 ℃时,应采取加热保温措施;当环境温度高于 30 ℃时,应采取降低灌浆料拌合物温度的措施。

（4）灌浆作业应采用压浆法从下口灌注,当浆料从上口流出后应及时封堵,必要时可设分仓进行灌浆。

（5）灌浆料宜在加水后 30 min 内用完。

（6）散落的灌浆料拌合物不得二次使用;剩余的拌合物不得再次添加灌浆料、水后混合使用。

（7）灌浆操作全过程应有专职检验人员负责现场监督并及时形成施工检查记录,如图5-3-17和图 5-3-18 所示。

工程名称:			施工单位:			灌浆日期:　　年　　月　　日　天气状况:　　　灌浆环境温度:　　℃							
浆料搅拌	灌浆料批次: 　　　;灌浆料用量:　　　kg;水用量:　　　kg;搅拌时间:　　分钟;施工员:												
	试块留置:□ 是　　□ 否;组数:　　组(每组 3 个);规格: 40mm×40mm×160mm(长×宽×高);流动度:　　　mm												
	异常现象记录:												
楼号	楼层	构件名称及编号	灌浆孔号	出浆孔出浆顺序	开始时间	结束时间	施工员	异常现象记录	是否补浆	有无影像资料

注:1、灌浆开始前,应对预制构件及灌浆孔进行编号;2、灌浆施工时,　专职检验人员:　　　　　日期:
环境温度超过允许范围应采取措施;
3、浆料搅拌完成后须在规定时间内灌注完毕;4、灌浆结束应立即清理灌浆设备。

图 5-3-17　灌浆施工检查记录表

（8）灌浆施工宜采用一点灌浆的方式进行；当一点灌浆遇到问题而需要改变灌浆点时，各灌浆套筒已封堵灌浆孔、出浆孔的，应重新打开，待灌浆料拌合物再次流出后进行封堵。

（9）灌浆完毕后立即清洗搅拌机、搅拌桶、灌浆筒等器具，以免灌浆料凝固，清理困难，灌浆筒需每灌注完成一筒后清洗一次，清洗完毕后方可再次使用。

灌浆时若出现漏浆现象，则应停止灌浆并处理漏浆部位，漏浆严重时，则应提起预制墙板重新封仓。当灌浆完成后发现渗漏，必须进行二次补浆，二次补浆压力应比灌浆时压力稍低，补浆时需要打开靠近漏浆部位的出浆孔，选择距漏浆部位最近的灌浆孔进行灌浆，待浆体流出，无气泡后用橡胶塞封堵，然后打开下一个出浆孔，待浆体流出，且无气泡后用橡胶塞封堵，依次进行。

当灌浆施工出现无法出浆的情况时，应查明原因，采取的施工措施应符合下列规定。

（1）对于未密实饱满的竖向灌浆套筒，当在灌浆料加水拌合 30 min 内时，应首选在灌浆孔补灌；当灌浆料拌合物已无法流动时，可从出浆孔补灌，并应采用手动设备结合细管压力灌浆，如图 5-3-19 所示。

图 5-3-18　灌浆现场人员组成　　　　　　图 5-3-19　手动补浆

（2）水平钢筋连接灌浆施工停止后 30s，当发现灌浆料拌合物下降，应检查灌浆套筒的密封或灌浆料拌合物的排气情况，并及时补灌或采取其他措施。

（3）补灌应在灌浆料拌合物达到设计规定的位置后停止，并应在灌浆料凝固后再次检查其位置是否符合设计要求。

5.4　装配式混凝土构件间的连接 ······························

装配式混凝土构件之间的连接可采用干法连接或湿法连接。作为装配式混凝土结构所独有的施工工序，通过后浇混凝土实现构件连接是装配式混凝土结构中至关重要的一个施工环节。后浇部位施工质量控制主要包括对后浇部位钢筋绑扎、模板支设、混凝土浇筑及养护三个环节的控制，后浇部位施工质量的优劣会对装配式混凝土结构的整体性造成重大影响，是质量管控的重中之重。

后浇混凝土施工中钢筋绑扎时，除了对后绑钢筋进行检查，还应对预制构件上的外露钢筋进行检查；模板支设应保证预制构件与现浇节点后浇混凝土的平整度，避免漏浆污染预制构件；混凝土浇筑应保证后浇混凝土与预制构件的整体性，即对后浇混凝土进行浇筑控制。

5.4.1　钢筋绑扎

钢筋连接宜根据接头受力、施工工艺、施工部位等要求选用机械连接、焊接连接、绑扎搭接等连接方式，并应符合国家现行有关标准的规定。接头位置应设置在受力较小处。

预制构件的外露钢筋应防止弯曲变形，并在预制构件吊装完成后，对其位置进行校核与调整。

后浇段钢筋绑扎如图 5-4-1 所示。

(a) 预制内墙板钢筋绑扎

(b) 预制柱节点钢筋绑扎

(c) 叠合板后浇段钢筋绑扎

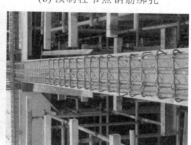
(d) 叠合梁上部钢筋绑扎

图 5-4-1　后浇段钢筋绑扎

预制墙板连接部位宜先校正水平连接钢筋，后安装箍筋套，待墙体竖向钢筋连接完成后绑扎箍筋；连接部位加密区的箍筋宜采用封闭箍筋。

预制柱在节点位置时，下层箍筋应在预制柱安装后安放到位，然后再安装预制梁。

叠合板上部后浇混凝土中的钢筋绑扎前，应检查并校正其下部预制底板桁架钢筋的位置，并设置钢筋定位件固定钢筋的位置。

当预制构件的外露钢筋影响相邻后浇混凝土中钢筋绑扎时，可在预制构件上预留钢筋接驳器，待相邻后浇混凝土结构钢筋绑扎完成后，再将锚筋旋入接驳器形成连接。

装配式混凝土结构后浇混凝土施工时，应采取可靠的保护措施，防止定位钢筋整体偏移及受到污染。对竖向钢筋，应采用胶带、PVC 管等方式对竖向墙体插筋进行保护，避免污染和移位，如图 5-4-2 所示。

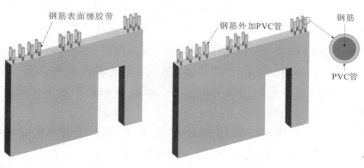

图 5-4-2　竖向钢筋外露保护措施

183

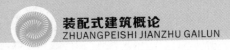

装配式剪力墙钢筋连接施工有以下几个要点。

（1）后浇段钢筋绑扎顺序为第一道水平箍筋绑扎→预制剪力墙吊装→上部水平箍筋绑扎→自上而下插入竖向钢筋并与预埋钢筋连接，如图 5-4-3 所示。

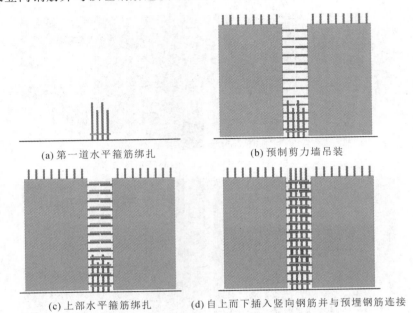

(a) 第一道水平箍筋绑扎　　　　　(b) 预制剪力墙吊装

(c) 上部水平箍筋绑扎　　　(d) 自上而下插入竖向钢筋并与预埋钢筋连接

图 5-4-3　后浇段钢筋绑扎顺序示意图

（2）装配式剪力墙结构暗柱节点主要有"一"字形、"L"形和"T"形几种形式。由于两侧的预制墙板均有外伸钢筋，暗柱钢筋的安装难度较大，需要在深化设计阶段及构件生产阶段进行暗柱节点钢筋穿插顺序分析研究，发现无法实施的节点，及早与设计单位进行沟通，避免现场施工时出现箍筋安装困难或临时切割的现象。

（3）后浇节点钢筋绑扎时，可采用人字梯作业，当绑扎部位高于围挡时，施工人员应佩戴穿芯自锁保险带并可靠连接。

（4）在预制板上用粉笔标定暗柱箍筋的位置，预先把箍筋交叉放置就位（"L"形节点时，两方向箍筋依次置于两侧外伸钢筋上）；先对预留整向连接钢筋位置进行校正，然后再连接上部竖向钢筋。

预制构件外墙模板施工时，应先将外墙模板安装到位，再进行内衬现浇混凝土剪力墙的钢筋绑扎。

预制阳台板与现浇梁、板连接时，应先将预制阳台板安装到位，再进行现浇梁、板的钢筋绑扎。

预制构件插筋影响现浇混凝土结构部分钢筋绑扎时，应在预制构件上预留接驳器，待现浇混凝土结构钢筋绑扎完成后，再将锚筋拧入接驳器，完成锚筋与预制构件之间的连接。

连接钢筋的定位控制，通常采用定位措施工具保证连接钢筋的水平位置，以确保后续预制构件安装准确，在实际施工中包括两个环节：

（1）现浇转换装配层的钢筋定位时，连接钢筋后埋，应重点控制连接钢筋的水平位置、外露长度，特别是在混凝土浇筑时，应边浇筑边调节并避免浇筑污染；

（2）非转换连接层的定位钢筋应首先控制预制工厂的生产精度，在运输环节、存放环节、吊装环节、后续构件安装前均应随时对连接钢筋的水平位置进行调节,确保各个环节连接钢筋位置准确。

5.4.2　模板支设

模板应保证后浇混凝土部分形状、尺寸和位置准确、并应防止漏浆。安装模板前将墙内杂物清扫干净,在大模板下口抹砂浆找平层,解决地面不平造成的墙体混凝土浇筑时漏浆的现象。安装模板时利用顶模筋进行定位。

模板按照模板类型可分为钢模,铝模,木模板、塑料模板等,如图 5-4-4 所示。

(a) 钢模　　　　　　　　(b) 铝模

(c) 木模板　　　　　　　(d) 塑料模板

图 5-4-4　模板分类

预制墙板的现浇段模板支设方式包括预制墙板上预留对拉螺栓孔进行固定、预制墙板上预留内置螺栓孔进行固定或现浇段对拉螺栓固定,预制梁、柱及板的后浇段模板采用传统现浇模板,如图 5-4-5 所示。

(a) 剪力墙后浇段模板　　　　　　(b) 梁模板

(c) 柱节点模板　　　　　　(d) 叠合板后浇段模板

图 5-4-5　后浇段模板

对拉螺栓如图 5-4-6 所示。施工完成后,将施工过程中产生的对拉螺栓孔进行封堵,如图 5-4-7所示。

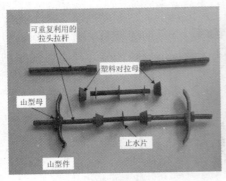

(a) 对拉螺栓构造   (b) 对拉螺栓施工

图 5-4-6   对拉螺栓

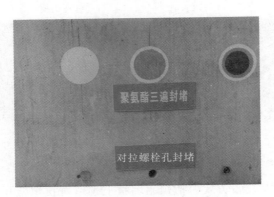

图 5-4-7   对拉螺栓孔封堵

为避免预制构件与后浇节点交接处出现胀模,错台等现象,在预制墙板边缘预留企口,模板边与企口连接,拆模后粉刷石膏找平,如图 5-4-8 所示。

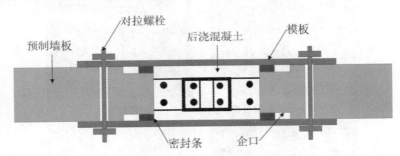

图 5-4-8   预制构件边缘企口示意图

以下列举几种典型节点的模板支设方式。

1.“一”字形后浇节点模板支设

1)单侧支模

单侧支模多用于外墙板后浇段模板支设,利用预制墙板外叶板作为外侧模板,内侧模板与预制墙板通过预埋内螺母固定,也可在外侧设置加固背楞,如图 5-4-9 所示。

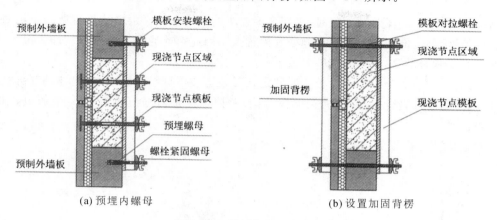

(a) 预埋内螺母   (b) 设置加固背楞

图 5-4-9   单侧支模做法示意

2) 双侧支模

双侧支模多用于内墙板后浇段模板支设,通过预制墙板中预留的对拉螺栓孔设置对拉螺栓,当现浇段距离较大时,也可在现浇段设置对拉螺栓,如图 5-4-10 所示。

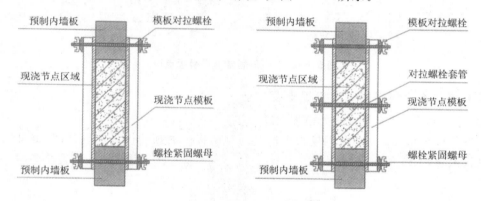

图 5-4-10   双侧支模做法示意

2. "T"形后浇节点模板支设

两块预制外墙板之间的"T"形后浇节点,后浇节点内侧采用单侧支模,外侧为预制墙板外叶板(装饰面层＋保温层)兼模板,接缝处为聚乙烯棒＋密封胶,与"一"字形类似,如图 5-4-11 所示。

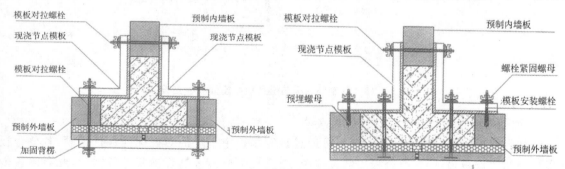

图 5-4-11   "T"形后浇节点模板支设

3. "L"形后浇节点模板支设

当后浇节点位于墙体转角部位时,采用普通模板与装饰面相平的方式进行混凝土浇筑,会出现后浇节点与两侧装饰面有高差及接缝处理等难点。因此目前通常采用预制装饰保温一体化模板(PCF板),确保外墙装饰效果的统一。

PCF板支设要点如下:将PCF板临时固定在外架上或下层结构上,并与暗柱钢筋绑扎牢固,也可与两侧预制墙板进行拉接;内侧钢模板就位;对拉螺栓将内侧模板与PCF板通过背楞连接在一起;调整就位。

"L"形后浇节点模板支设如图5-4-12所示。

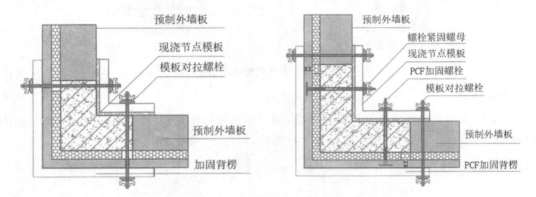

图5-4-12 "L"形后浇节点模板支设

4. 预制墙与叠合板衔接节点模板支设

1)预制外墙板与叠合板衔接处模板支设

预制外墙板与叠合板衔接处的模板可通过预制墙板中的预埋螺母进行紧固,也可通过模板带支撑进行紧固,如图5-4-13所示。

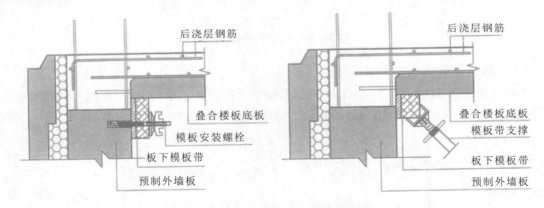

图5-4-13 预制外墙板与叠合板衔接处模板支设

2)预制内墙板与叠合板衔接处模板支设

预制内墙板与叠合板衔接处的模板可通过预制墙板中预埋的对拉螺栓进行紧固,若叠合板支撑在预制内墙板顶,则在叠合板安装过程中,叠合板下应设置高强砂浆进行密封,此时墙板衔接处可不设模板,如图5-4-14所示。

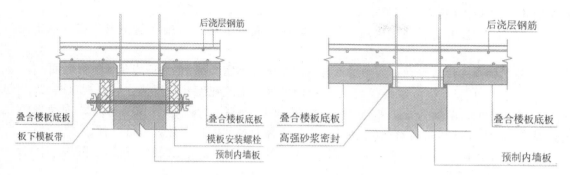

图 5-4-14 预制内墙板与叠合板衔接处模板支设

5.模板施工要点

（1）采用铝模支设模板时墙体通常与顶板一起浇筑，达到顶板支撑拆除条件后方可拆除墙体模板。

（2）模板与预制墙板接缝处要设置双面胶，防止漏浆。

（3）雨期施工期间，应采取防止后浇节点模板内积水的措施。后浇节点及叠合板后浇混凝土层浇筑完毕后，应根据天气预报及时采取防雨措施。

（4）台风来临前，应对尚未浇筑混凝土的后浇节点的模板及支架采取临时加固措施；台风结束后，应检查模板及支架，已验收合格的模板及支架应重新办理验收手续。

当只有竖向结构在施工时，应保证在台风前至少一天完成灌浆，并采用揽风绳进行固定。当有水平叠合板在施工时，台风前应停止施工。

5.4.3 混凝土浇筑及养护

1.混凝土浇筑要求

装配式混凝土结构采用现浇混凝土或砂浆连接构件时，应符合下列规定。

（1）混凝土浇筑前，应进行隐藏工程验收。后浇混凝土节点应根据施工方案要求的顺序浇筑施工。

（2）为使叠合层与预制叠合板底板结合牢固，要认真清扫板面，对有油污的部位，应将表面凿去一层（深度约 5 mm），露出未被污染的面。在浇筑前要用有压力的水管冲洗润湿，注意不要使浮灰积在压痕内。

（3）同一配合比的混凝土，每工作班且建筑面积不超过 1000 m² 应制作一组标准养护试件，同一楼层应制作不少于 3 组标准养护试件。

（4）构件连接处现浇混凝土或砂浆的强度及收缩性能应满足设计要求。设计无具体要求时，应符合下列规定：

① 承受内力的连接处应采用混凝土浇筑，混凝土强度等级值不应低于连接处构件混凝土强度设计等级值的较大值；

② 非承受内力的连接处可采用混凝土或砂浆浇筑，其强度等级不应低于 C15 或 M15；

③ 混凝土粗骨料的最大粒径不宜大于连接处最小尺寸的 1/4。

（5）连接节点、连接接缝、拼缝的浇筑应符合下列规定：

① 连接节点、水平拼缝应连续浇筑，竖向拼缝可逐层浇筑，每层浇筑高度不宜大于 2 m，应采

取保证混凝土或砂浆浇筑密实的措施;

② 同一连接接缝的混凝土应连续浇筑,并应在底层混凝土初凝之前将上一层混凝土浇筑完毕;

③ 预制构件连接节点和连接接缝部位的混凝土应加密振捣点,并适当延长振捣时间;

④ 对于 PCF 板后浇节点而言,需着重控制混凝土浇筑速度并分层浇注,每层浇注高度不超过 500 mm,防止因混凝土浇筑速度过快,侧压力过大,而造成 PCF 板移位甚至开裂,如无法满足上述要求,需对 PCF 板进行对拉(见图 5-4-12),具体对拉间距按照计算进行设置;

⑤ 对于采用内置螺栓孔的后浇节点混凝土浇筑,更应密切关注混凝土浇筑过程中 PCF 板的受力状况,防止质量事故发生。

(6) 叠合式受弯构件的后浇带混凝土层施工前,应按设计要求检查结合面的粗糙度和预制构件的外露钢筋。施工过程中,应控制施工荷载不超过设计值,并应避免单个预制构件承受较大的集中荷载。

(7) 叠合构件混凝土浇筑前,应检查并校正预制构件的外露钢筋,如图 5-4-15 所示。叠合构件混凝土浇筑时,应采取由中间向两边浇筑的方式。

图 5-4-15　钢筋的检查与校正

(8) 叠合构件与周边现浇混凝土结构连接处,浇筑混凝土时应加密振捣点,当采取延长振捣时间措施时,应符合有关标准和施工作业的要求。

(9) 叠合构件混凝土浇筑时,不应移动预埋件的位置,且不得污染预埋件的外露连接部位。

(10) 预制构件连接处混凝土浇筑和振捣时,应对模板及支架进行观察和维护,发生异常情况应及时进行处理。构件连接接缝混凝土浇筑和振捣应采取措施防止模板、连接构件、钢筋、预埋件及其定位件移位。

(11) 叠合构件与周边现浇混凝土结构连接处混凝土浇筑时,应加密振捣点,保证结合部位混凝土的振捣质量。

(12) 为保证预制叠合板底板及支撑受力均匀,混凝土浇筑时宜从中间向两边浇筑。混凝土浇筑时,应控制混凝土的入模温度。混凝土浇筑应连续施工,一次完成。使用平板振捣器振捣时,要尽量使混凝土中的气泡逸出,以保证振捣密实。

(13) 混凝土浇筑过程中,应注意避免局部混凝土堆载过大。

(14) 工人应穿收光鞋用木刮杠在水平面上将混凝土表面刮平,随即用木抹子搓平。

(15) 混凝土初凝后、终凝前,后浇层与预制墙板的结合面应采取拉毛措施。

(16) 混凝土或砂浆强度达到设计要求后,方可承受全部设计荷载;

(17) 后浇混凝土达到设计要求强度后拆除模板及斜支撑。墙体留置企口,因此在模板拆除时应保证混凝土强度达到拆模条件,同时也不能过晚拆模,以防止造成黏模的情况,并且应注意企口处混凝土节点的成品保护。

后浇混凝土浇筑控制包括两个环节。

(1)后浇部位结合面的处理包括防止粗糙面的污染、防止叠合面的破坏,在混凝土浇筑前应对粗糙面进行隐蔽验收,确有损坏时,应采取后剔凿等处理方式;

(2)竖向结构后浇混凝土的浇筑也是一个重要环节,特别是在采用 PCF(预制混凝土模板)工艺施工时,严格控制浇筑分层与浇筑速度对施工质量及安全的保证具有重要的作用,此外还应同时采取加强振捣、加强养护等措施。

2. 混凝土养护

混凝土浇筑完毕后,应按施工技术方案要求及时采取有效的养护措施,叠合层及构件连接处混凝土浇筑完成后,可采取洒水养护、覆膜养护、喷涂养护等养护方法进行养护,如图 5-4-16 所示。为保证后浇混凝土的质量,规定养护时间不应少于 14 d。

(a) 洒水养护   (b) 自然养护

(c) 覆膜养护   (d) 喷涂养护

图 5-4-16 混凝土的养护方法

后浇混凝土养护应符合下列规定:

(1)应在浇筑完毕后的 12 h 内对混凝土进行覆盖并养护;

(2)浇水次数应能保证混凝土处于湿润状态;

(3)采用塑料布覆盖养护的混凝土,其敞露的全部表面应覆盖严密,并应保证塑料布内有凝结水;

(4)叠合层及构件连接处后浇混凝土的养护时间不应少于 14 d;

(5)混凝土强度达到 1.2 MPa 前,不得在其上踩踏或安装模板及支架;

(6)混凝土冬期施工应按现行规范《混凝土结构工程施工规范》(GB 50666—2011)、《建筑工程冬期施工规程》(JGJ/T 104—2011)的相关规定执行。

5.4.4 干法连接

干法连接在施工现场无须浇筑混凝土,全部预制构件、预埋件、连接件都在工厂预制,通过螺栓或焊接等方式实现连接。干法连接包括螺栓连接、后张预应力连接、牛腿连接、焊接连接等。

干法连接的连接区域不需要现浇混凝土,连接刚度比现浇节点低,多为柔性连接,连接形式为"非等同现浇"连接形式。

1. 螺栓连接

螺栓连接属于机械连接,连接过程比较简单,对精度要求非常高。首先在上层剪力墙的下边设置有孔洞的钢板,将下层剪力墙的上方有螺纹的钢筋作为螺杆,然后将钢筋穿过钢板并用螺帽与上层剪力墙连接,对连接的部位浇筑混凝土,最后当混凝土硬化以后将上、下层墙体连接起来。

预制装配式剪力墙结构采用这种方式进行连接存在的问题:随着时间以及荷载作用,螺栓可能会松动;受到自然环境或者其他因素影响,螺纹会逐渐脱落。

螺栓连接的适用范围:在装配式混凝土结构中,螺栓连接仅用于外挂墙板和楼梯等非主体结构构件的连接。

螺栓连接如图 5-4-17 所示。

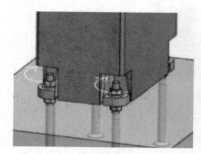
(a) 柱螺栓连接示意

(b) 柱螺栓连接施工

(c) 剪力墙螺栓连接

(d) 梁螺栓连接

图 5-4-17 螺栓连接

2. 后张预应力连接

后张预应力连接在浇筑混凝土前将预制剪力墙内按预应力钢筋的位置留出孔道,待混凝土达到规定强度后,将下层预制剪力墙预应力钢筋穿入预留孔道到上层预制剪力墙顶端,然后用锚具将预应力钢筋锚固在端部,最后在孔道内注入高强度灌浆料,使上、下层剪力墙连接成一个整体。后张预应力连接改变了现有的用湿法现浇方式连接各节点的构造做法,抗震能力强,能够有效提高构件结合面的摩擦剪切强度,在地面以上的结构中,可以完全取消所有的节点现浇、楼板叠合现浇等湿法作业,属于干法施工。

后张预应力连接如图 5-4-18 所示。

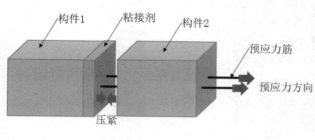
(a) 后张预应力连接原理

(b) 后张预应力连接施工

图 5-4-18　后张预应力连接

3. 牛腿连接

牛腿是指柱体外伸出来的一个支撑固定结构,上部的板或梁搭接在其表面,并可以通过螺栓连接。牛腿连接具有承载力高,施工快等优点,被广泛应用在实际工程中。根据不同的节点构造方法,牛腿连接可分为明牛腿连接与暗牛腿连接,如图 5-4-19 所示。

(a) 明牛腿连接

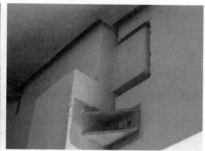
(b) 暗牛腿连接

图 5-4-19　牛腿连接

4. 焊接连接

焊接连接的优点是避免了传统湿法连接等方式的灌浆和养护环节从而节省了工期。焊接连接的缺点是焊接连接中无明显的塑性铰,焊接缝在反复地震荷载作用下容易发生脆性破坏,故该连接方式的抗震性能不理想。但是对于塑性铰设置良好的焊接接头,其优点非常显著,故当前干法连接构造的发展方向包括开发变形性能较好的焊接连接构造。在施工中应该安排好相应构件的焊接工序从而减小焊接的残余应力并使焊接有效。

焊接连接在混凝土结构中仅用于非结构构件的连接,如图 5-4-20 所示。

目前我国装配式混凝土构件连接中常采用干法连接的结构为外挂墙板。外挂墙板是自承重构件,不能通过板缝进行传力,施工时要保证板的四周空腔不得混入硬质杂物,施工中设置的临时支座及垫块应在验收前及时拆除。

装配式混凝土结构采用焊接或螺栓连接时,应符合设计要求或国家现行有关钢结构施工标准的规定,并应对外露铁件采用防腐和防火措施。采用焊接连接时,应采取避免损伤已施工完成结构、预制构件及配件的措施。

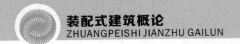
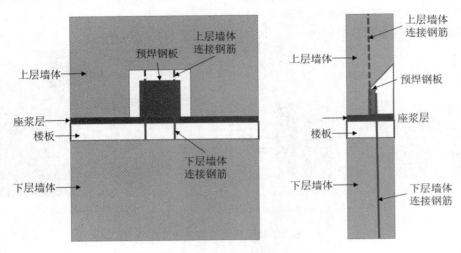

图 5-4-20　焊接连接示意图

5.5　成品保护与环境保护

5.5.1　成品保护

　　装配式混凝土结构施工中的成品保护主要指预制构件(特别是有装饰面的预制构件)的成品保护及构件连接插筋的成品保护。

　　运输存放阶段成品保护的核心内容是合理支垫,确保垫点位置准确,特别是相邻层间的垫点位置准确,并根据运输存放的时间情况采取加强支垫措施;对于有饰面、易被污染的预制构件,需要采用塑料布遮盖,避免灰尘、雨水侵蚀造成饰面污染。

　　吊装过程的成品保护主要体现在防止碰撞,避免吊装构件在吊装过程中可能产生的碰撞;特别是带有饰面的预制构件或直接成为使用面的构件(带装饰外墙、预制楼梯等),应在起吊前将成品保护措施进行完善;在可能存在的风险排除后再拆除保护措施。

　　安装就位后的成品保护类似于现浇工程的成品保护,特别是带有功能性的预制构件(带窗框预制墙板等),应采取防损保护,避免对后续施工造成影响;灌浆操作应做好灌浆分仓操作,墙板内外侧封堵严密,避免灌浆操作过程中对构件造成污染。

　　预埋件和连接件等外露金属件应按不同环境类别进行封闭或防腐、防锈、防火处理,并应符合耐久性要求。

　　在装配式混凝土结构的施工全过程中,应采取防止预制构件及预制构件上的建筑附件、预埋件、预埋吊件等损伤或污染的保护措施。

　　安装完成的竖向构件的阳角、楼梯踏步口宜采用木条或其他覆盖形式进行保护。

　　预制外墙板安装完毕后,墙板内预置的门、窗框应使用槽型木框保护。

　　构件连接插筋的成品保护:在预制构件安装前应将插筋采用胶带包裹。

1. 首层定位钢筋的保护

　　(1) 在主体结构地下墙体浇筑前绑扎竖向连接钢筋,然后用钢筋卡具固定竖向连接钢筋的位置,避免浇筑混凝土时竖向连接钢筋跑偏,导致墙板安装不上,如图 5-5-1 所示。

（2）在浇筑地下墙体前,外露竖向连接钢筋采用聚乙烯塑料薄膜包裹严实,保护其不被混凝土砂浆污染。

（3）预制墙板吊装前,将插筋上的聚乙烯塑料薄膜去除干净,避免遗留污染物。

图 5-5-1　首层定位钢筋的保护

2.带面砖的预制墙板的保护

（1）预制墙板进场后按照指定地点摆放在墙板架上,摆放时将木方垫在墙板下,避免其与地面直接接触而损坏。预制墙板堆放架与预制墙板接触的钢梁处用橡塑材料包裹保护,避免墙板与堆放架接触时造成碰撞损坏;

（2）带面砖的预制墙板堆放、吊装以及混凝土浇筑过程中的饰面采用聚乙烯塑料薄膜进行防污染保护。

（3）预制墙板四角采用橡塑材料进行阳角保护,吊装墙板时与各塔吊信号工协调吊装,避免碰撞造成损坏。

（4）预制墙板窗洞口保护采用现场废弃模板制作成的"U"形构件,保护窗洞口下部不被损坏。

带面砖的预制墙板的保护如图 5-5-2 所示。

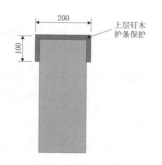

(a)聚乙烯塑料薄膜保护　　　　　(b)预制墙板洞口保护

图 5-5-2　带面砖的预制墙板的保护

3.无面砖的预制墙板的保护

（1）预制墙板进场后按照指定地点摆放在墙板架上,摆放时将木方垫在墙板下,避免其与地面直接接触而损坏。

（2）在吊装墙板前将墙板四角用橡塑材料进行阳角保护。

（3）在吊装过程中与吊装完成后,墙板清水面如有砂浆等污染应及时处理干净。吊装墙板时与各塔吊信号工协调吊装,避免碰撞造成损坏。

（4）预制墙板灌浆完成 24 小时内不宜受到振动。

（5）预制墙板安装完毕后，墙板内预制的门、窗框应使用槽型木框保护。

无面砖的预制墙板的保护如图 5-5-3 所示。

（a）构件下垫胶皮保护　　　　　　　（b）门窗使用木板保护

图 5-5-3　无面砖的预制墙板的保护

4. 墙板预埋螺栓的保护

（1）浇筑楼板前，将定位预埋螺栓与附加钢筋及主筋焊接。

（2）浇筑楼板前，将预埋螺栓预留丝扣处采用塑料胶带包裹密实，以免被混凝土污染、导致墙板支撑安装出现问题。

（3）浇筑楼板完成后，安装墙板支撑之前，将预埋螺栓上的塑料胶带拆除干净。

5. 预制叠合板的保护

（1）吊装预制叠合板前，需采用橡塑材料进行阳角保护。

（2）施工过程中不宜踩踏叠合板上的钢筋桁架，不得损坏、污染叠合面。

6. 预制隔墙板的保护

（1）吊装前，须对预制隔墙板的预埋吊装螺母进行保护，以防预制隔墙板存放过程中螺母进水锈蚀。

（2）带面砖的预制隔墙板采用聚乙烯塑料薄膜进行防污染保护。

（3）预制非承重板的四个角采用橡塑材料进行阳角保护。

7. 预制楼梯的保护

（1）预制楼梯吊装前，采用多层板钉成整体踏步台阶形状，对预制楼梯踏步面进行保护，楼梯两侧用多层板固定进行保护，踏步上的多层板留出吊装孔洞以便吊装时使用，如图 5-5-4 所示。

图 5-5-4　预制楼梯的保护

（2）预制楼梯安装前，将楼梯埋件处的砂浆、灰土、基层杂质清理干净，确保预制楼梯的安装质量。

（3）浇注楼梯间地板前，按楼梯深化设计图中楼梯埋件的位置，将楼梯埋件准确定位。

8. 预制阳台板的保护

（1）吊装预制阳台板之前采用橡塑材料进行阳角保护。

（2）预制阳台板在施工吊装时不得野蛮施工，不得踩踏板上的钢筋，避免其偏位。

5.5.2　安全施工

装配式混凝土结构施工中应依据相关安全技术规程，结合装配式混凝土结构的施工特征，针对各个工序采取安全措施。

装配式混凝土结构安全施工的要点是防止构件存放阶段的倾覆风险、防止构件吊装阶段的坠落风险、防止恶劣天气可能造成的施工安全风险。

防止构件存放阶段的倾覆风险的措施包括以下几点：

（1）控制卸车顺序、保证车辆平衡；

（2）控制竖向存放角度及紧固方式并采用专用存放工具架。

防止构件吊装阶段的坠落风险的措施包括以下几点：

（1）限制非相关作业人员进入吊装区域；

（2）加强对吊装工具、锁具、机械的过程检查；

（3）临边作业时的防护措施；

（4）严格按照规定吊装点位进行吊装，预防恶劣天气安全隐患；

（5）大风及雨天禁止吊装。

装配式安全施工的要点如下：

（1）装配式混凝土结构施工过程中应采取安全措施，并应符合现行行业标准《建筑施工高处作业安全技术规范》(JGJ 80—2016)、《建筑机械使用安全技术规程》(JGJ 33—2012)和《施工现场临时用电安全技术规范》(JGJ 46—2019)等的有关规定；

（2）吊运平卧制作的混凝土屋架时，应根据屋架跨度、刚度确定吊索绑扎形式及加固措施；

（3）屋架堆放时，可将几榀屋架绑扎成整体；

（4）施工单位应对从事预制构件吊装作业的人员及相关人员进行安全培训与交底，明确预制构件进场、卸车、存放、吊装、就位各环节的作业风险，并采取防止危险情况的措施；

（5）预制构件卸车时，应按照规定的装卸车顺序进行，确保车辆平衡，避免由于卸车顺序不合理导致车辆倾覆；

（6）预制构件卸车后，应将构件按编号或按使用顺序，合理、有序地存放于构件存放场地，并应设置临时固定措施或采用专用插放支架存放，避免构件失稳造成构件倾覆；

（7）安装作业开始前，应对安装作业区进行围护并做出明显的标识，拉警戒线，派专人看管，严禁与安装作业无关的人员进入；

（8）应定期对预制构件吊装作业所用的安装工、器具进行检查，发现有可能存在使用风险时，应立即停止使用；

（9）吊机吊装区域内，非作业人员严禁进入，吊运预制构件时，构件下方严禁站人，应待预制构件降落至距地面 1 m 以内方准作业人员靠近，就位固定后方可脱钩；

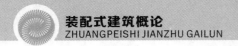

（10）装配式混凝土结构在绑扎柱、墙钢筋时，应采用专用高凳作业，当高于围挡时，作业人员应佩戴穿芯自锁保险带；

（11）遇到雨、雪、雾天气，或者风力大于6级时，不得进行吊装作业；

（12）夹心保温外墙板后浇混凝土连接节点区的钢筋安装连接施工时，不得采用焊接连接。

5.5.3　环境保护

装配式混凝土结构施工的环境保护重点在于施工现场的道路、构件堆放场地等应清洁；施工过程中各种连接材料、构件安装临时支撑材料的使用和拆除回收，应严格按照安全文明工地要求实施。

环境保护的目的在于为现场施工提供良好的作业环境、实现绿色环保建筑物的建设。施工现场作业环境保护的主要措施：

（1）构件存放计划的重点在于合理规划存放场地并实施。

（2）对可能产生环境污染的工具的使用进行控制；对预制构件生产材料和现场连接材料应严格把控，做到使用材料合格无害；材料进场及构件出厂前均应有完善的材料合格证书。

1. 扬尘控制

（1）施工现场宜搭设封闭式垃圾站。

（2）细散颗粒材料、易扬尘材料应封闭堆放、存储和运输。

（3）预制构件运输过程中，应保持车辆的整洁，防止对道路的污染，减少道路扬尘，施工现场出口应设置洗车池。

2. 噪声控制

（1）施工现场宜对噪声进行实时监测；施工场界环境噪声排放昼间不应超过70 dB(A)，夜间不应超过55 dB(A)。噪声测量方法应符合现行国家标准《建筑施工场界环境噪声排放标准》（GB 12523—2011）的规定。

（2）施工过程中宜使用低噪声、低振动的施工机械设备，对噪声控制要求较高的区域应采取隔声措施。

（3）施工车辆进、出现场时，不宜鸣笛。

（4）应选用低噪声设备和性能完好的构件装配起吊机械进行施工，机械、设备应定期维护。

（5）施工楼层与地面联系时不得选用扩音设备，应使用对讲机等低噪声器具或设备。

3. 光污染控制

（1）应根据现场和周边环境采取限时施工、遮光和全封闭等避免或减少施工过程中光污染的措施。

（2）夜间室外照明灯光应加设灯罩，光照方向应集中在施工范围内，防止光污染对周边居民的影响。

（3）在光线作用敏感区域施工时，电焊作业和大型照明灯具应采取防光外泄措施。

4. 水污染控制

（1）污水排放应符合现行行业标准《污水排入城镇下水道水质标准》（GB/T 3192—2015）的有关要求。

（2）使用非传统水源和现场循环水时，宜根据实际情况对水质进行检测。

（3）施工现场存放的油料和化学溶剂等物品应设专门库房，地面应做防渗处理。废弃的油料和化学溶剂应集中处理，不得随意倾倒。

（4）易挥发、易污染的液态材料，应使用密闭容器存放。

（5）施工机械设备使用和检修时，应控制油料污染；清洗机具的废水和废油不得直接排放。

（6）食堂、盥洗室、淋浴间的下水管道应设置过滤网，食堂应另设隔油池。

（7）施工现场宜采用移动式厕所，并应定期清理。固定厕所应设化粪池。

（8）隔油池和化粪池应做防渗处理，并应定期清运和消毒。

（9）在施工现场应加强对废水、污水的管理，现场应设置污水池和排水沟。废水、废弃涂料、废弃胶料应统一处理，严禁未经过处理而直接排入下水管道。

5. 垃圾处理

（1）应制订建筑垃圾减量计划，建筑垃圾的回收利用应符合现行国家标准《工程施工废弃物再生利用技术规范》（GB/T 50743—2012）的规定。

（2）垃圾应分类存放、按时处理。

（3）有毒、有害废弃物的分类率应达到100%；有可能造成二次污染的废弃物应单独储存，并设置醒目标识。

（4）现场清理时，应封闭式运输，不得将施工垃圾从窗口、洞口、阳台等处抛撒。

（5）装配式混凝土剪力墙结构施工中产生的黏结剂、稀释剂等易燃、易爆化学制品的废弃物应及时收集至指定存储器，按规定回收，严禁未经处理随意丢弃和堆放。

6. 其他

（1）施工中使用的乙炔、氧气、油漆、防腐剂等危险品、化学品的运输和储存应采取隔离措施。

（2）装配式混凝土剪力墙结构施工应选用绿色、环保材料。

（3）预制混凝土叠合夹心保温墙板及其内保温系统的材料，应采用粘贴板块或喷涂工艺的保温材料，其组成材料应彼此相容，并应对人体和环境无害。

（4）现场各类预制构件应分别集中存放，并悬挂标识牌，严禁乱堆乱放，不得占用施工临时道路，并做好防护隔离。

（5）夹心保温外墙板和预制外墙板内保温材料，采用粘贴板块或喷涂工艺的保温材料，其组成原材料应彼此相容，并应对人体和环境无害。

思 考 题

1. 装配式建筑施工的前期准备工作有哪些？
2. 说明装配式混凝土建筑施工前进行试安装的原因。
3. 简述座浆法与压浆法的施工方法及各自的优缺点。
4. 简述预制柱、预制剪力墙的安装流程。
5. 简述预制叠合板、预制楼梯的安装流程。
6. 灌浆设备包括哪几种？
7. 简述套筒灌浆连接的施工流程。
8. 简述灌浆料拌制的要点。

Chapter 6

任务 6　熟悉装配式钢结构

学习任务：
- 了解装配式钢结构建筑的优缺点；
- 掌握装配式钢结构建筑常见的结构体系种类及其基本概念和特点；
- 熟悉装配式钢结构建筑的设计要点；
- 掌握装配式钢结构构件的生产流程及要求；
- 了解装配式钢结构构件的运输与堆放要求；
- 掌握装配式钢结构构件的连接方法、施工流程及施工要求。

重难点：
- 装配式钢结构建筑的设计要点；
- 装配式钢结构构件的连接方法、施工流程及施工要求。

6.1　装配式钢结构建筑的概念和优缺点 ·····················

6.1.1　装配式钢结构建筑的概念

钢结构建筑是从铁结构（铸铁和熟铁）建筑发展而来的，铁结构建筑从诞生那天起就是彻头彻尾的装配式：在工厂里铸造或锻造构件，在现场用铆接方式连接。进入"钢时代"后，钢材焊接技术发明之前，钢结构建筑与铁结构建筑一样，也采用铆接或螺栓连接，构件必须在工厂里加工，再到现场装配。普遍应用焊接技术后，在没有钢结构工厂的地方，才有在工地现场用乙炔切割钢材，再进行焊接装配的作业方式。这种做法尽管装配式程度有所降低，但本质上还是装配式。

近几十年来，钢结构建筑越来越多，钢结构工厂也越来越多，钢结构加工设备的自动化和智能化程度也越来越高，现场切割、剪裁钢材的建造方式早已销声匿迹。所有钢结构建筑，无论高层、多层、低层建筑还是单层工业厂房，都是在工厂加工构件，再到现场进行组装的装配式建筑。

既然所有钢结构建筑都是装配式建筑，为什么还要特别提出"装配式钢结构建筑"的概念呢？

国家标准《装配式钢结构建筑技术标准》（GB/T 51232—2016）关于装配式钢结构建筑的定义：装配式钢结构建筑是建筑的结构系统由钢部（构）件构成的装配式建筑。

国家标准定义的装配式钢结构建筑，与具有装配式自然特征的普通钢结构建筑相比有两点差别：

① 更强调预制部品、部件的集成；

② 不仅钢结构系统，其他系统也要搞装配式。

按照这个定义，钢结构建筑如果外围护墙体采用砌块，就无法称作装配式钢结构建筑；钢结构建筑如果没有考虑内装系统集成，也很难算作装配式钢结构建筑。

装配式钢结构建筑与普通钢结构建筑相比，更突出以下各点：

① 更强调钢结构构件集成化和优化设计；

② 各系统的集成化，尽可能采用预制部品、部件；

③ 标准化设计；

④ 连接节点、接口的通用性与便利性；

⑤ 部品、部件制作的精益化；

⑥ 现场施工以装配和干法作业为主；

⑦ 基于BIM的全链条信息化管理。

6.1.2　装配式钢结构建筑的优点

装配式钢结构建筑的优点，可以从两个层面分析：钢结构建筑的优点和装配式钢结构建筑的优点。

1. 钢结构建筑的优点

钢结构建筑具有安全、轻质高强、结构受力传递清晰、适用范围广、适于标准化、适于现代化、可循环利用和绿色环保的优点。

1）安全

钢结构有较好的延性，结构在动力冲击荷载作用下能吸收较多的能量，可降低脆性破坏的危险程度，因此其抗震性能好，尤其在高烈度震区，使用钢结构能获得比其他结构更可靠的抗震减灾能力。日本中、小学校校舍大都是钢结构建筑，地震时可兼做避难所。

2）轻质高强

钢结构具有轻质高强的特点，特别适合高层、超高层建筑，能建造的建筑物高度远比其他结构高。钢结构与钢筋混凝土结构相比，同等地震烈度情况下，适用建造的最高建筑可高出1.5倍。

3）结构受力传递清晰

钢结构具有结构受力传递清晰的特点，现代建筑各种结构体系大都是先从钢结构获得结构计算简图、计算模型并经过成功的工程实践后再推广到混凝土结构的。如框架结构、密柱筒体结构、核心筒结构、束筒结构等现代建筑的结构体系，都是先从钢结构开始实践，然后钢筋混凝土结构才采用的。

4）适用范围广

钢结构建筑比混凝土结构和木结构建筑适用范围更广，可建造不同使用功能的建筑，如办公楼、学校、医院、公寓、住宅等。

5）适于标准化

钢结构建筑具有适于标准化的特点。

6）适于现代化

钢结构具有与生俱来的装配式或工业化优势，特别适于建筑产业的现代化。或者说，钢结构建筑一直在引领着建筑产业的现代化进程。钢结构建筑现代化的过程能够带动冶金、机械、建

材、自动控制以及其他相关行业发展。高层建筑钢结构的应用与发展既是一个国家经济实力强大的标志,也是其科技水平提高、材料工艺与建筑技术进入高科技发展阶段的体现。

7)可循环利用

钢材是可以循环利用的建筑材料,钢结构建筑实际上是钢材资源巨大的"仓库"。像美国这样在建筑和汽车行业大量使用钢材的国家,对铁矿石等自然资源的依赖非常少,废旧钢材的循环利用就可以基本满足需求。

8)绿色环保

钢结构建筑是建设"资源节约型、环境友好型、循环经济、可持续发展社会"的有效载体,优良的装配式钢结构建筑是"绿色建筑"的代表。

(1)节能(节省建造及运行能耗):炼钢产生的 CO_2 是烧制水泥的 20%,消耗的能源比烧制水泥少 15%;钢结构部件及制品均轻质高强,建造过程能大幅减少运输、吊装的能源消耗。

(2)节地(提高土地使用效率):钢结构轻质高强的特点,易于实现高层建筑,可提高单位面积土地的使用效率。

(3)节水(减少污水排放):钢结构建筑以现场装配化施工为主,建造过程中可大幅减少用水及污水排放,节水率为 80% 以上。

(4)节材:钢结构高层建筑结构自重为 $500 \sim 600 \ kg/m^2$,传统混凝土结构为 $1000 \sim 1200 \ kg/m^2$,其自重减轻约 50%;可大幅减少水泥、砂石等资源的消耗;建筑自重减轻,也降低了地基及基础技术处理的难度,同时可减少地基处理及基础费用约 30%。

(5)环保:采用装配化施工,可有效降低施工现场噪声扰民、废水排放及粉尘污染,有利于绿色建造,保护环境。

(6)主材回收与再循环利用:建筑拆除时,钢结构建筑主体结构材料回收率在 90% 以上,较传统建筑垃圾排放量减少约 60%,并且钢材回收与再生利用可为国家作战略资源储备;同时减少建筑垃圾填埋对土地资源的占用和垃圾中的有害物质对地表及地下水源的污染等(建筑垃圾约占全社会垃圾总量的 40%)。

(7)低碳营造:根据实际统计,采用钢结构的建筑的 CO_2 排放量约为 $480 \ kg/m^2$,传统混凝土建筑的 CO_2 排放量 $740.6 \ kg/m^2$。

2. 装配式钢结构建筑的优点

国家标准定义的装配式钢结构建筑与具有装配式自然特征的普通钢结构建筑比较有哪些优点?我们先看看日本的经验。

日本每年新建的住宅中有十几万套别墅。以前,日本人喜欢木结构房屋,别墅大多数是木结构建筑,混凝土结构和钢结构建筑比例很少。自从钢结构别墅采用集成化、工业化程度高的装配式工艺进行规模化制作后,市场格局发生了根本性变化,装配式钢结构别墅逐渐取代木结构建筑成了主角,市场份额高达到 90%。

为什么集成化、工业化程度高的装配式钢结构别墅会受到市场的青睐呢?

装配式钢结构住宅虽然是标准化、工业化产品,但并不是千篇一律的风格与式样,购房者可选择的房型有几十种,每种房型还可以选择不同的颜色、质感和装修风格。图 6-1-1 所示是日本建造的装配式钢结构别墅。

别墅的形态、平面、层数、立面可能各不相同,但结构的基本架构是一样的,节点是标准化的。装配式钢结构建筑的设计是为成千上万套建筑进行标准化设计的,投入精力再多,设计与试验费用

图 6-1-1　日本建造的装配式钢结构别墅

再高,摊到每座建筑上也很少。基于重复利用理念的标准化设计可以投入较多资源和费用,做到更精细、更优化。日本的装配式钢结构别墅的结构设计优化到了极致、两三层楼的小建筑,结构与构造设计特别是抗震设计都是基于试验做出的,结构安全更可靠,如图 6-1-2 和图 6-1-3 所示。

图 6-1-2　装配式钢结构别墅的结构

图 6-1-3　日本的装配式钢结构建筑的抗震、减震缓冲装置

锚栓连接采用集成化钢结构部件使现场无焊接作业,一方面避免了现场焊接对构件接头部位防锈层的破坏,有利于建筑的耐久性;另一方面使安装更简便,效率大幅度提高。

钢结构部件焊接在工厂自动化生产线上采用机械手自动焊接,焊接质量及稳定性非常高;钢结构部件表面有三层防锈镀层,采用自动化工艺,耐久性达到 75 年。

外围护结构采用集成化设计,各种功能考虑得很细,水蒸气在外墙系统中凝结成水的构造确保了保温效果的耐久性,自动化流水线生产的高压蒸养水泥基墙板更是提供了丰富的质感和不同的颜色。

集成式厨房、集成式卫生间和整体收纳设计得非常实用、精细,专业而精细的集成化部品提高了住宅的舒适度,给用户提供了很大的方便,也大大降低了成本。

设备与管线系统的集成式布置合理、适用、节约。

从吊顶到地板的全装修,给用户带来了极大的便利,除了床、沙发和桌椅,用户基本不用买其他家具,省事、省钱。

装配式钢结构别墅大都是一家一户的散户订货,购房者根据自己的场地环境条件、需求和偏好选定别墅类型,装配式钢结构别墅企业向购房者提供基础要求和图样,等购房者请当地施工企业做完基础时,装配式别墅整套部品、部件和零件(大大小小几万件)也运到现场,半个月到一个月装配完毕,即可入住,工期非常短。

总而言之,日本的装配式钢结构别墅提高了结构安全性,更好地实现了建筑功能,提高了质量,降低了成本并大幅度缩短了工期。

以上关于日本的装配式钢结构别墅的简介可以使我们对装配式钢结构建筑的优点有具体、直观的认识。

日本的高层、超高层钢结构建筑,外围护系统的集成化做得较好,大多采用装饰一体化预制混凝土外挂墙板,有的建筑还采用跨层或多跨超大型墙板。一些多层钢结构建筑采用ALC(蒸压轻质混凝土)墙板。外围护系统的集成化提高了施工效率,降低了成本。外围护系统的干法作业与结构施工同时进行,使内装施工可以随后进行,有利于总工期的缩短。

通过以上的分析,我们可以归纳装配式钢结构建筑的优点。

(1)标准化设计实际上是优化设计的过程,有利于保证结构的安全性、更好地实现建筑功能和降低成本。

(2)钢结构构件的集成化可以减少现场焊接,可以减少焊接作业对防锈层的破坏。

(3)外围护系统的集成化可以提高质量、简化施工、缩短工期。

(4)设备管线系统和内装系统的集成化以及集成化预制部品、部件的采用,可以更好地提升功能、提高质量和降低成本。

6.1.3 装配式钢结构建筑的缺点与局限性

1.装配式钢结构建筑的缺点

钢结构的材料特点决定了装配式钢结构建筑也有一些缺点,如未采取防护措施的钢构件防火性能差、易锈蚀等。

(1)耐火性能差,钢材在温度达到150℃以上时须采用隔热层防护。用于有防火要求部位的钢构件,须按建筑设计防火等级的要求采取防火措施。防火措施是钢结构建筑重要的成本构成。

(2)耐腐蚀性差,钢材在潮湿环境中,特别是处于有腐蚀性介质的环境中时容易锈蚀,必须采取防腐措施——涂防腐涂料或采用耐候钢。日本的装配式钢结构别墅所用的钢材,防腐蚀涂料有3层。

(3)多层和高层建筑的建造成本高,但是装配式钢结构单层厂房和低层装配式钢结构建筑在成本方面有优势,比钢筋混凝土建筑要低。所以,在中国,装配式钢结构是工业厂房的主角;在日本,装配式钢结构是别墅的主角。

但是多层和高层建筑,装配式钢结构与钢筋混凝土结构比较,建造成本要高一些。装配式钢结构在超高层、大跨度公共建筑领域的优势是无可替代的,成本再高也只能用它,别无选择。也有专家做过分析,150 m以上的超高层建筑,钢结构有成本优势。

在多层和高层住宅领域,钢筋与混凝土结构建筑比较,装配式钢结构有成本方面的劣势。大多数情况下,装配式钢结构比钢筋混凝土结构的成本要高一些,主要原因在于其结构材料、围护材料比钢筋混凝土结构要贵一些,人工费、机械费的减少还无法完全抵消其增加的材料成本。大开间、重荷载及高烈度抗震设防地区的建筑,如商场、展览馆、档案馆、体育馆等公共建筑的成本,与钢筋混凝土结构持平。

越来越多的多层和高层建筑采用装配式钢结构,主要原因是虽然装配式钢结构直接造价高,但其结构施工期短、没有湿法作业使设备与内装可在结构施工后立刻展开,总工期大大缩短,可以减少财务费用、提前收益,综合效益可能更具优势。有人认为,不应当形成装配式钢结构建筑成本高的思维定式,而应当具体项目具体分析,进行全面、定量地比较、分析。有钢结构专家乐观地认为,以当前装配式钢结构应用技术的发展进步态势,在良好的设计、施工和管理条件下,多层和高层装配式钢结构建筑的综合造价越来越具有竞争性,就像装配式钢结构工业厂房和低层别墅那样。

(4)高层装配式钢结构住宅舒适度差,高层装配式钢结构属于柔性结构,自振周期较长,易与风荷载波动中的短周期产生共振,因而风荷载对高层建筑有一定的动力作用。

日本早期有装配式钢结构高层住宅,后来因为有住户反映在大风时有晕船的不舒适感,愿意住装配式钢结构住宅的人减少,现在日本用钢筋混凝土高层住宅取代了大多数装配式钢结构高层住宅。美国仍有高层装配式钢结构住宅,但多与钢筋混凝土结构结合。

装配式钢结构高层住宅必须按照规范进行舒适度验算。装配式钢结构高层住宅的舒适度问题可通过在设计中对侧移变形、风振舒适度的严格控制解决。为了满足舒适度与围护结构不损坏等要求,结构设计必须满足规定的顶点位移与层间位移限值要求,此外,应考虑舒适度的要求及避免横向风振的发生,还应验算风荷载作用下的结构顶点加速度与临界风速等。

2.装配式钢结构建筑的局限性

(1)对建设规模依赖度较高,建设规模小,工厂开工不足,很难维持生存;而没有构件工厂,装配式就是空话。前面介绍了日本的装配式钢结构别墅的成功案例,但日本企业在沈阳建设了同样的生产线,却举步维艰。因为中国土地政策对建造别墅有严格的限制,多数地区的农村住宅又用不起装配式。有工厂,没有市场也等于零。

(2)局限于中、高端建筑。装配式钢结构建筑集成化程度高,性价比高,相对成本降低了,但比传统现浇钢筋混凝土结构建筑的成本高,因此,目前来看装配式钢结构比较适合高端建筑,至少是中等水平的建筑。

(3)要求高。装配式钢结构建筑对设计、制造、施工的技术水平及管理水平有更高的要求。

6.2 装配式钢结构建筑的类型与适用范围

6.2.1 装配式钢结构建筑的类型

1.按建筑高度分类

装配式钢结构建筑按建筑高度分类,有单层装配式钢结构工业厂房,低层、多层、高层、超高

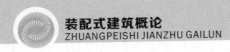

层装配式钢结构建筑。

2. 按结构体系分类

装配式钢结构建筑按结构体系分类,有钢框架结构、钢框架-支撑结构、钢框架-延性墙板结构、交错桁架结构、筒体结构、巨型结构、大跨空间结构、门式刚架结构以及低层冷弯薄壁型钢结构等。

3. 按结构材料分类

装配式钢结构建筑按结构材料分类,有钢结构、钢-混凝土组合结构等。

6.2.2 装配式钢结构建筑的结构体系及适用范围

1. 钢框架结构

钢框架结构是钢梁和钢柱或钢管混凝土柱刚性连接,具有较好的抗剪和抗弯能力的结构。

钢管混凝土柱是指在钢管柱中填充混凝土,钢管与混凝土共同承受荷载作用的构件。刚性连接是指结构受力变形后梁柱夹角不变。钢框架结构采用螺栓连接时,应特别注意刚性连接的实现。

钢框架结构适用的建筑:住宅、医院、商业楼、办公楼、酒店等民用建筑。图 6-2-1 所示为秦皇岛市第一医院综合门诊楼的钢框架结构的现场吊装施工图。

图 6-2-1 秦皇岛市第一医院综合门诊楼钢框架结构的现场吊装施工图

2. 钢框架-支撑结构

钢框架-支撑结构是指由钢框架和钢支撑构件组成,能共同承受竖向、水平作用的结构,钢支撑分中心支撑、偏心支撑和屈曲约束支撑等。

钢框架-支撑结构是在钢框架结构的基础上,通过在部分框架柱之间布置支撑来提高结构承载力及侧向刚度的结构,建筑适用高度比框架结构更高。钢框架-支撑结构适用于高层及超高层办公楼、酒店、商务楼、综合楼等建筑。

1)钢框架-中心支撑结构

在部分框架柱之间布置的支撑构件两端均位于梁柱节点处,或一端位于梁柱节点处,一端与其他支撑杆件相交。中心支撑的特点是支撑杆件的轴线与梁柱节点的轴线相交于一点,形成钢框架-中心支撑结构。中心支撑的形式包括单斜杆支撑、交叉支撑、"人"字形支撑、"V"字形支撑、跨层交叉支撑和带拉链杆支撑等。高层民用建筑钢结构的中心支撑不得采用"K"形斜杆支撑。钢框架-中心支撑结构的适用高度比其他钢框架支撑结构低 $20\sim30$ m。

2)钢框架-偏心支撑结构

支撑杆件的轴线与梁柱的轴线不是相交于一点,而是偏离了一段距离,如图 6-2-2 所示,形成一个先于支撑构件屈服的"耗能梁段"。偏心支撑包括"人"字形偏心支撑、"V"字形偏心支撑、"八"字形偏心支撑和单斜杆偏心支撑等。

3)钢框架-屈曲约束支撑结构

这种结构将支撑杆件设计成约束屈曲消能杆件,如图 6-2-3 所示,以吸收和耗散地震能量,减小地震反应。在部分框架柱之间布置屈曲约束支撑就形成了钢框架-屈曲约束支撑结构。

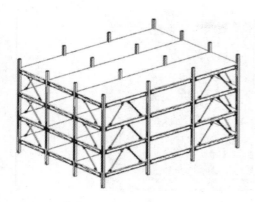

图 6-2-2　钢框架-偏心支撑结构

图 6-2-3　钢框架-屈曲约束支撑结构

3. 钢框架-延性墙板结构

钢框架-延性墙板结构是由钢框架和延性墙板组成,能共同承受竖向、水平作用的结构,如图 6-2-4 所示,延性墙板有带加劲肋的钢板剪力墙、带竖缝的混凝土剪力墙等。

4. 交错桁架结构

交错桁架结构是在建筑物横向的每一个轴线上,平面桁架隔层设置,而在相邻轴线上交错布置的结构,如图 6-2-5 所示。交错桁架结构是麻省理工学院 20 世纪 60 年代中期开发的一种新型结构体系,主要适用于中、高层住宅,旅馆,办公楼等平面为矩形或由矩形组成的钢结构建筑。交错桁架结构由框架柱、平面桁架和楼面板组成,框架柱布置在房屋外围,中间无柱,桁架在两个垂直方向上相邻上下层交错布置。交错桁架结构可获得两倍柱距的大开间,在建筑上便于自由布置,在结构上便于采用小柱距和短跨楼板,减小楼板板厚,由于没有梁,可增大层高。

图 6-2-4　钢框架-延性墙板结构

图 6-2-5　交错桁架结构

5. 筒体结构

筒体结构是指以竖向筒体为主的承受竖向和水平作用的建筑结构。筒体结构包括框筒、筒中筒、桁架筒、束筒结构,主要适用于超高层办公楼、酒店、商务楼、综合楼等建筑。美国的帝国大厦(见图 6-2-6)采用的即是钢结构的筒中筒结构。美国的西尔斯大厦(见图 6-2-7)采用的是钢框架束筒结构,该建筑层数为 110 层,建筑高度为 443 m。

图 6-2-6　美国的帝国大厦

图 6-2-7　美国的西尔斯大厦

6. 巨型结构

巨型结构是指用巨柱、巨梁和巨型支撑等巨型杆件组成空间桁架，相邻立面的支撑交汇在角柱，形成巨型空间桁架的结构。

巨型结构用筒体（实腹筒或桁架筒）做成巨型柱，用高度很大（一层或几层楼高）的箱型构件或桁架做成巨型梁，形成巨型结构。巨型结构按设防烈度从 6 度到 9 度，适用高度从 180 m 到 300 m，主要适用于超高层办公楼、酒店、商务楼、综合楼等建筑。上海金茂大厦（见图 6-2-8）即为巨型结构。

7. 大跨空间结构

横向跨越 60 m 以上空间的各类结构可称为大跨空间结构。常用的大跨空间结构包括壳体结构、网架结构、网壳结构、悬索结构、张弦梁结构等。大跨空间结构建筑适用于机场、博览会、展览中心、体育场馆等大空间民用建筑，如国家体育场（见图 6-2-9）等。

图 6-2-8　上海金茂大厦

图 6-2-9　国家体育场

8. 门式刚架结构

门式刚架结构是指承重采用变截面或等截面实腹刚架的单层房屋结构。

门式刚架结构是采用按构件受力大小而设计变截面的"工"字形梁、柱组成框架在平面内受力，而平面外采用支撑、檩条和墙梁等连接的结构体系，门式钢架结构适用于各种类型的厂房、仓库，超市、批发市场，小型体育馆、训练馆、小型展览馆等建筑。门式刚架结构如图 6-2-10 所示。

9. 低层冷弯薄壁型钢结构

低层冷弯薄壁型钢结构是指以冷弯薄壁型钢为主要支撑构件,不高于3层,沿口高度不大于12 m的低层房屋结构。

低层冷弯薄壁型钢结构采用板件厚度小、板件宽厚比很大的小截面冷弯薄壁型钢构件作为受力构件,利用型钢构件屈曲后的有效截面受压。冷弯薄壁型钢构件在低多层建筑中通常作为钢龙骨使用,按照一定的模数紧密布置,钢龙骨之间设置连接和支撑体系,钢龙骨两侧按照结构板材、保温层、隔热层、装饰层等功能层形成墙体和楼板。低层冷弯薄壁型钢结构适用于低层住宅、别墅、普通公用建筑等。采用低层冷弯薄壁型钢结构的别墅如图6-2-11所示。

图 6-2-10　门式刚架结构

图 6-2-11　采用低层冷弯薄壁型钢结构的别墅

6.3　装配式钢结构建筑的设计要点

6.3.1　建筑设计要点

装配式钢结构建筑的建筑设计要点包括以下几个方面。

1. 集成化设计

通过方案比较,做出集成化安排,确定预制部品、部件的范围,进行设计或选型,做好集成式部品、部件的接口或连接设计。

2. 协同设计

由设计负责人组织设计团队进行统筹设计,在建筑、结构、装修、给水排水、暖通空调、电气、智能化、燃气等专业之间进行协同设计。按照国家标准的规定,装配式建筑应进行全装修,装修设计应当与其他专业同期设计并做好协同。设计过程需要与钢结构构件制作厂家,其他部品、部件制作厂家,工程施工企业进行互动和协同。

3. 模数协调

装配式钢结构设计的模数协调包括确定建筑开间、进深、层高、洞口等的优先尺寸,确定水平和竖向模数与扩大模数,确定公差,按照确定的模数进行布置与设计。

4. 标准化设计

对进行具体工程设计的设计师而言,标准化设计主要是选用现成的标准图,标准节点和标准部品、部件。

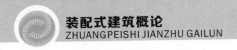

5.建筑性能设计

建筑性能包括适用性能、安全性能、环境性能、经济性能、耐久性能等。对钢结构建筑而言，重要的建筑性能包括防火、防锈蚀、隔声、保温、防渗漏、楼盖舒适度等。装配式钢结构建筑的建筑性能设计依据与普通钢结构建筑一样，在具体设计方面，需要考虑装配式建筑集成部品、部件及其连接节点与接口的特点与要求。

6.外围护系统设计

外围护系统设计是装配式钢结构建筑的建筑设计的重点环节。早期的钢结构住宅的外围护系统采用砌块或其他湿法作业方式，不能满足装配式建筑的要求，同时还因构造处理不当存在较多问题。外围护系统的确定特别需要在方案比较阶段进行综合考虑。

7.其他建筑构造设计

装配式钢结构建筑，特别是住宅建筑的装修构造设计对使用功能、舒适度、美观度、施工效率和成本影响较大，一些住户对个别钢结构住宅的不满也往往是由于一些细部构造不当造成的。例如，钢结构隔声问题，柱、梁构件的空腔需通过填充、包裹与装修等措施阻断声桥；隔墙开裂问题，隔墙与主体结构宜采用脱开(柔性)的连接方法等。因此，装配式钢结构建筑，特别是住宅建筑的建筑设计与内装设计，需要认真考虑上述问题。

8.选用绿色建材

装配式建筑应选用绿色建材和绿色建材制作的部品、部件。

6.3.2 结构设计要点

1.钢材选用

装配式钢结构建筑的钢材选用与普通钢结构建筑相同，《钢结构设计标准》(GB 50017—2017)、《高层民用建筑钢结构技术规程》(JGJ 99—2015)等都有详细规定，在结构设计材料选用时需特别注意以下两方面。

(1) 多层和高层建筑的梁、柱、支撑宜选用能高效利用截面刚度、代替焊接截面的各类高效率结构型钢(冷弯或热轧的各类型钢)，如冷弯矩型钢管、热轧 H 型钢等。

(2) 低层装配式建筑型钢采用冷弯薄壁型钢等。

2.结构体系

装配式钢结构建筑可根据建筑功能、建筑高度、抗震设防烈度等，选择钢框架结构、钢框架-支撑结构、钢框架-延性墙板结构、筒体结构、巨型结构、交错桁架结构、门式刚架结构、低层冷弯薄壁型钢结构等结构体系，且应符合下列规定：

(1) 应具有明确的计算简图和合理的传力路径；

(2) 应具有适宜的承载能力、刚度及耗能能力；

(3) 应避免因部分结构或构件的破坏而导致整体结构丧失承受重力荷载、风荷载及地震作用；

(4) 薄弱部位应采取有效的加固措施。

3.结构布置

装配式钢结构建筑的结构布置应符合下列规定：

（1）结构平面布置宜规则、对称；

（2）结构竖向布置宜保证刚度、质量变化均匀；

（3）结构布置应考虑温度作用、地震作用或不均匀沉降等效应的不利影响，当设置伸缩缝、防震缝或沉降缝时，应满足相应的功能要求。

4. 适用的最大高度

《装配式钢结构建筑技术标准》(GB/T 51232—2016)给出了装配式钢结构建筑适用的最大高度，如表6-3-1所示。该表与《建筑抗震设计规范》(GB 50011—2010)和《高层民用建筑钢结构技术规程》(JGJ 99—2015)的规定相比，多出了交错桁架结构适用的最大高度，其他结构体系适用的最大高度与上述规范（规程）相同。

表 6-3-1　装配式钢结构建筑适用的最大高度（单位：米）

结构体系	6 度 (0.05g)	7 度		8 度		9 度 (0.4g)
		(0.1g)	(0.15g)	(0.2g)	(0.3g)	
钢框架结构	110	110	90	90	70	50
钢框架-中心支撑结构	220	220	240	180	150	120
钢框架-偏心支撑结构 钢框架-屈曲约束支撑结构 钢框架-延性墙板结构	240	240	220	200	180	160
筒体（框筒、筒中筒、桁架筒、束筒）结构、巨型结构	300	300	280	260	240	180
交错桁架结构	90	60	60	40	40	—

注：1. 房屋高度指室外地面到主要屋面板板顶的高度（不包括局部凸出屋顶部分）。

2. 超过表内高度的房屋，应进行专门研究和论证，采取有效的加固措施。

3. 表中 g 指重力加速度。

4. 交错桁架结构不得用于 9 度抗震设防烈度区。

5. 柱可采用钢柱或钢管混凝土柱。

6. 特殊设防类，6、7、8 度时宜按本地区抗震设防烈度提高一度后符合本表要求，9 度时应做专门研究。

5. 高宽比

装配式钢结构建筑的高宽比与普通钢结构建筑一样，如表 6-3-2 所示。

表 6-3-2　装配式钢结构建筑适用的最大高宽比

抗震设防烈度	6 度	7 度	8 度	9 度
高宽比	6.5	6.5	6.0	5.5

注：1. 计算高宽比的高度从室外地面算起。

2. 当塔形建筑底部有大底盘时，计算高宽比的高度从大底盘的顶部算起。

6. 层间位移角

《装配式钢结构建筑技术标准》(GB/T 51232—2016)规定：在风荷载或多遇地震标准值作用下，弹性层间位移角不宜大于 1/250，采用钢管混凝土柱时不宜大于 1/300。装配式钢结构住宅在风荷载标准值作用下的弹性层间位移角尚不应大于 1/300，屋顶水平位移与建筑高度之比不宜大于 1/450。

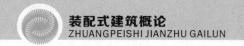

7. 风振舒适度验算

关于风振舒适度验算,《装配式钢结构建筑技术标准》(GB/T 51232—2016)规定:高度不小于 80 m 的装配式钢结构住宅以及高度不小于 150 m 的其他装配式钢结构建筑应进行风振舒适度验算。结构顶部的顺风向和横风向风振加速度极限值如表 6-3-3 所示。《装配式钢结构建筑技术标准》(GB/T 51232—2016)关于计算舒适度时的结构阻尼比取值的规定:房屋高度为 80～100 m 的钢结构阻尼比取 0.015;房屋高度大于 100 m 的钢结构阻尼比取 0.01。

表 6-3-3 结构顶部的顺风向和横风向风振加速度极限值

使用功能	A_{lim}
住宅、公寓	0.20 m/s²
办公、旅馆	0.28 m/s²

6.3.3 钢框架结构设计

(1) 钢框架结构设计应符合国家现行有关标准的规定,高层装配式钢结构建筑的钢框架结构设计应符合现行行业标准《高层民用建筑钢结构技术规程》(JGJ 99—2015)的规定。

(2) 梁柱连接可采用带悬臂梁端、翼缘焊接腹板栓接或全焊连接形式,如图 6-3-1 至图 6-3-4 所示。

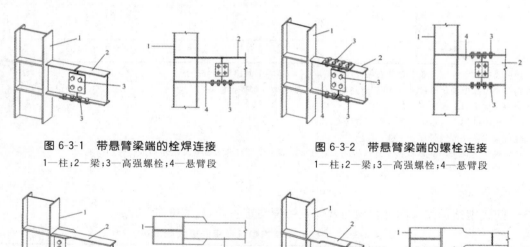

图 6-3-1 带悬臂梁端的栓焊连接
1—柱;2—梁;3—高强螺栓;4—悬臂段

图 6-3-2 带悬臂梁端的螺栓连接
1—柱;2—梁;3—高强螺栓;4—悬臂段

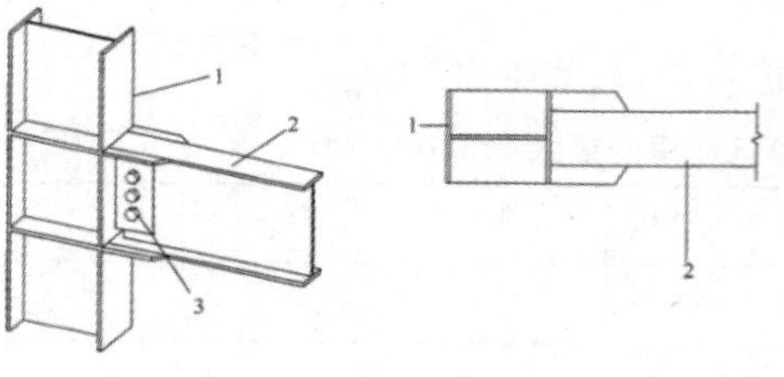

图 6-3-3 梁翼缘局部加宽式连接
1—柱;2—梁;3—高强螺栓

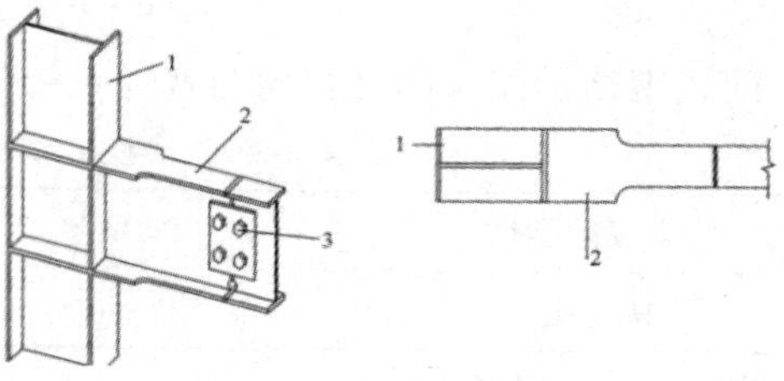

图 6-3-4 梁翼缘扩翼式连接
1—柱;2—梁;3—高强螺栓

抗震等级为一、二级时梁与柱的连接宜采用加强型连接,如图 6-3-3 和图 6-3-4 所示。当有可靠依据时,也可采用端板螺栓连接的形式,如图 6-3-5 所示。

(3) 钢柱的拼接可采用焊接或螺栓连接的形式,如图 6-3-6 和图 6-3-7 所示。

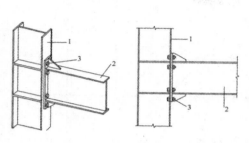

图 6-3-5　外伸式端板螺栓连接

1—柱；2—梁；3—高强螺栓

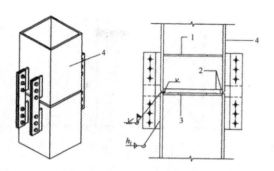

图 6-3-6　箱型柱的焊接拼接连接

1—上柱隔板；2—焊接衬板；3—下柱顶端隔板；4—柱

（4）在有可能出现塑性铰处，梁的上、下翼缘均应设置侧向支撑（见图 6-3-8），当钢梁上铺设装配整体式或整体式楼板且可靠连接时，上翼缘可不设侧向支撑。

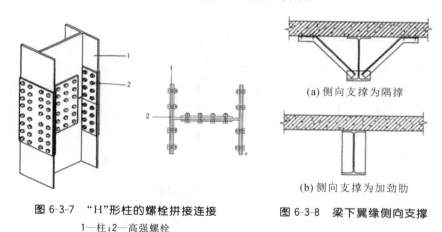

图 6-3-7　"H"形柱的螺栓拼接连接

1—柱；2—高强螺栓

(a) 侧向支撑为隅撑

(b) 侧向支撑为加劲肋

图 6-3-8　梁下翼缘侧向支撑

（5）框架柱截面可采用异形组合截面，常见的异形组合截面如图 6-3-9 所示。

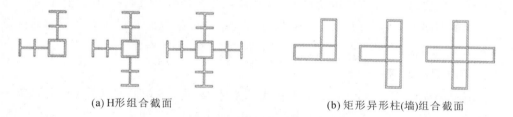

(a) H形组合截面　　　　　　　　(b) 矩形异形柱(墙)组合截面

图 6-3-9　常见的异形组合截面

6.3.4　钢框架-支撑结构设计

1. 中心支撑

钢结构的中心支撑包括十字交叉斜杆支撑、单斜杆支撑、"人"字形斜杆支撑和"K"形斜杆支撑等，如图 6-3-10 所示。

高层民用钢结构的中心支撑宜采用十字交叉斜杆支撑、单斜杆支撑、"人"字形斜杆支撑或"V"形斜杆支撑；不得采用"K"形斜杆支撑。中心支撑斜杆的轴线应交汇于框架梁柱的轴线。

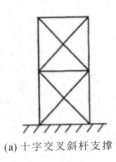 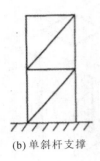 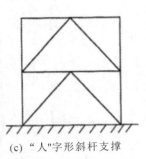 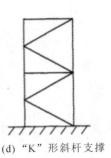

(a) 十字交叉斜杆支撑　　(b) 单斜杆支撑　　(c) "人"字形斜杆支撑　　(d) "K"形斜杆支撑

图 6-3-10　钢结构的中心支撑

2. 偏心支撑

偏心支撑中的支撑斜杆,应至少有一端与梁连接,并在支撑与梁交点和柱之间,或支撑同一跨内的另一支撑与梁交点之间形成消能梁段,如图 6-3-11 所示。

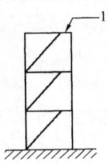 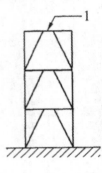 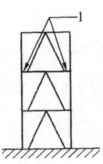

图 6-3-11　偏心支撑立面图

1—消能梁端

3. 拉杆设计

抗震等级为四级时,支撑可采用拉杆设计,其长细比不应大于 180;拉杆设计的支撑同时设不同倾斜方向的两组单斜杆,且每层不同倾斜方向的单斜杆的截面面积在水平方向的投影面积之差不得大于 10%。

4. 支撑与框架的连接

当支撑翼缘朝向框架平面外,且采取支托式连接时,支撑与框架的连接的平面外计算长度可为轴线长度的 0.7 倍,如图 6-3-12(a)和图 6-3-12(b)所示;当支撑腹杆位于框架平面内时,支撑与框架的连接的平面外计算长度可为轴线长度的 0.9 倍,如图 6-3-12(c)和图 6-3-12(d)所示。

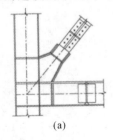 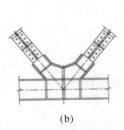 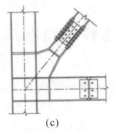 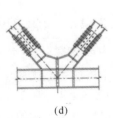

(a)　　　　　(b)　　　　　(c)　　　　　(d)

图 6-3-12　支撑与框架的连接

5.节点板连接

当支撑采用节点板进行连接（见图 6-3-13）时，在支撑端部与节点板约束点连线之间应留有 2 倍节点板厚的间隙，节点板约束点连线应与支撑杆轴线垂直，且应进行支撑与节点板间的连接强度验算、节点板自身的强度和稳定性验算、连接板与梁柱间焊缝的强度验算。

图 6-3-13　组合支撑杆件端部与单壁节点板的连接

6.3.5　钢框架-延性墙板结构设计

钢板剪力墙包含非加劲钢板剪力墙（见图 6-3-14）、加劲钢板剪力墙（见图 6-3-15）、防屈曲钢板剪力墙、钢板组合剪力墙（见图 6-3-16）及开缝钢板剪力墙等类型。

当采用钢板剪力墙时，应计竖向荷载对钢板剪力墙性能的不利影响；当采用竖缝钢板剪力墙且房屋层数不超过 18 层时，可不计竖向荷载对竖缝钢板剪力墙性能的不利影响。

图 6-3-14　非加劲钢板剪力墙

图 6-3-15　加劲钢板剪力墙

图 6-3-16　钢板组合剪力墙

6.3.6　交错桁架结构设计

交错桁架结构设计应符合下列规定。

（1）当横向框架为奇数榀时，应控制层间刚度比；当横向框架为偶数榀时，应控制水平荷载作用下的偏心影响。

（2）交错桁架可采用混合桁架和空腹桁架两种形式，如图 6-3-17 所示，设置走廊处可不设斜杆。

（3）当底层局部无落地桁架时，应在底层对应轴线及相邻两侧设置横向支撑（见图 6-3-18），横向支撑不宜承受竖向荷载。

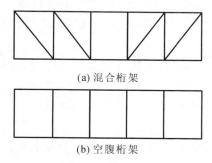

(a) 混合桁架

(b) 空腹桁架

图 6-3-17　交错桁架示意图

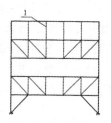

(a) 第二层设桁架时支撑做法

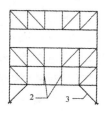

(b) 第三层设桁架时支撑做法

图 6-3-18　支撑、吊杆、立柱示意图

1—顶层立柱；2—二层吊杆；3—横向支撑

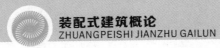

（4）交错桁架的纵向可采用钢框架结构、钢框架-支撑结构、钢框架-延性墙板结构或其他可靠的结构形式。

6.3.7　构件连接设计

装配式钢结构由各构件通过安装连接架构成整个结构。因此，连接在钢结构中处于重要的枢纽地位。在进行连接的设计时，必须遵循安全可靠、传力明确、构造简单、制造方便和节约钢材的原则。装配式钢结构的连接方法可分为焊接连接、铆钉连接、螺栓连接和轻型钢结构的紧固件连接等。

1.焊接连接

焊接连接是现代钢结构最主要的连接方法。其优点：构造简单，任何形式的构件都可直接相连；用料经济，不削弱截面；制作加工方便，可实现自动化操作；连接的密闭性好，结构刚度大。其缺点：在焊缝附近的热影响区内，钢材的金相组织发生改变，导致局部材质变脆；焊接残余应力和残余变形使受压构件承载力降低；焊接结构对裂纹很敏感，局部裂纹一旦发生，就容易扩展到整体，低温冷脆问题较为突出。

焊缝连接形式按被连接钢材的相互位置可分为对接、搭接、"T"形连接和角部连接四种（见图6-3-19）。这些连接所采用的焊缝主要有对接焊缝和角焊缝。

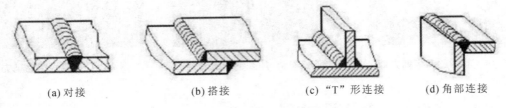

(a) 对接　　　　　(b) 搭接　　　　　(c) "T"形连接　　　　(d) 角部连接

图 6-3-19　焊缝连接形式

对接主要用于厚度相同或接近的两构件的相互连接。图6-3-19（a）所示为采用对接焊缝的对接，由于相互连接的两构件在同一平面内，因此传力均匀平缓，没有明显的应力集中，且用料经济，但是焊件边缘需要加工，被连接两板的间隙和坡口尺寸有严格的要求。

图6-3-19（b）所示为采用双层盖板和角焊缝的搭接，这种连接传力不均匀、费料，但施工简便，所连接两板的间隙大小无须严格控制。

图6-3-19（c）所示为"T"形连接。"T"形连接省工、省料，常用于制作组合截面。当采用角焊缝连接时，焊件间存在缝隙，截面突变，应力集中现象严重，疲劳强度较低，可用于不直接承受动力荷载结构的连接。对于直接承受动荷载的结构，如重级工作制吊车梁，其上翼缘与腹板的连接，应采用焊透的"T"形对接与角接组合焊缝进行连接。

图6-3-19（d）所示为采用角焊缝的角部连接，特别适用于不同厚度构件的连接，传力不均匀，材料较费，但构造简单，施工方便，目前还广泛应用。

用于装配式钢结构连接的焊接方法主要有手工电弧焊、埋弧焊、气体保护焊和电阻焊。

1）手工电弧焊

手工电弧焊是最常用的一种焊接方法。通电后，在涂有药皮的焊条和焊件间产生电弧。电弧提供热源，使焊条中的焊丝熔化，滴落在焊件上被电弧吹成的小凹槽熔池中。电焊条药皮形成的熔渣和气体覆盖着熔池，防止空气中的氧、氮等气体与熔化的液体金属接触，避免形成脆性易裂的化合物。焊缝金属冷却后把被连接件连成一体。手工电弧焊的设备简单,操作灵活方便,适于任意空间位置的焊接,特别适合焊接短焊缝,如图 6-3-20 所示。

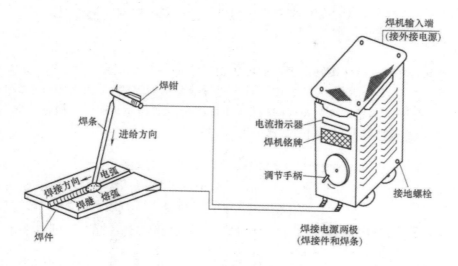

图 6-3-20　手工电弧焊示意图

2）埋弧焊

埋弧焊是电弧在焊剂层下燃烧的一种电弧焊方法。焊丝送进和焊接方向的移动都有专门机构控制的焊接方法称为埋弧自动电弧焊;焊丝送进有专门机构控制,而焊接方向的移动靠工人操作的焊接方法称为埋弧半自动电弧焊。电弧焊的焊丝不涂药皮,但施焊端靠由焊剂漏头自动流下的颗粒状焊剂所覆盖,电弧完全被埋在焊剂之内,电弧热量集中,熔深大,适于厚板的焊接,具有很高的生产率。由于采用了自动或半自动化操作,焊接时的工艺条件稳定,焊缝的化学成分均匀,故焊成的焊缝质量好,焊件变形小,如图 6-3-21 所示。

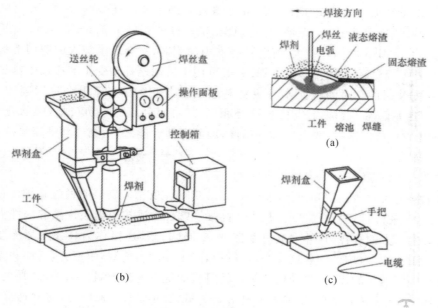

图 6-3-21　埋弧焊示意图

3）气体保护焊

气体保护焊是利用二氧化碳气体或其他惰性气体作为保护介质的一种电弧熔焊方法。它直接依靠保护气体在电弧周围形成局部的保护层，以防止有害气体的侵入并保证了焊接过程的稳定性，如图 6-3-22 所示。

4）电阻焊

电阻焊利用电流通过焊件接触点表面的电阻所产生的热量来熔化金属，再通过压力使其焊合，适用于板叠厚度不大于 12 mm 的焊接。对冷弯薄壁型钢的焊接，常用电阻焊（见图 6-3-23），电阻焊可用来缀合壁厚不超过 3.5 mm 的构件，如将两个冷弯槽钢或"C"形钢组合成"I"形截面构件等，焊点应主要承受剪力，其抗拉（撕裂）能力较差。

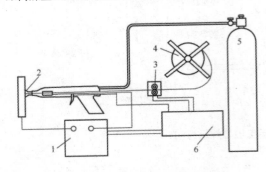

图 6-3-22　气体保护焊示意图

1—焊接电源；2—保护气体；3—送丝轮；
4—送丝系统；5—气源；6—控制系统

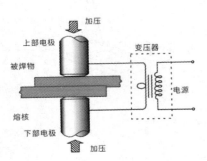

图 6-3-23　电阻焊示意图

2. 螺栓连接

螺栓连接分普通螺栓连接和高强度螺栓连接两种。

1）普通螺栓连接

C 级螺栓由未经加工的圆钢压制而成，由于螺栓表面粗糙，一般采用在单个零件上一次冲成或不用钻模钻成的孔（Ⅱ类孔）。螺栓孔的直径比螺栓杆的直径大 1.5～3 mm。采用 C 级螺栓的连接，由于螺杆与栓孔之间有较大的间隙，受剪力作用时，将会产生较大的剪切滑移，连接的变形大，但安装方便，且能有效地传递拉力，故一般可用于沿螺栓杆轴受拉的连接中，以及次要结构的抗剪连接或安装时的临时固定。A、B 级精制螺栓是由毛坯在车床上经过切削加工精制而成的，表面光滑，尺寸准确，螺杆直径与螺栓孔径相同，螺杆直径仅允许负公差，螺栓孔直径仅允许正公差，对成孔质量要求高；由于有较高的精度，因而受剪性能好；但制作和安装复杂，价格较高，已很少在钢结构中使用。

2）高强度螺栓连接

高强度螺栓分大六角头型和扭剪型两种，如图 6-3-24 所示。安装时通过特别的扳手，以较大的扭矩扭紧螺帽，使螺杆产生很大的预拉力。高强度螺栓的预拉力把被连接的部件夹紧，使部件的接触面间产生很大的摩擦力，外力通过摩擦力来传递，这种连接称为高强度螺栓摩擦型连接，它的优点是施工方便，对构件的削弱较小，可拆换，能承受动力荷载，耐疲劳，韧性和塑性好，包含了普通螺栓和铆钉连接的优点，目前已成为代替铆接的优良连接形式。另外，高强度螺栓也可同普通螺栓一样，允许接触面滑移，依靠螺栓杆和螺栓孔之间的承压来传力，这种连接称为高强度螺栓承压型连接。

摩擦型连接的栓孔直径比螺杆的公称直径 d 大 $1.5\sim2.0$ mm；承压型连接的栓孔直径比螺杆的公称直径 d 大 $1.0\sim1.5$ mm。摩擦型连接的剪切变形小，弹性性能好，特别适用于承受动荷载的结构。承压型连接的承载力高于摩擦型，连接紧凑，但剪切变形大，不得用于承受动力荷载的结构。

(a) 大六角头型   (b) 扭剪型

图 6-3-24　高强度螺栓

3. 铆钉连接

铆钉连接有热铆和冷铆两种方法。热铆由烧红的钉坯插入构件的钉孔中，用铆钉枪或压铆机铆合而成。冷铆在常温下铆合而成。在建筑结构中一般采用热铆。

铆钉的材料应有良好的塑性，通常采用专用钢材 BL2 和 BL3 号钢制成。

铆钉连接的质量和受力性能与钉孔的制法有很大关系。钉孔的制法分为 Ⅰ、Ⅱ 两类。Ⅰ 类孔用钻模钻成，或先冲成较小的孔，装配时再扩钻而成，质量较好。Ⅱ 类孔冲成或不用钻模钻成，虽然制法简单，但构件拼装时钉孔不易对齐，故质量较差。重要的结构应该采用 Ⅰ 类孔。铆钉打好后，钉杆由高温逐渐冷却而发生收缩，但被钉头之间的钢板阻止，所以钉杆中产生了收缩拉应力，对钢板则产生压缩系紧力，这种系紧力使连接十分紧密。当构件受剪力作用时，钢板接触面上产生很大的摩擦力，因而能大大提高连接的工作性能。铆钉连接由于构造复杂，费钢、费工，现已很少采用。但是铆钉连接的塑性和韧性较好，传力可靠，质量易于检查，在一些重型和直接承受动力荷载的结构中，有时仍然采用。

4. 轻钢结构的紧固件连接

在冷弯薄壁型钢结构中经常采用自攻螺钉、钢拉铆钉、射钉等轻钢结构的紧固件连接（见图 6-3-25），主要用于压型钢板之间和压型钢板与冷弯型钢等支承构件之间的连接。

自攻螺钉有两种类型：一种是一般的自攻螺钉，需先在被连板件和构件上钻一定大小的孔，再用电动扳子或扭力扳子将其拧入连接板的孔；另一种是自钻自攻螺钉，无须预先钻孔，可直接用电动扳子自行钻孔和攻入被连板件。两者的区别如下：一般的自攻螺钉一般是尖头的、粗牙的、质地较硬的，有一定的锥度，这样才能靠其自身的螺纹，将被固定体"钻、挤、压、攻"出相应的螺纹，使之相互紧密配合；自钻自攻螺钉的头部有一个可以钻孔的钻头，使用时无须辅助加工，可直接在材料上钻孔、攻丝、锁紧，可大大节约安装的时间。钻尾螺钉主要用于钢结构的彩钢瓦固定、薄板材固定等。

　　拉铆钉有铝材制作的和钢材制作的二类,为防止电化学反应,轻钢结构均采用钢制拉铆钉。

　　射钉由带有锥杆和固定帽的杆身与下部活动帽组成,靠射钉枪的动力将射钉穿过被连板件打入母材基体中。射钉只用于薄板与支承构件(如檩条、墙梁等)的连接。

(a) 自攻螺钉　　　　　(b) 自钻自攻螺钉　　　　(c) 钢拉铆钉　　　　(d) 射钉

图 6-3-25　轻钢结构的紧固件连接

5. 其他连接要求

　　装配式钢结构建筑构件之间的连接应符合下列规定。

　　(1) 抗震设计时,连接设计应符合构造要求,并应按弹塑性设计,连接的极限承载力应大于构件的全塑性承载力。

　　(2) 装配式钢结构建筑构件的节点连接宜采用螺栓连接,也可采用焊接,如图 6-3-26(a) 和图 6-3-26(b) 所示。

　　(3) 有可靠依据时,梁柱可采用全螺栓的半刚性连接,如图 6-3-26(c) 所示,此时结构计算应计节点转动对刚度的影响。

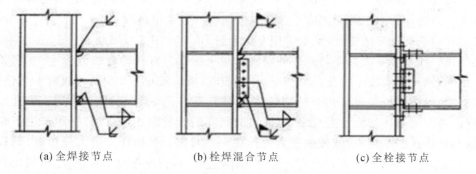

(a) 全焊接节点　　　　　(b) 栓焊混合节点　　　　(c) 全栓接节点

图 6-3-26　装配式钢结构建筑的节点连接

6.3.8　楼板设计

　　装配式钢结构建筑的楼板应符合下列规定。

　　(1) 楼板可选用工业化程度高的压型钢板组合楼板、钢筋桁架楼承板组合楼板、预制混凝土叠合楼板及预制预应力空心楼板等。

　　(2) 楼板应与主体结构可靠连接,保证楼盖的整体牢固性。

　　(3) 抗震设防烈度为 6、7 度且房屋高度不超过 50 m 时,可采用装配式楼板(全预制楼板)或其他轻型楼盖,但应采取下列措施之一保证楼板的整体性:

　　① 设置水平支撑;

　　② 采取有效措施保证预制板之间的可靠连接。

　　(4) 装配式钢结构建筑可采用装配整体式楼板(叠合楼板),但应适当降低建筑的最大适用高度。

（5）楼盖舒适度应符合现行行业标准《高层民用建筑钢结构技术规程》(JGJ 99—2015)的规定。

6.3.9 楼梯设计

装配式钢结构建筑的楼梯应符合下列规定。

（1）楼梯宜采用装配式混凝土楼梯或钢楼梯。

（2）楼梯与主体结构连接时宜采用不传递水平作用的连接形式。

6.3.10 地下室和基础设计

地下室和基础应符合下列规定。

（1）当建筑高度超过 50 m 时，宜设置地下室；当采用天然地基时，其基础埋置深度不宜小于房屋总高度的 1/15；当采用桩基时，桩承台埋深不宜小于房屋总高度的 1/20。

（2）设置地下室时，竖向连续布置的支撑、延性墙板等抗侧力构件应延伸至基础。

（3）当地下室不少于两层，且嵌固端在地下室顶板时，延伸至地下室底板的钢柱脚可采用铰接或刚接。

6.3.11 结构防火设计

钢结构构件防火主要有两种方式：涂防火涂料和用防火材料干法被覆。目前国内钢结构建筑应用最多的是涂防火涂料。装配式钢结构建筑提倡干法施工，干法被覆方式或是发展方向。日本目前钢结构建筑约有 30% 采用干法被覆防火，其中硅酸钙板约占 40%。硅酸钙板防火被覆可以做成装饰一体板。钢结构防火也可以从钢材本身出发，即研发并应用耐火钢。

6.4 装配式钢结构构件的生产、运输与堆放 ··············

6.4.1 装配式钢结构构件的生产

1.放样、号料

1) 放样

放样是钢结构制作工艺中的第一道工序，其工作的准确与否将直接影响整个产品的质量，至关重要。为了提高放样和号料的精度和效率，有条件时，应采用计算机辅助设计。放样工作包括核对图纸的安装尺寸和孔距；以 1∶1 的大样放出节点，根据设计图确定各构件的实际尺寸，放样工作完成后，对所放大样和样板进行检验；制作样板和样杆作为下料、弯制、铣、刨、制孔等加工的依据。放样时，铣、刨的工件要所有加工边均考虑加工余量，焊接构件要按工艺要求留出焊接收缩量。

2) 号料

号料(也称画线)，即利用样板、样杆或根据图纸，在板料及型钢上画出孔的位置和零件的加工界线。号料的一般工作内容包括检查核对材料；在材料上画出切割、铣、刨、弯制、制孔等加工位置，打冲孔，标注出零件的编号等，如图 6-4-1 所示。

图 6-4-1　号料示意图

2. 切割

切割的目的就是将放样和号料的零件从原材料上进行下料分离。钢材的切割可以通过切削、冲剪、摩擦机械力和热切割来实现。常用的切割方法有机械切割法、气割法和等离子切割法三种方法。

1）机械切割法

机械切割法可利用上、下两剪刀的相对运动来切断钢材，或利用锯片的切削运动把钢材分离，或利用锯片与工件间的摩擦发热使金属熔化而被切断。常用的切割机械有剪板机、联合冲剪机、弓锯床、砂轮切割机等。其中剪切法速度快、效率高，但切口略粗糙；锯割可以切割角钢、圆钢和各类型钢，切割速度和精度都较好。机械切割的零件，其钢板厚度不宜大于 12 mm，剪切面应平整。机械切割机如图 6-4-2 所示。

2）气割法

气割法利用氧气与可燃气体混合产生的预热火焰加热金属表面，使其达到燃烧温度并使金属发生剧烈的氧化，放出大量的热促使下层金属也自行燃烧，同时通以高压氧气射流，将氧化物吹除而产生一条狭小而整齐的割缝。随着割缝的移动，切割过程连续切割出所需的形状。除手工切割外常用的机械有火车式半自动气割机、特型气割机等。这种切割方法设备简单、费用低廉、精度高，是目前使用最广泛的切割方法，能够切割各种厚度的钢材，特别是带曲线的零件或厚钢板。气割前，应将钢材切割区域表面的铁锈、污物等清除干净，气割后，应清除熔渣和飞溅物，如图 6-4-3 所示。

图 6-4-2　机械切割机

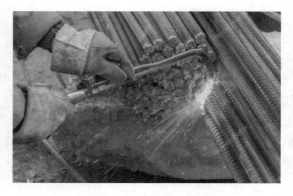

图 6-4-3　气割法示意图

3）等离子切割法

等离子切割法利用高温、高速的等离子焰流将切口处的金属及其氧化物熔化并吹掉来完成切割，所以能切割任何金属，特别是熔点较高的不锈钢及有色金属铝、铜等，如图 6-4-4 所示。

图 6-4-4　等离子切割法

3. 矫正、成型

（1）碳素结构钢在环境温度低于 −16 ℃、低合金结构钢在环境温度低于 −12 ℃时，不应进行冷矫正和冷弯曲。碳素结构钢和低合金结构钢在加热矫正时，加热温度不应超过 900 ℃。低合金结构钢在加热矫正后应自然冷却。

（2）当零件采用热加工成型时，加热温度应控制在 900～1000 ℃；碳素结构钢和低合金结构钢应在温度下降到 700～800 ℃之前结束加工。

（3）矫正后的钢材表面，不应有明显的凹面或损伤，划痕深度不得大于 0.5 mm，且不应大于该钢材厚度负允许偏差的 1/2。

4. 边缘加工、制孔

1）边缘加工

在钢结构加工中一般需要边缘加工，除图纸要求外，在梁翼缘板、支座支承面、焊接坡口及尺寸要求严格的加劲板、隔板、腹板和有孔眼的节点板等部位应进行边缘加工。常用的边缘加工方法主要有铲边、刨边、铣边、碳弧气刨、气割和坡口机加工等。

在焊接工件中，为了保证焊接度，普通情况下用机加工方法加工出的型面称为坡口，要求不高时也可以气割（如果是一类焊缝，需超声波探伤的，则只能用机加工方法），但需清除氧化物渣。根据需要，坡口有"K"形坡口、"V"形坡口、"U"形坡口等，如图 6-4-5 至图 6-4-8 所示，大多要求保留一定的钝边。

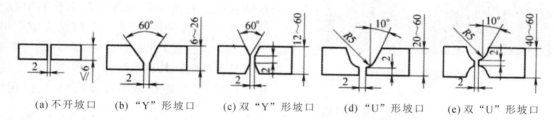

(a) 不开坡口　　(b) "Y"形坡口　　(c) 双"Y"形坡口　　(d) "U"形坡口　　(e) 双"U"形坡口

图 6-4-5　构件对接连接示意图

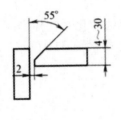
(a) 单边"V"形坡口

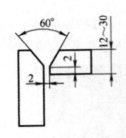
(b)"Y"形坡口

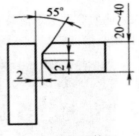
(c)"K"形坡口

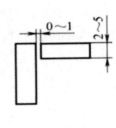
(d) 不开坡口

图 6-4-6　构件角部连接示意图

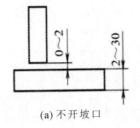
(a) 不开坡口

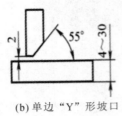
(b) 单边"Y"形坡口

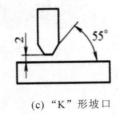
(c)"K"形坡口

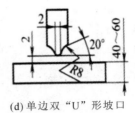
(d) 单边双"U"形坡口

图 6-4-7　构件"T"形连接示意图

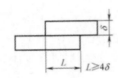
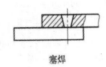
塞焊

图 6-4-8　构件搭接连接示意图

2）制孔

钢结构制孔中的孔包括铆钉孔、普通螺栓连接孔、高强度螺栓孔、地脚螺栓孔等,制孔方法通常有钻孔和冲孔两种。

图 6-4-9　钻孔示意图

（1）钻孔是钢结构制造中普遍采用的方法,能用于几乎任何规格的钢板、型钢的孔的加工,如图 6-4-9 所示。

钻孔的加工方法分为画线钻孔、钻模钻孔和数控钻孔。

画线钻孔在钻孔前先在构件上画出孔的中心和直径,并在孔中心打样冲眼,作为钻孔时钻头定心用;在孔的圆周上（90°位置）打四只冲眼,作钻孔后检查用。画线工具一般为划针和钢尺。

当钻孔批量大、孔距精度要求较高时,应采用钻模钻孔。钻模有通用型、组合式和专用钻模。

数控钻孔是近年来发展的新技术,它无须在工件上画线,打样冲眼。数控钻孔加工过程自动化,高速数控定位、钻头行程数字控制。数控钻孔钻孔效率高、精度高,是今后钢结构加工的发展

224

方向。

（2）冲孔在冲孔机（冲床）上进行，一般适用于非圆孔，也可用于在较薄的钢板和型钢上冲孔，单孔径一般不小于钢材的厚度，此外，还可用于不重要的节点板、垫板和角钢拉撑等小件加工。冲孔生产效率较高，但由于孔的周围产生冷作硬化，孔壁质量较差，有孔口下塌、孔的下方增大的倾向，所以，一般用于对质量要求不高的孔以及预制孔（非成品孔），在钢结构主构件中较少直接采用，如图 6-4-10 所示。

图 6-4-10　冲孔示意图

5. 组装

钢结构的组装方法包括地样法、仿形复制装配法、立装法、卧装法、胎模装配法。

（1）地样法：用 1∶1 的比例在装配平台上放出构件实样，然后根据零件在实样上的位置，分别组装起来成为构件。此装配方法适用于桁架、构架等小批量结构的组装。

（2）仿形复制装配法：先用地样法组装成单面（单片）的结构，然后定位点焊牢固，将其翻身，作为复制胎模，在其上面装配另一单面结构，往返两次组装。此装配方法适用于横断面对称的桁架结构。

（3）立装法：根据构件的特点及其零件的稳定位置，选择自上而下或自下而上的顺序装配。此装配方法适用于放置平稳、高度不大的结构或者大直径的圆筒。

（4）卧装法：将构件放置于卧的位置进行的装配。此装配方法适用于断面不大，但长度较大的细长构件。

（5）胎模装配法：将构件的零件用胎模固定在其装配位置上的组装方法。此装配方法适用于制造构件批量大、精度高的产品。

组装必须按工艺要求的次序进行，当有隐蔽焊缝时，必须先施焊，经检验合格方可覆盖。为减少变形，尽量采用小件组焊，经矫正后再大件组装。钢结构构件组装的允许偏差应符合《钢结构工程施工质量验收标准》（GB 50205—2020）中的有关规定。

6. 焊接

焊接方法种类很多，按其工艺过程的特点分为熔焊（包括电弧焊、气焊、电渣焊、铝热焊、激光焊和电子束焊）、压焊（包括锻焊、摩擦焊、电阻焊、超声波焊、扩散焊、高频焊、气压焊、冷压焊和爆炸焊）及钎焊（火焰钎焊、烙铁钎焊、感应钎焊、电阻钎焊、盐浴钎焊、炉中钎焊）三大类。

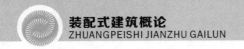

7. 摩擦面处理

当采用高强度螺栓连接时,应对构件的摩擦面进行加工处理。处理后的抗滑移系数应符合设计要求。高强度螺栓连接摩擦面的加工,可采用喷砂(丸)法、砂轮打磨法和钢丝刷人工除锈等方法,经处理的摩擦面应采取防油污和损伤的保护措施。

1)喷砂(丸)法

喷砂(丸)法利用压缩空气为动力,将砂(丸)直接喷射到钢材表面,使钢材表面达到一定的粗糙度,除掉铁锈,喷砂(丸)后的钢材表面呈铁灰色。

2)砂轮打磨法

对于小型工程或已有建筑物加固改造工程,常常采用手工方法进行摩擦面处理,砂轮打磨法是最直接、最简便的方法。在用砂轮机打磨钢材表面时,砂轮打磨方向垂直于受力方向,打磨范围应为4倍螺栓直径。打磨时应注意钢材表面不能有明显的打磨凹坑。

3)钢丝刷人工除锈

钢丝刷人工除锈用钢丝刷将摩擦面处的铁磷、浮锈、尘埃、油污等污物刷掉,使钢材表面露出金属光泽,保留原轧制表面。此方法一般用在不重要的结构或受力不大的连接处。

8. 除锈

钢结构工程的油漆涂装应在钢结构制作安装验收合格后进行。油漆涂装前,应采取适当的方法将需要涂装部位的铁锈、焊缝药皮、焊接飞溅物、油污、尘土等杂物清理干净。

基面清理、除锈质量的好坏,直接影响涂层质量的好坏。因此涂装工艺的基面除锈质量等级应符合设计文件的要求。钢结构除锈方法根据要求不同包括手工除锈、机械除锈、喷砂除锈等方法,如图6-4-11所示。除锈应满足下列要求。

(1)除锈前,构件表面黏附油脂、涂料等污物时,可用低温加热的方法除去,或用适当的有机涂剂(SSPC-SP1)清洗。

(2)构件经预先处理后进行除锈,除锈等级为Sa2.5级。

(3)除锈施工由专业喷砂工严格按喷砂操作规程进行。除锈时,施工现场环境湿度大于80%或钢材表面温度低于空气露点温度3 ℃时,禁止施工。

(4)连接部位高强螺栓的摩擦面必须采用喷砂处理,达到设计要求。Q235B钢的摩擦系数大于0.45,Q345钢的摩擦系数大于0.5。在施工现场进行拼焊的区域或高强螺栓连接的区域,应留30~50 mm暂不涂,用不粘胶纸保护。

(5)钢构件的喷涂采用高压无气喷涂设备进行,表面处理之后的钢构件应尽快喷涂,涂装之前不允许锈蚀,如有返锈现象,必须再进行表面处理。

9. 涂装

合理的施工方法,对保证涂装质量、保证施工进度、节约材料和降低成本有很大的作用。常用的涂装方法有刷涂法、手工滚涂法、浸涂法、空气喷涂法、雾气喷涂法。涂装应满足下列要求。

(1)半成品经专职质量检查员检查合格并填写自检表及产品入库后,交成品车间进行涂装。

(2)除锈经专检合格后,填写工序交接卡,经专职质量检查员查验后,方可涂防锈底漆。

(3)涂装工作环境温度为5~38 ℃,相对湿度不应大于85%,雨天或构件表面有结露及灰尘较大时不得作业,涂装后4 h内严防雨淋。

（4）设计或施工图标明的不涂漆部位及安装焊缝处留 30～50 mm 范围暂不涂漆。

（5）当漆膜局部损坏时，应清理损伤的漆膜，并按原涂装工艺进行补涂。

图 6-4-11　钢结构除锈

（6）刷涂时应从构件一边按顺序快速、连续地刷，不宜反复涂，刷最后一道垂直表面时由上到下进行，刷最后一道水平表面时按阳光照射方向进行。

（7）涂装全部检查验收合格后，应及时按图纸要求标注构件编号。构件涂装后，应加以临时围护隔离，防止踩踏、损伤涂层；不要接触酸性液体，防止损伤涂层；需要运输时，应防止磕碰、拖拉损伤涂层。钢构件在运输、存放和安装过程中，对损坏的涂层应进行补涂。一般情况下，工厂制作完后只涂一遍底漆，其他底漆、中间漆、面漆在安装现场吊装前涂装，最后一遍面漆应在安装完成后涂装，如图 6-4-12 所示；也可经安装与制作单位协商，在制作单位完成底漆、中间漆的涂装，但最后一遍面漆仍由安装单位最后完成。不论哪种方式，对损伤处的涂层及安装连接部位均应补涂。

图 6-4-12　钢结构涂装

6.4.2　装配式钢结构构件的运输与堆放

1. 运输

部品、部件出厂前应进行包装，保障部品、部件在运输与堆放过程中不破损、不变形。超高、超宽、形状特殊的大型构件的运输和堆放应制订专门的方案。

选用的运输车辆应满足部品、部件的尺寸、重量的要求，装卸与运输时应符合下列规定。

（1）装卸时应采取保证车体平衡的措施。

（2）运输时应采取防止构件移动、倾倒、变形等的固定措施。

（3）运输时应采取防止部品、部件损坏的措施，在构件边角部或链索接触处宜设置保护衬垫。

2. 堆放

1）部品、部件堆放应符合的规定

（1）堆放场地应平整、坚实，并按部品、部件的保管技术要求采用相应的防雨、防潮、防暴晒、防污染和排水等措施。

（2）构件支垫应坚实，垫块在构件下的位置宜与脱模、吊装时的起吊位置一致。

（3）重叠堆放构件时，每层构件间的垫块应上下对齐，堆垛层数应根据构件、垫块的承载力确定，并应根据需要采取防止堆垛倾覆的措施。

2）墙板运输与堆放应符合的规定

（1）当采用靠放架堆放或运输时，靠放架应具有足够的承载力和刚度，与地面的倾斜角度宜大于80°；墙板宜对称放置且外饰面朝外，墙板上部宜采用木垫块隔开；运输时应固定牢固。

（2）当采用插放架直立堆放或运输时，宜采取直立方式运输；插放架应有足够的承载力和刚度，并应支垫稳固。

（3）采用叠层平放的方式堆放或运输时，应采取防止产生损坏的措施。

6.5 装配式钢结构的施工安装 ....

装配式钢结构的施工安装内容包括基础施工、钢结构主体结构安装、外围护结构安装、设备管线系统安装、集成式部品安装和内装修。

6.5.1 一般规定

（1）在钢结构安装前，设计单位在设计文件交付施工时应向施工单位和监理单位进行详细的设计交底。安装单位应根据设计文件编制安装工程施工组织设计；对复杂的异形结构，应进行施工过程的模拟分析，并采取相应的安全技术措施。

（2）进行钢结构的深化设计时，应综合考虑安装要求，如吊装构件的单元划分、吊点和临时连接件的位置、对位和测量控制基准线、焊接的坡口方向和形式等。

（3）进行施工过程验算时，应考虑塔式起重机的位置及其他施工活荷载、风荷载。

（4）钢结构安装时，应有可靠的作业通道和安全防护措施，应有极端天气下的安全措施。

（5）安装用的焊接材料、螺栓、螺钉和涂料等，应具有产品质量证书、材料试验报告、出厂合格证明，其质量应符合现行国家标准的规定。

（6）安装前，应对构件的外形尺寸、螺栓孔的直径和位置、连接件的位置和角度、焊缝、高强度螺栓接头抗滑移面的加工质量、构件的表面涂层等进行全面检查，符合设计文件及现行国家标准的要求后，方可施工。

6.5.2 质量检查

（1）钢构件制作单位应在钢构件成品出厂前，将每个构件的质量检查记录和产品合格证交给安装单位。梁、柱、支撑等主要构件，应在安装现场进行复查；对误差大于允许偏差的构件应进行修复。

（2）钢构件的弯曲变形、扭曲变形，以及构件上连接板、孔洞等的位置和尺寸，应以构件轴线为基准进行检查。

（3）构件分段应综合考虑加工、运输条件，以及现场起重设备的起吊能力；钢柱分段一般是三层一节，分段位置位于楼层钢梁顶标高以上 1.2～1.3 m 处；钢梁和支撑一般不宜分段，若必须分段,应同设计单位协商确定。

（4）构件各分段单元应能保证吊运过程中的强度和刚度,必要时应采取加强措施。

6.5.3 安装顺序

（1）钢结构的安装顺序应遵循要求:安装流水区段的划分、安装顺序的确定、施工图和安装顺序表的编制、构件安装。

（2）安装流水区段可按建筑物的平面形状、结构形式、安装机械数量、现场施工条件等因素划分。构件的安装顺序,平面上应从中间向四周拓展,竖向应由下向上逐步安装。

（3）安装顺序表应在构件安装前编制,且应包括构件的平面布置图、构件所在的详图的编号、构件所用的节点板和安装螺栓的规格与数量、构件的重量等。

（4）构件接头的现场焊接应按下列顺序进行:安装流水区段主要构件的安装与固定、构件接头焊接顺序的确定、焊接顺序图的绘制和现场施焊。

（5）构件接头的焊接顺序,平面上应从中部对称向四周扩展,竖向可采用方便施工和保证焊接质量的顺序。构件接头焊接顺序图应根据接头的焊接顺序绘制,且应列出顺序编号,注明焊接参数。

轻型门式刚架工业厂房的施工安装工艺流程如图 6-5-1 所示。高层钢框架-支撑(或延性墙板)结构住宅的安装工艺流程如图 6-5-2 所示。集成式低层钢结构住宅的安装工艺流程如图 6-5-3所示。

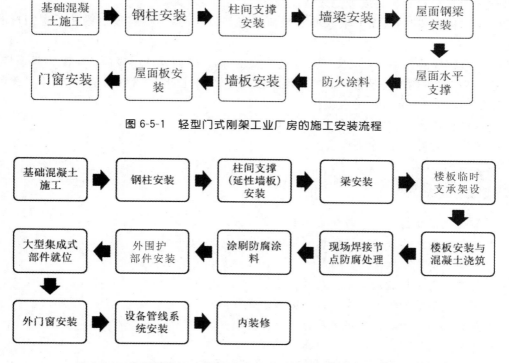

图 6-5-1　轻型门式刚架工业厂房的施工安装流程

图 6-5-2　高层钢框架—支撑(或延性墙板)结构住宅的安装工艺流程

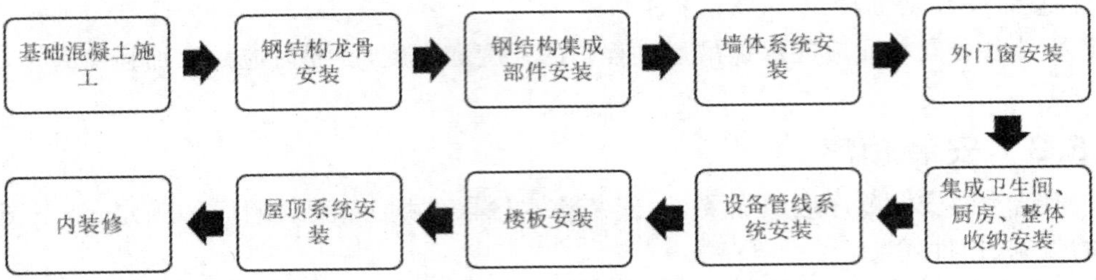

基础混凝土施工 → 钢结构龙骨安装 → 钢结构集成部件安装 → 墙体系统安装 → 外门窗安装

内装修 ← 屋顶系统安装 ← 楼板安装 ← 设备管线系统安装 ← 集成卫生间、厨房、整体收纳安装

图6-5-3　集成式低层钢结构住宅的安装工艺流程

6.5.4　临时支撑和临时固定措施

有的竖向构件安装后需要设置临时支撑,组合楼板安装也需要设置临时支撑,因此要进行临时支撑设计。有的构件在安装过程中需要采取临时固定措施,如屋面梁在安装后需要等水平支撑安装固定后再固定,所以要采取临时固定措施。

6.5.5　钢结构安装的注意事项

(1)钢柱的安装应先调整标高,再调整水平位移,最后调整竖向偏差,且应重复上述步骤直至标高、水平位移和竖向偏差符合要求。

(2)主要构件安装完成后应立即进行校正与固定。当天安装的钢构件应形成稳定的空间体系。安装单元的全部钢构件安装完成后,应形成空间刚度单元。

(3)钢结构安装时,楼面上堆放的安装荷载应加以限制,不得超过钢梁和压型钢板的承载能力。

(4)一节钢柱的各层梁安装完毕且经过验收合格后,应铺设各层楼面的压型钢板或楼板;同时,安装本节柱范围内的各层楼梯。一个流水段的一节钢柱的全部钢构件安装完毕且验收合格后,方可进行下一个流水段的安装工作。

(5)钢结构连接节点检查合格后,方可紧固或焊接。

(6)要进行防火、防腐涂层喷涂。

思 考 题

1. 装配式钢结构与其他结构相比有何优缺点?

2. 装配式钢结构与普通钢结构有哪些相同点与不同点?

3. 装配式钢结构框架的支撑结构形式有哪些?各有什么区别?

4. 装配式钢结构建筑有哪些结构体系?

5. 装配式钢结构构件的连接设计需要注意什么?

6. 装配式钢结构建筑的楼板设计有什么要求?

7. 装配式钢结构建筑的构件制作工艺有哪些步骤?

8. 简述钢框架结构和钢框架-支撑结构的概念及特点。

9. 安装钢结构时有哪些注意事项?

Chapter 7

任务 7　熟悉装配式木结构

学习任务：
- 掌握装配式木结构的类型及其基本概念和特点；
- 掌握装配式木结构建筑的连接技术；
- 掌握装配式木结构建筑的施工要求及验收标准。

重难点：
- 装配式木结构建筑的连接技术及节点设计；
- 装配式木结构构件的生产要求；
- 装配式木结构建筑的施工要求。

7.1　装配式木结构建筑的概述

7.1.1　基本概念

木结构建筑，一般都是先制作好结构构件，如柱、梁、檩子等，再装配起来的。因此，从结构装配的角度而言，木结构建筑都属于装配式建筑。

木结构建筑以其建造容易、环境友好、冬暖夏凉、节能环保、低碳绿色、贴近自然等优点，深受人们的喜爱。木结构建筑符合我国的可持续发展战略，其使用的木材强重比高、性能独特，又是可再生资源，且能反复利用。

装配式木结构和传统的木结构建筑相比有很大的区别，主要表现在以下方面：

（1）装配式木结构建筑不是简单地用原木，而是更多使用工程木材加工成适合于建筑用的梁、柱等部品、部件；

（2）木结构的连接方式不同，传统的木结构是用榫卯等方式连接，装配式木结构建筑增加了金属部件等多种连接方式；

（3）装配式木结构建筑的材料回用的次数比较多，从国际上一些木结构技术比较发达的国家的情况看，回用次数可以达到六次到七次，最后可以做成木球燃烧；

（4）装配式木结构的特点是设计标准化、生产工厂化、施工机械化、组织管理科学化，其根本内容是采用适用、先进的装备、工艺以及技术，合理、科学地进行施工组织，提高施工专业化和机械化水平，减少复杂、繁重的湿法作业或手工操作。

7.1.2　装配式木结构建筑的优点

装配式木结构建筑的材料为天然环保材料,能在节能环保、绿色低碳、防震减灾、工厂化预制、施工效率等方面凸显更多的优势。整体结构性能远超原木的现代木结构建筑,相比混凝土建筑、钢结构建筑,可以大幅度减少施工扬尘和噪声,减少建筑垃圾和污水排放,具有绿色建造、低碳发展的特点,节能减排效果十分显著。

1. 设计布置灵活

装配式木结构建筑因其材料和结构的特点,平面布置更加灵活,为建筑师提供了更大的想象空间,木结构房屋的墙体比标准混凝土墙体薄20%,因而其室内空间更大;同时还能够轻易将基础设置(电线、管道及通风管)埋入地板、天花板和墙体内;能够提供和建筑本身结合天衣无缝的室内碗柜、隔板和衣橱,从而大幅度节省购买家具的费用,使其成为定制结构或装饰性设计的最佳选择。而且木结构房屋还能够轻易地进行重新设计,以满足需求的变化。

2. 建造工期短

装配式木结构建筑采用装配式施工,这样的施工方法对气候的适应能力较强,不会像混凝土工程一样需要很长的养护期,另外,木结构还适应低温作业,因此冬期施工不受限制。

3. 节能效果显著

建筑物的节能效果是由构成该建筑物的结构体系和材料的保温特性决定的。装配式木结构建筑的墙体和屋架体系由木质材料、木基结构覆面板和保温棉等组成,测试结果表明,150 mm厚的木结构墙体,其保温能力相当于610 mm厚的砖墙,装配式木结构建筑相对混凝土结构可节能50%～70%。

4. 保护资源环境

与钢材和水泥相比,木材的生产只产生很少的废物,可持续发展的林业可提供永不枯竭的森林资源。锯材生产的废料可以被用来制造纸浆、刨花板或作为燃料。木材同时又是100%可降解材料,如果不做处理,它可很简单地解体融入土壤,并使土壤肥沃。

5. 居住舒适健康

由于木结构优异的保温特性,人们可以享受到木结构住宅的冬暖夏凉。另外,木材为天然材料,绿色无污染,不会对人体造成伤害,材料透气性好,易于保持室内空气清新及湿度均衡。

6. 结构安全可靠

轻型木结构房顶韧性大,对于瞬间冲击载荷和周期性疲劳破坏有很强的抵抗能力,而且由于自身结构轻,木结构又有很强的弹性回复性,地震时吸收的地震力少,结构在基础发生位移时可弹性复位而不至于发生倒塌。木结构在地震时的稳定性已经得到反复验证,即使强烈的地震使整个建筑物脱离其基础,其结构却能完整无损。在各种极端的负荷条件下,木结构的抗地震稳定性能和结构的完整性十分优越。

7. 隔声性能优越

基于木材的低密度和多孔结构,以及隔声墙体和楼板系统,木结构也适用于有隔声要求的建筑物,能创造静谧的生活、工作空间。另外,木结构建筑没有混凝土建筑常有的撞击性噪声传递问题。

8. 耐久性能良好

精心设计和建造的装配式木结构建筑,能够面对各种挑战,是现代建筑形式中最经久耐用的结构形式之一,能历经数代而状态良好,包括在多雨、潮湿,以及白蚁灾害高发的地区。

7.1.3 装配式木结构建筑的缺点

装配式木结构建筑的缺点如下:

(1)易遭受火灾,易受白蚁侵蚀和雨水腐蚀。

(2)相比砖石建筑,装配式木结构建筑维持时间不长。

(3)成材的木料由于施工量的增加而紧缺。

(4)梁架体系较难实现复杂的建筑空间等。

(5)防火设防要求高。

7.2 装配式木结构建筑的材料 ·······································

装配式木结构建筑的材料是木材、钢材与金属连接件和结构用胶。

7.2.1 木材

装配式木结构建筑的木材包括方木原木,规格材,木基结构板、结构复合材和"工"字形木搁栅,胶合木层板等。关于木材的选用标准、防火要求、木材阻燃剂要求、防腐要求等,须执行相关的国家标准。

1. 方木原木

承重结构用材分为原木、锯材和胶合材。锯材又分为方木、板材、规格材。原木是原条长向按尺寸、形状、质量的标准规定或特殊规定截成一定长度的木段,如图7-2-1所示。方木指的是直角锯切且宽厚比小于3、截面为矩形(包括方形)的锯材,如图7-2-2所示。

图 7-2-1 原木

图 7-2-2 方木

装配式木结构使用的方木和原木应从规范所列树种中选用。主要承重构件应采用针叶材;重要的木制连接构件应采用细密、直纹、无疵节和无其他缺陷的耐腐的硬质阔叶材。方木原木结构构件设计时,应根据构件的主要用途选用相应的材质等级。使用进口木材时,应选择天然缺陷和干燥缺陷少、耐腐性较好的树种。首次采用的树种,应严格遵守先试验后使用的原则。

2. 规格材

规格材是指宽度和高度按规定尺寸加工的木材。

3. 木基结构板、结构复合材和"工"字形木搁栅

(1) 木基结构板包括结构胶合板和定向刨花板,多用于屋面板、楼面板和墙面板。

(2) 结构复合材是以承受力的作用为主要用途的复合材料,多用于梁或柱。

(3)"工"字形木搁栅用结构复合木材作翼缘,水胶黏结,多用于楼盖和屋盖。

4. 胶合木层板

胶合木层板包括正交胶合木、旋切板胶合木、层叠木片胶合木、平行木片胶合木和胶合木。

(1) 正交胶合木(cross laminated timber,简称 CLT,如图 7-2-3 所示),至少三层软木层板互相正交垂直。

(2) 旋切板胶合木(laminated veneer lumber,简称 LVL,如图 7-2-4 所示)由云杉或松树旋切成单板,常用作板或梁。

图 7-2-3　正交胶合木

图 7-2-4　旋切板胶合木

(3) 层叠木片胶合木(laminated strand lumber,简称 LSL,如图 7-2-5 所示)是由防水胶黏合 0.8 mm 厚、25 mm 宽、300 mm 长的木片形成的木基复合构件。层叠木片胶合木有两种单板:一种是所有木片排列都与长轴方向一致的单板,另一种是部分木片排列与短轴方向一致的单板。前者适用于梁、檩、柱等,后者适用于墙、地板、屋顶。

(4) 平行木片胶合木(parallel strand lumber,简称 PSL,如图 7-2-6 所示)由厚约 3 mm、宽约 5 mm 的单板条制成,板条由酚醛树脂黏合。单板条可以达到 2.6 m 长。平行木片胶合木常用于大跨度结构。

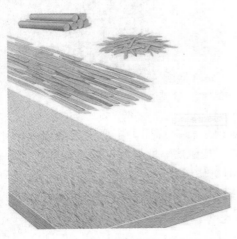
图 7-2-5　层叠木片胶合木

图 7-2-6　平行木片胶合木

（5）胶合木是通常采用花旗松等针叶材的规格材,叠合在一起而形成的大尺寸工程木材。

5.木材的含水率

木材的含水率的要求如下:

（1）现场制作方木或原木构件的木材的含水率不应大于 25%;

（2）板材、规格材和工厂加工的方木的含水率不应大于 20%;

（3）方木原木受拉构件的连接板的含水率不应大于 18%;

（4）木材作为连接件时含水率不应大于 15%;

（5）胶合木层板的含水率应为 8%～15%,且同构件各层木板间的含水率差别不应大于 5%;

（6）井干式木结构构件采用原木制作时含水率不应大于 25%,采用方木制作时含水率不应大于 20%,采用胶合木材制作时含水率不应大于 18%。

7.2.2 钢材与金属连接件

1.钢材

装配式木结构建筑的承重构件、组件和部品连接使用的钢材宜采用 Q235 钢、Q345 钢、Q390 钢和 Q420 钢,应分别符合国家标准《碳素结构钢》(GB/T 700—2006)和《低合金高强度结构钢》(GB/T 1591—2018)中的有关规定。

2.螺栓

装配式木结构建筑的承重构件、组件和部品连接使用的螺栓应满足以下要求。

（1）普通螺栓应符合国家现行标准《六角头螺栓》(GB/T 5782—2000)和《六角头螺栓 C级》(GB/T 5780—2000)的规定。

（2）高强度螺栓应符合国家现行标准《钢结构用高强度大六角头螺栓》(GB/T 1228—2006)、《钢结构用高强度大六角螺母》(GB/T 1229—2006)、《钢结构用高强度垫圈》(GB/T 1230—2006)、《钢结构用高强度大六角头螺栓、大六角螺母、垫圈技术条件》(GB/T 1231—2006)、《钢结构用扭剪型高强度螺栓连接副》(GB/T 3632—2008)的有关规定。

（3）螺栓可采用国家现行标准《碳素结构钢》(GB/T 700—2006)中规定的 Q235 钢或《低合金高强度结构钢》(GB/T 1591—2018)中规定的 Q345 钢制作。

3.钉及金属连接件

钉及金属连接件如图 7-2-7 所示。钉的材料性能应符合国家现行标准《紧固件机械性能》(GB/T 3098)及其他相关国家现行标准的规定和要求。

图 7-2-7 钉及金属连接件

金属连接件应进行防腐蚀处理或采用不锈钢产品。与防腐木材直接接触的金属连接件应避免防腐剂引起的腐蚀。

外露的金属连接件可采取涂防火涂料等防火措施,防火涂料的涂刷工艺应满足设计要求和相关规范。

7.2.3 结构用胶

结构用胶必须满足结合部位的强度和耐久性要求,应保证其胶合强度不低于木材顺纹抗剪和横纹抗拉的强度。胶连接的耐水性和耐久性,应与结构的用途和使用年限相适应,并应符合环境保护的要求。

承重结构可采用酚类胶和氨基塑料缩聚胶黏剂或单组分聚氨酯胶黏剂,如图 7-2-8 所示,应符合国家现行标准《胶合木结构技术规范》(GB/T 50708—2012)的规定。

图 7-2-8　常用木材黏合剂

7.3 装配式木结构的类型

7.3.1 轻型木结构

图 7-3-1　轻型木结构

轻型木结构指主要采用规格材及木基结构板材制作的木框架墙、木楼盖和木屋盖系统构成的单层或多层建筑结构。轻型木结构由小尺寸木构件(通常称为规格材)按不大于 600 mm 的中心间距密置而成(见图 7-3-1)。轻型木结构的基本材料包括规格材、木基结构板材、"工"字形搁栅、结构复合材和金属连接件。轻型木结构的承载力、刚度和整体性是通过主要结构构件(骨架构件)和次要结构构件(墙面板、楼面板和屋面板)共同作用获得的。

轻型木结构亦被称为平台式骨架结构,这样的称谓是因为这种结构形式在施工时以每楼面为平台组装上一层结构构件。

轻型木结构构件之间的连接主要采用铆钉连接,部分构件之间也采用金属齿板连接和专用金属连接件连接。轻型木结构具有施工简便、材料成本低、抗震性能好的优点,但是当钉子排列过密或构件过薄时容易导致木材损坏或劈裂。

　　轻型木结构建筑可以根据施工现场的运输条件，将木结构的墙体、楼面和屋面承重体系（如楼面梁、屋面桁架）等构件在工厂制作成基本单元，然后在现场进行装配。

7.3.2　胶合木结构

　　胶合木结构指承重构件主要采用胶合木层板制作的单层或多层建筑结构，也被称为层板合木结构。胶合木结构包括正交胶合木结构、旋切板胶合木结构、层叠木片胶合木结构和平行木片胶合木结构。

　　胶合木结构主要包括梁柱式（见图 7-3-2）、空间桁架式（见图 7-3-3）、拱式（见图 7-3-4）、门架式（见图 7-3-5）和空间网壳式（见图 7-3-6）等结构形式，还包括直线梁、变截面梁和曲线梁等构件类型。

图 7-3-2　梁柱式胶合木结构

图 7-3-3　空间桁架式胶合木结构

图 7-3-4　拱式胶合木结构

图 7-3-5　门架式胶合木结构

　　胶合木结构的各种连接节点均采用钢板、螺栓或销钉连接，需进行节点计算。胶合木结构是目前应用较广的装配式木结构形式，其具有以下特点。

　　（1）具有天然木材的外现魅力。

　　（2）不受天然木材尺寸限制，能够制作满足建筑和结构要求的各种形状和尺寸的构件，造型多变。

　　（3）避免和减少天然木材无法控制的缺陷影响，提高了强度，并能合理级配、量材使用。

　　（4）具有较高的强重比（强度/重量），能以较小截面满足强度要求；可大幅度减小结构体的自重，能提高抗震性能；有较高的韧性和弹性，在短期荷载作用后能够迅速恢复原状。

　　（5）具有良好的保温性，热导率低，热胀冷缩变形小。

图 7-3-6 空间网壳式胶合木结构

（6）构件尺寸和形状稳定，无干裂、扭曲之虞，能减少裂缝和变形对使用功能的影响。

（7）具有良好的调温、调湿性；在相对稳定的环境中，耐腐性能好。

（8）经防火设计和防火处理的胶合木构件具有可靠的耐火性能。

（9）可以采用工业化生产方式生产，提高了生产效率、加工精度和产品质量。

（10）构件自重轻，有利于运输、装卸和安装。

（11）制作加工容易、耗能低、节约能源；能以小材制作出大构件，充分利用木材资源；木材可循环利用，是绿色环保材料。

（12）一般造价高且夹板不如密度板面层光洁，用夹板作基层，表面上再黏合防火板、铝塑板等饰面板材时，不如用中密度板作基层牢固。

7.3.3 方木原木结构

方木原木结构是指承重构件主要采用方木或原木制作的单层或多层建筑结构。

方木原木结构在《木结构设计标准》（GB 50005—2017）中被称为普通木结构。考虑以木结构承重构件采用的主要木材材料来划分木结构建筑，因而，在装配式木结构建筑的国家标准中，将普通木结构改称为方木原木结构。

方木原木结构的结构形式主要包括穿斗式（见图 7-3-7）、抬梁式（见图 7-3-8）、井干式（见图7-3-9）、梁柱式（见图 7-3-10）、木框架-剪力墙结构，以及作为楼盖或屋盖在其他材料结构（混凝土结构、砌体结构、钢结构）中组合使用的混合结构。这些结构都是在梁柱连接节点、梁与梁连接节点处采用钢板、螺栓或销钉，以及专用连接件等钢连接件进行连接的。方木原木结构的构件及其钻孔等构造通常在预制工厂制作。

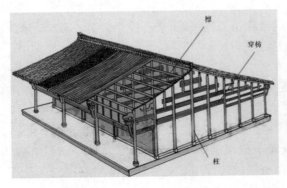

图 7-3-7 穿斗式方木原木结构

图 7-3-8 抬梁式方木原木结构

图 7-3-9　井干式方木原木结构

图 7-3-10　梁柱式方木原木结构

7.3.4　组合结构

组合结构指木结构与其他材料组成的结构,主要有混凝土-木组合结构(见图 7-3-11)、钢-木组合结构(见图 7-3-12)及砖-木组合结构(见图 7-3-13)。组合方式有上下组合与水平组合之分,例如既有建筑平改坡的屋面系统和钢筋混凝土结构中采用木骨架组合墙体系统。上下组合时,下部结构通常采用钢筋混凝土结构。

图 7-3-11　混凝土-木组合结构

图 7-3-12　钢-木组合结构

图 7-3-13　砖-木组合结构

7.4　装配式木结构设计

7.4.1　建筑设计

1.适用建筑范围

装配式木结构建筑适用于传统民居、特色文化建筑(如特色小镇)、低层住宅建筑、综合建筑、旅游休闲建筑、文体建筑及宗教建筑等,如图 7-4-1 所示。

目前,我国装配式木结构建筑主要用于三层及三层以下的建筑。国外装配式木结构建筑也主要为低层建筑,但也有多层建筑,还有高层建筑。目前世界上最高的装配式木结构建筑为加拿大不列颠哥伦比亚大学的 Brock Commons 建筑,该建筑共有 18 层,总高度为 53 米,如图 7-4-2 所示。

图 7-4-1　装配式木结构建筑

图 7-4-2　Brock Commons 建筑

2. 适用建筑风格

　　装配式木结构建筑可以方便自如地实现各种建筑风格,包括自然风格、古典风格、现代风格、既现代又自然的风格和具有雕塑感的风格,如图 7-4-3 所示。

图 7-4-3　不同建筑风格的装配式木结构建筑

3. 建筑设计的基本要求

　　装配式木结构的建筑设计的基本要求如下。

　　(1) 满足使用功能、空间、防水、防火、防潮、隔声、热工、采光、节能、通风等要求。

　　(2) 模数协调,采用模块化、标准化设计;进行 4 个系统(主体结构系统、外围护系统、设备与管线系统、内装系统）集成。

（3）满足工厂化生产、装配化施工、一体化装修、信息化管理的要求。

4. 平面设计

平面设计应满足下列要求：

（1）结构受力的要求；

（2）预制构件的要求；

（3）各个系统集成化的要求。

5. 立面设计

（1）应符合建筑类型和使用功能的要求，建筑高度、层高和室内净高应符合标准化模数。

（2）应遵循少规格、多组合的原则，根据木结构建造方式的特点实现立面的个性化和多样化。

（3）尽量采用坡屋面。屋面坡度宜为1∶4～1∶3。屋檐四周出挑宽度不宜小于600 mm。

（4）外墙面凸出物（如窗台、阳台等）应做好泛水。

（5）立面宜规则、均匀，不宜有较大的外挑和内收。

（6）烟囱、风道等高出屋面的构筑物应做好与屋面的连接，保证安全。

（7）木构件底部与室外地坪的高差应大于等于300 mm；易遭虫害的地区，高差大于等于450 mm。

6. 外围护结构设计

（1）装配式木结构建筑外围护结构包括预制木墙板、原木墙、轻型木质组合墙体、正交胶合木墙体、木结构与玻璃结合墙体等类型，应根据建筑的使用功能和艺术风格选用。

（2）外围护结构应满足轻质、高强、防火和耐久性的要求，具有一定强度和刚度，满足在地震和风荷载作用下的受力及变形要求，并应根据装配式木结构建筑的特点选用标准化、工业化的墙体材料。

（3）外围护结构应采用支撑构件、保温材料、饰面材料、防水隔气层等集成构件，符合结构、防火、保温、防水、防潮及装饰的功能要求。

（4）采用原木墙作为外围护墙体时，构件间应加设防水材料。原木墙最下层构件与砌体或混凝土接触处应设置防水构造。

（5）组合墙体单元的接缝及门窗洞口等防水薄弱部位宜采用材料防水和构造防水相结合的做法：

① 墙板水平接缝宜采用高低缝或企口缝构造；

② 墙板竖缝可采用平口或槽口构造；

③ 板缝空腔需设置导水管排水时，板缝内侧应增设气密条密封。

（6）当外围护结构采用外挂墙板时，应满足以下要求：

① 外挂墙板应采用合理的连接节点并与主体结构可靠连接；

② 支承外挂墙板的结构构件应具有足够的承载力和刚度；

③ 外挂墙板与主体结构宜采用柔性连接，连接节点应具有足够的承载力和适应主体结构变形的能力，并应采取可靠的防腐、防锈和防火措施；

④ 外挂墙板之间的接缝应符合防水隔声的要求，并应符合变形协调的要求。

（7）外围护系统应有连续的气密层，并应有加强气密层接缝处连接点和接触面局部密封的构造措施。外门窗气密性应符合国家标准的要求。

（8）烟囱、风道、排气管等高出屋面的构筑物与屋面结构应有可靠连接，并应采取防水排水、防火隔热和抗风的构造措施。

（9）外围护结构的构造层应包括防潮层、防水层或隔气层、底层架空层、外墙空气层和屋面通风层。

（10）外围护结构组件的饰面材料应满足耐久性要求，并易于清洁、维护。

7. 集成化设计

装配式木结构构件的集成如图 7-4-4 所示。

（1）进行 4 个系统的集成化设计，提高集成度、制作与施工精度和安装效率。

图 7-4-4　装配式木结构构件的集成

（2）装配式木结构建筑部件及部品设计应遵循标准化、系列化原则，部品应有通用性。

（3）装配式木结构建筑部品与主体结构之间、建筑部品之间的连接应稳固牢靠、构造简单、安装方便，连接处应有防水、防火构造措施，并保证保温隔热材料的连续性及气密性等设计要求，如图 7-4-5 所示。

（4）墙体部品水平拆分位置宜设在楼层标高处，竖向拆分位置宜按建筑单元的开间、进深尺寸进行划分。

图 7-4-5　木构件的连接设计

（5）楼板部品的拆分位置宜按建筑单元的开间、进深尺寸进行划分。楼板部品应满足结构安全、防火及隔声等要求，卫生间、厨房下楼板部品还应满足防水、防潮的要求。

（6）隔墙部品宜按建筑单元的开间、进深尺寸划分；墙体应与主体结构稳固连接，应满足不同使用功能房间的隔声、防火要求；下楼板部品还应满足防水、防潮的要求，设备电器或管道等与隔墙的连接应牢固可靠。隔墙部品之间的接缝应采用构造防水和材料防水相结合的措施。

（7）预制木结构组件预留的设备与管线预埋件、孔洞、套管、沟槽应避开结构受力薄弱位置，并采取防水、防火及隔声措施。

8. 装修设计

（1）内装修应与建筑结构、机电设备一体化设计，采用管线与结构分离的系统集成技术，并建立建筑与内装修统一的模数网格系统。

（2）内装修的主要标准构配件宜采用工业化产品，部分非标准构配件可在现场安装时统一处理，并宜减少施工现场的湿法作业。

（3）内装修内隔墙材料的选型，应符合下列规定：

① 宜选用易于安装、拆卸，且隔声性能良好的轻质内隔墙材料，灵活分隔室内空间；

② 内隔墙板的面层材料宜与隔墙板形成整体；

③ 用于潮湿房间的内隔墙板的面层材料应防水、易清洗；

④ 采用满足防火要求的装饰材料，避免采用燃烧时产生大量浓烟或有毒气体的装饰材料。

（4）轻型木结构和胶合木结构房屋建筑的室内墙面覆面材料宜采用纸面石膏板，如采用其他材料，其燃烧性能技术指标应符合国家现行标准《建筑材料难燃性试验方法》（GB/T 8625—2005）的规定。

（5）厨房内墙面面层应为不燃材料，排油烟机的管道应做隔热处理或采用石膏板制作管道通道，避免排烟管道与木材接触。

（6）装修设计应符合下列规定：

① 装修设计应适应工厂预制、现场装配的要求，装饰材料应具有一定的强度、刚度、硬度，适应运输、安装等的需要。

② 应充分考虑不同组件间的连接设计，不同装饰材料之间的连接设计。

③ 内装修的标准构配件宜采用工业化产品。

④ 应减少施工现场的湿法作业。

（7）建筑装修材料、设备在需要与预制构件连接时宜采用预留埋件的安装方式，当采用其他安装固定方式时，不应影响预制构件的完整性与结构安全。

9. 防护设计

（1）装配式木结构建筑的防水、防潮和防生物危害设计应符合国家现行标准《木结构设计标准》（GB 50005—2017）的规定。设计文件中应有规范规定的防腐措施和防生物危害措施。

（2）需防腐处理的预制木结构组件应在机械加工工序完成后进行防腐处理，不宜在现场再次进行切割或钻孔。装配式木结构建筑应在干法作业环境下施工，预制木结构组件在制作、运输、施工和使用过程中应采取防水、防潮措施。外墙板接缝、门窗洞口等防水薄弱部位除应采用防水材料外，尚应采用与防水构造措施相结合的方法进行保护。施工前应对建筑基础及周边进行除虫处理。

（3）除严寒和寒冷地区外，需要控制蚁害。原木墙体靠近基础部位的外表面应使用含防白蚁药剂的漆进行处理，处理高度大于等于 300 mm。露天结构、内排水桁架的支座节点处及檩条、搁栅、柱等木构件直接与砌体和混凝土接触的部位应进行药剂处理。

10. 设备与管线系统设计

（1）设备管道宜集中布置，设备管线预留标准化接口。

（2）预制组件应考虑设备与管线系统的荷载，管线、管道的预留位置和敷设用的预埋件等。

（3）预制组件上应预留必要的检修位置。

（4）铺设产生高温的管道的通道，需采用不燃材料制作，并应设置通风措施。

（5）铺设产生冷凝的管道的通道，应采用耐水材料制作，并应设置通风措施。

（6）装配式木结构宜采用阻燃低烟无卤交联聚乙烯绝缘电力电缆、电线或无烟无卤电力电缆、电线。

（7）预制组件内预留电气设备时，应采取有效措施满足隔声及防火的要求。

（8）装配式木结构建筑的防雷设计应符合《民用建筑电气设计规范》（JGJ 16—2008）、《建筑物防雷设计规范》（GB 50057—2010）等现行国家、行业设计标准的规定，预制构件中需预留等电位连接位置。

（9）装配式木结构建筑设计应考虑智能化要求，并在产品预制中综合考虑预留管线；消防控制线路应预留金属套管。

7.4.2　结构设计

1. 结构设计的一般规定

1）结构体系要求

（1）装配式木结构建筑的结构体系应满足承载能力、刚度和延性的要求。

（2）应采取加强结构整体性的技术措施。

（3）结构应规则平整，在两个主轴方向的动力特性的比值不应大于10%。

（4）应具有合理、明确的传力路径。

（5）结构薄弱部位，应采取加强措施。

（6）应具有良好的抗震能力和变形能力。

2）抗震验算

装配式木结构建筑抗震设计时，对于装配式纯木结构，在多遇地震验算时，结构的阻尼比可取0.03，在罕遇地震验算时结构的阻尼比可取0.05。对于装配式混合木结构，可按位能等效原则计算结构阻尼比。

3）结构布置

装配式木结构竖向构件布置应连续、均匀，应避免抗侧力结构的侧向刚度和承载力沿竖向突变，并应符合现行国家标准《建筑抗震设计规范》（GB 50011—2010）的有关规定。

4）考虑不利影响

装配式木结构在结构设计时应采取有效措施减小木材因干缩、蠕变而产生的不均匀变形、受力偏心、应力集中或其他不利影响；应考虑不同材料的温度变化、基础差异沉降等非荷载效应的不利影响。

5）整体性保证

装配式木结构建筑构件的连接应保证结构的整体性，连接节点的强度不应低于被连接构件的强度，节点和连接应受力明确、构造可靠，并应满足承载力、延性和耐久性等要求。当连接节点具有耗能目的时，可做特殊考虑。

6）施工验算

（1）预制组件应进行翻转、运输、吊运、安装等短暂设计状况下的施工验算。验算时，应将预制组件自重标准值乘以动力放大系数作为等效静力荷载标准值。运输、吊装时，动力系数宜取1.5，翻转及安装过程中就位、临时固定时，动力系数可取1.2。

（2）预制木构件和预制木结构组件应进行吊环强度验算和吊点位置的设计。

2. 结构分析

（1）结构体系和结构形式应根据项目特点选用，充分考虑组件单元拆分的便利性、组件制作的可重复性，以及运输和吊装的可行性。

（2）结构计算应根据结构的实际情况确定，所选取的模型应能准确反映结构中各构件的实际受力状态，模型的连接节点的假定应符合结构实际节点的受力状况。分析模型的计算结果经分析、判断确认其合理和有效后方可用于工程设计。结构分析时，应根据连接节点性能和连接构造方式确定结构的整体计算模型。结构分析可选择空间杆系、空间杆墙板元及其他组合有限元等计算模型。

（3）体型复杂、结构布置复杂及特别不规则结构和严重不规则结构的多层装配式木结构建筑，应采用至少两种不同的结构分析软件进行整体计算。

（4）装配式木结构内力计算可采用弹性分析。分析时可根据楼板平面内的整体刚度情况假定楼板面内的刚性。当有措施保证楼板的整体刚度时，可假定楼板平面内为无限刚性，否则应考虑楼板平面内变形的影响。应根据内力分析结果，结合生产、运输和安装条件确定组件的拆分单元。

（5）当装配式木结构建筑的结构形式采用梁柱支撑结构或梁柱-剪力墙结构时，不应采用单跨框架体系。

（6）装配式木结构建筑中抗侧力构件承受的剪力：对于柔性楼盖、屋盖建筑，抗侧力构件承受的剪力宜按抗侧力构件从属面积上重力荷载代表值的比例分配；对于刚性楼盖、屋盖建筑，抗侧力构件承受的剪力宜按抗侧力构件等效刚度的比例分配。

（7）按弹性方法计算的风荷载或多遇地震标准值作用下的楼层层间位移角应符合下列规定：

① 轻型木结构建筑不得大于1/250；

② 多高层木结构建筑不大于1/350；

③ 轻型木结构建筑和多高层木结构建筑的弹塑性层间位移角不得大于1/50。

（8）装配式木结构中抗侧力构件承受的剪力，对于柔性楼盖、屋盖宜按面积分配法进行分配；对于刚性楼盖、屋盖宜按抗侧力构件等效刚度的比例进行分配。

3. 组件设计

1）集成设计

装配式木结构建筑的组件主要包括预制梁、柱、板式组件和空间组件等，组件设计时须确定集成方式。集成方式包括：① 散件装配；② 散件或分部组件在施工现场装配为整体用件再进行安装；③ 在工厂完成组件装配，运到现场直接安装。

集成方式须依据组件尺寸是否符合运输和吊装条件确定。组件的基本单元应当规格化，便于自动化制作。组件可根据现场情况和吊装等条件采用运输单元作为安装单元。当预制构件之间的连接件采用暗藏方式时，连接件部位应预留安装洞口，安装完成后，采用在工厂预先按规格切割的板材进行封闭。

2）梁柱构件设计

梁柱构件的设计验算应符合国家现行标准《木结构设计标准》（GB 50005—2017）和《胶合木结构技术规范》（GB/T 50708—2012）的规定；在长期荷载作用下，应进行承载力和变形验算；在地震作用和火灾状况下，应进行承载力验算。用于固定结构连接件的预埋件不宜与预埋吊件、临时支撑用的预埋件兼用；当必须兼用时，应同时满足所有设计工况的要求。预制构件中预埋件的验算应符合国家现行标准《木结构设计标准》（GB 50005—2017）、《钢结构设计标准》（GB 50017—2017）和《木结构工程施工规范》（GB/T 50772—2012）的规定。

3）墙体、楼盖、屋盖设计

（1）装配式木结构的楼板、墙体，均应按国家现行标准《木结构设计标准》（GB 50005—2017）的规定进行验算。

（2）墙体、楼盖和屋盖按预制程度不同，可分为开放式组件和封闭式组件。

（3）预制木墙体的墙骨柱、顶梁板、底梁板及墙面板应按国家现行标准《木结构设计标准》（GB 50005—2017）和《多高层木结构建筑技术标准》（GB/T 51226—2017）的规定进行设计。

① 应验算墙骨柱与顶梁板、底梁板连接处的局部承压承载力；

② 顶梁板与楼盖、屋盖的连接应进行平面内、平面外的承载力验算；

③ 外墙中的顶梁板、底梁板与墙骨柱的连接应进行墙体平面外承载力验算。

（4）预制木墙板在竖向及平面外荷载作用时，墙骨柱宜按两端铰接的受压构件设计，构件在平面外的计算长度应为墙骨柱的长度；当墙骨柱两侧布置木基结构板或石膏板等覆面板时，可不进行平面内的侧向稳定验算，平面内只需进行强度计算；墙骨柱在径向荷载作用下，在平面外弯曲的方向应考虑 0.05 倍墙骨柱截面高度的偏心距。

（5）预制木墙板中外墙骨柱应考虑风荷载效应的组合，应按两端铰接的压弯构件设计。当外墙围护材料较重时，应考虑围护材料引起的墙体平面外的地震作用。

（6）墙板、楼面板和屋面板应采用合理的连接形式，并应进行抗震设计。连接节点应具有足够的承载力和变形能力，并应采取可靠的防腐、防锈、防虫、防潮和防火措施。

（7）当非承重的预制木墙板采用木骨架组合墙体时，设计和构造要求应符合国家标准《木骨架组合墙体技术标准》（GB/T 50361—2018）的规定。

（8）正交胶合木墙体的设计应符合国家标准《多高层木结构建筑技术标准》（GB/T 51226—2017）的要求。

① 剪力墙的高宽比不宜小于 1，并不应大于 4；当高宽比小于 1 时，墙体宜分为两段，中间应用耗能金属件连接。

② 墙应具有足够的抗倾覆能力，当结构自重不能抵抗倾覆力矩时，应设置抗拔连接件。

（9）装配式木结构中楼盖宜采用正交胶合木楼盖、木搁栅与木基结构板材楼盖。装配式木结构中屋盖可采用正交胶合木屋盖、椽条式屋盖、斜撑梁式屋盖和桁架式屋盖。

（10）椽条式屋盖和斜梁式屋盖的组件单元尺寸应按屋盖板块大小及运输条件确定。

（11）桁架式屋盖的桁架应在工厂加工制作。桁架式屋盖的组件单元尺寸应按屋盖板块大小及运输条件确定，并应符合结构整体设计的要求。

（12）楼盖应按国家现行标准《木结构设计标准》（GB 50005—2017）的规定进行搁栅振动验算。

4）其他组件设计

（1）装配式木结构建筑中的木楼梯和木阳台宜在工厂按一定模数预制。

（2）预制木楼梯与支撑构件之间宜采用简支连接。

① 预制木楼梯宜一端设置固定铰，另一端设置滑动铰，其转动及滑动能力应满足结构层间位移的要求，在支撑构件上的最小搁置长度不宜小于 100 mm。

② 预制木楼梯设置滑动铰的端部应采取防止滑落的构造措施。

（3）装配式木结构建筑中的预制木楼梯可采用规格材、胶合木、正交胶合木制成。楼梯的梯板梁应按压弯构件计算。

（4）装配式木结构建筑中的阳台可采用挑梁式预制阳台或挑板式预制阳台，其结构构件的内力和正常使用阶段的变形应按国家现行标准《木结构设计标准》（GB 50005—2017）的规定进行验算。

（5）楼梯、电梯井、机电管井、阳台、走道、空调板等组件宜整体分段制作，设计时应按构件的实际受力情况进行验算。

4. 吊点设计

木结构组件和部品的吊点设计包括四个方面。

（1）吊装方式的确定：木结构组件和部品的吊装方式包括软带捆绑式、预埋螺母式等，设计时需要根据组件或部品的质量、形状确定吊装方式。

（2）吊点位置的确定：根据组件和部品的形状、尺寸，选择受力合理和变形最小的吊点位置；异形构件需要根据重心计算确定吊点位置。

（3）吊装复核的计算：复核计算吊装用的软带、吊索和吊点的受力情况。

（4）临时加固措施设计：刚度差的构件或吊点附近应力集中处，应根据吊装受力情况采用临时加固措施。

7.4.3 连接节点设计

1. 连接节点设计的一般规定

（1）工厂预制的组件的内部连接应符合强度和刚度的要求，组件间的连接质量应符合加工制作工厂的质量检验要求。

（2）预制组件间的连接可根据结构材料、结构体系和受力部位采用不同的连接形式。连接的设计应满足下列要求。

① 满足结构设计和结构整体性的要求。

② 受力合理，传力明确，避免被连接的木构件出现横纹受拉破坏。

③ 满足延性和耐久性的要求；当连接具有耗能作用时，可进行特殊设计。

④ 连接件宜对称布置，宜满足每个连接件能承担按比例分配的内力的要求。

⑤ 同一连接中不得考虑两种或两种以上不同刚度连接的共同作用，不得同时采用直接传力和间接传力两种传力方式。

⑥ 连接节点应便于标准化制作。

（3）应设置合理的安装公差。

（4）预制木结构组件与其他结构之间宜采用锚栓或螺栓进行连接。螺栓或锚栓的直径和数量应通过计算确定，计算时应考虑风荷载和地震作用引起的侧向力，以及风荷载引起的上拔力。

上部结构产生的水平力和上拔力应乘以 1.2 倍的放大系数。当有上拔力时,还应采用金属连接件进行连接。

(5)建筑部品之间、建筑部品与主体结构之间,以及建筑部品与木结构组件之间的连接应稳固牢靠、构造简单、安装方便,连接处应采取防水、防潮和防火的构造措施,并应符合保温隔热材料的连续性及气密性的要求。

2. 木组件之间的连接节点设计

木组件与木组件的连接可采用榫卯连接、钉连接、齿连接、螺栓连接、销钉连接、齿板连接、金属连接件连接,如图 7-4-6 所示。次梁与主梁、木梁与木柱连接时,宜采用钢插板、钢夹板和螺栓进行连接。

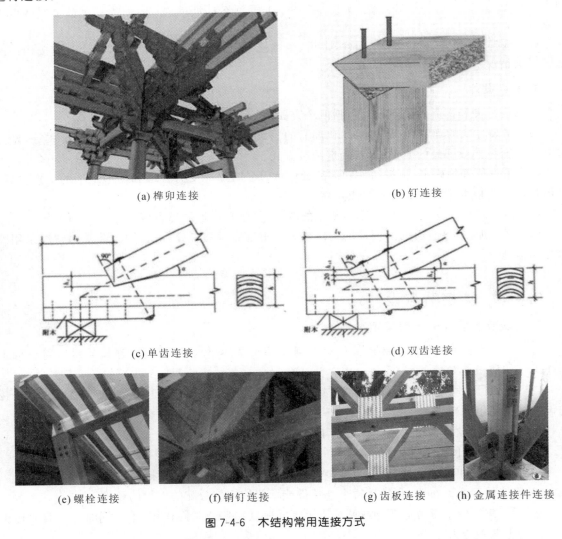

(a) 榫卯连接　　　　　　　　　　　　　　　(b) 钉连接

(c) 单齿连接　　　　　　　　　　　　　　　(d) 双齿连接

(e) 螺栓连接　　　(f) 销钉连接　　　(g) 齿板连接　　　(h) 金属连接件连接

图 7-4-6　木结构常用连接方式

钉连接和螺栓连接可采用双剪连接或单剪连接。当钉连接采用的圆钉的有效长度小于 4 倍钉直径时,不应考虑圆钉的抗剪承载力。

处于腐蚀环境、潮湿或有冷凝水环境的木桁架不宜采用齿板连接。齿板不得用于传递压力。预制木结构组件之间应通过连接形成整体,预制单元之间不应相互错动。

在单个楼盖、屋盖计算单元内,可采用能提高结构整体抗侧力的金属拉条进行加固。金属拉条可用作下列构件之间的连接构造措施:

(1)楼盖、屋盖边界构件的拉结或边界构件与外墙间的拉结;

(2)楼盖、屋盖平面内剪力墙之间或剪力墙与外墙的拉结;

(3)剪力墙边界构件的层间拉结;

(4)剪力墙边界构件与基础的拉结。

当金属拉条用于楼盖、屋盖平面内拉结时,金属拉条应与受压构件共同受力。当平面内无贯通的受压构件时,应设置填块。填块的长度应通过计算确定。

3. 木组件与其他结构的连接节点设计

(1)木组件与其他结构的水平连接应符合组件间内力传递的要求,并应验算水平连接处的强度。

(2)木组件与其他结构的竖向连接,除应符合组件间内力传递的要求外,还应符合被连接组件在长期作用下的变形协调要求。

(3)木组件与其他结构的连接宜采用销轴类紧固件的连接方式,连接时应在混凝土中设置预埋件。连接锚栓应进行防腐处理。

(4)木组件与混凝土结构的连接锚栓应进行防腐处理。连接锚栓应承担由侧向力引起的全部基底水平剪力。

(5)轻型木结构的螺栓直径不得小于 12 mm,间距不应大于 2.0 m,埋入深度不应小于 25 倍螺栓直径;地梁板的两端 100~300 m 处,应各设一个螺栓。

(6)当木组件的上拔力大于重力荷载代表值的 0.65 倍时,预制剪力墙两侧边界构件的层间连接或抗拔锚固件连接应按承受全部上拔力进行设计。

(7)当木屋盖和木楼盖作为混凝土或砌体墙体的侧向支撑时,应采用锚固连接件直接将墙体与木屋盖、木楼盖连接。锚固连接件的承载力应按墙体传递的水平荷载计算,且锚固连接沿墙体方向的抗剪承载力不应小于 3.0 kN/m。

(8)装配式木结构的墙体应支撑在混凝土基础或砌体基础顶面的混凝土梁上,混凝土基础或梁顶面砂浆应平整,倾斜度不应大于 0.2%。

(9)木组件与钢结构连接宜采用销轴类紧固件的连接方式。当采用剪板连接时,紧固件应采用螺栓或木螺钉,剪板采用可锻造铁制作。剪板的构造要求和抗剪承载力计算应符合国家现行标准《胶合木结构技术规范》(GB/T 50708—2012)的规定。

4. 其他连接

(1)外围护结构的预制墙板应采用合理的连接节点并与主体结构进行可靠连接;支撑外挂墙板的结构构件应具有足够的承载力和刚度;外挂墙板与主体结构宜采用柔性连接,连接节点应具有足够的承载力和适应主体结构变形的能力,并应采取可靠的防腐、防锈和防火措施。

(2)轻型木结构地梁板与基础的连接锚栓应进行防腐处理。连接锚栓应承担由侧向力引起的全部基底水平剪力。

地梁板应采用经加压防腐处理的规格材,其截面尺寸应与墙骨相同。地梁板与混凝土基础或圈梁应采用预埋螺栓、化学锚栓或植筋锚固,螺栓直径不应小于 12 mm,间距不应大于 2.0 m,埋置深度不应小于 300 mm,螺母下应设直径不小于 50 mm 的垫圈。在每根地梁板两端和每片剪力墙端部均应有螺栓锚固,端距不应大于 300 mm,钻孔孔径可比螺杆直径大 1~2 mm。地梁

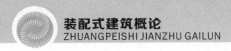

板与基础顶的接触面间应设防潮层,防潮层可选用厚度不小于0.2 mm的聚乙烯薄膜,存在的缝隙需用密封材料填满。

7.5 装配式木结构建筑的生产与施工

7.5.1 装配式木结构建筑的构件制作

装配式木结构建筑的构件(组件和部品)大多在工厂生产线上预制,包括构件预制、板块式预制、模块化预制和移动木结构。

1. 构件预制

构件预制是指单个木结构构件工厂化制作,如梁、柱等构件和组成组件的基本单元构件,主要适用于普通木结构和胶合木结构。构件预制是装配式木结构建筑的基础。木结构构件运输方便,并可根据客户的具体要求实现个性化生产,但现场施工组装工作量大。构件预制的加工设备大多为先进的数控机床。目前,国内大部分木结构企业引进了国外先进木结构加工设备和成熟技术,具备了一定的构件预制能力。

2. 板块式预制

板块式预制将整栋建筑分解成几个板块,在工厂预制完成后运输到现场吊装组合。预制板块的大小根据建筑物的体量、跨度、进深、结构形式和运输条件确定。通常,每面墙体、楼板和每侧屋盖构成单独的板块。预制板块根据开口情况分为开放式和封闭式两种。

开放式板块是指墙面没有封闭的板块,保持一面或双面外露,便于后续各板块之间的现场组装、安装设备与管线系统和现场质量检查。开放式板块集成了结构层、保温层、防潮层、防水层、外围护墙板和内墙板,是一面外露的板块,外侧是完工表面,内侧墙板未安装。

封闭式板块内外侧均为完工表面,且完成了设施布线和安装,仅各板块连接部分保持开放。这种建造技术主要适用于轻型木结构建筑,可以大大缩短施工工期。板块式木结构技术既充分利用了工厂预制的优点,又便于运输,包括长距离海运。例如,有些欧洲国家为降低建造成本,在中国木结构工厂加工板块,用集装箱运回欧洲,在工地现场安装。

3. 模块化预制

模块化预制可用于建造单层或多层木结构建筑。单层建筑的木结构系统一般由2～3个模块组成,多层建筑的木结构系统由4～5个模块组成。模块化木结构会设置临时钢结构支承体系以满足运输、吊装的强度与刚度要求,吊装完成后撤除。模块化木结构最大化地实现了工厂预制,又可实现自由组合,在欧美发达国家得到了广泛应用,在国内还处于探索阶段,是装配式木结构建筑发展的重要方向。

4. 移动木结构

移动木结构是整座房子完全在工厂预制装配的木结构,不仅在工厂完成所有结构拼装,还完成所有内外装修(管道、电气、机械系统和厨卫家具都安装到位)。房屋运输到建筑现场吊装安放在预先建造好的基础上,接驳上水、电和煤气后,马上可以入住。由于道路运输问题,目前移动木结构还仅局限于单层小户型住宅和旅游景区小体量景观房屋。

7.5.2　制作工艺与生产线

木结构构件制作车间如图 7-5-1 所示。下面以轻型木结构墙体预制为例,介绍木结构构件制作的工艺流程:对规格材进行切制;进行小型框架构件组合;墙体整体框架组合;结构覆面板安装;在多功能工作桥上进行钉卯、切割;为门窗的位置开孔;打磨;翻转墙体,敷设保温材料,蒸汽阻隔、铺石膏板等;进行门和窗的安装;外墙饰面安装。

7.5.3　制作要点

（1）预制木结构组件应按设计文件制作,制作工厂除了具备相应的生产场地和生产工艺设备外,应有完善的质量管理体系和试验检测手段,且应建立组件制作档案。

（2）制作前应制订制作方案,包括制作工艺要求、制作计划、技术质量控制措施、成品保护、堆放及运输方案等。制作前应对技术要求和质量标准进行技术交底与专项培训。

图 7-5-1　木结构构件制作车间

（3）制作过程中宜控制制作及储存环境的温度、湿度。木材含水率应符合设计文件的规定。

（4）预制木结构组件和部品在制作、运输和储存过程中,应采取防水、防潮、防火、防虫和防止损坏的保护措施。

（5）每种构件的首件须进行全面检查,符合设计与规范要求后再进行批量生产。

（6）宜采用 BIM 技术校正和组件预拼装。

（7）有饰面材料的组件,制作前应绘制排板图,制作完成后应在工厂进行预拼装。

251

7.5.4　验收要求

木结构预制构件验收包括原材料验收、配件验收和构件出厂验收。除了按木结构工程国家现行标准验收和提供文件与记录外,还应提供下列文件和记录:

（1）工程设计文件,包括深化设计文件。

（2）预制组件制作和安装的技术文件。

（3）预制组件使用的主要材料、配件及其他相关材料的质量证明文件、进场验收记录、抽样复验报告。

（4）预制组件的预拼装记录。预制木结构组件制作误差应符合国家现行标准的规定。

（5）预制正交胶合木构件的厚度宜小于 500 mm,且制作误差应符合表 7-5-1 的规定。

（6）预制木结构组件检验合格后应设置标识,标识内容宜包括产品代码或编号、制作日期、合格状态、生产单位等信息。

表 7-5-1　正交胶合木构件的允许偏差

类别	允许偏差
厚度 h	不大于 ± 1.6 mm 与 $0.02\,h$ 两者之间的较大值
宽度 b	$\leqslant 3.2$ mm
长度 L	$\leqslant 6.4$ mm

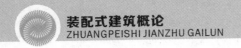

7.5.5 运输与储存

木结构组件和部品的运输须符合以下要求：

（1）制订装车固定、堆放支垫和成品保护方案。

（2）采取措施防止运输过程中组件移动、倾倒和变形。

（3）储存设施和包装运输应采取使其达到要求含水率的措施，并应有保护层包装，边角部宜设置保护衬垫。

（4）预制木结构组件水平运输时，应将组件整齐地堆放在车厢内。梁、柱等预制木组件可分层隔开堆放，上下分隔层垫块应竖向对齐，悬臂长度不宜大于组件长度的1/4。板材和规格材应纵向平行堆垛、顶部压重存放。

（5）预制木桁架整体水平运输时，宜竖向放置，支撑点应设在桁架两端节点支座处，下弦杆的其他位置不得有支撑物；在上弦中央节点的两侧应设置斜撑，应与车厢牢固连接；应按桁架的跨度大小设置若干对斜撑。数榀桁架并排竖向放置运输时，应在上弦节点处用绳索将各桁架彼此系牢。

（6）预制木结构墙体宜采用直立插放架运输和储存，插放架应有足够的承载力和刚度，并应支垫稳固。

预制木结构组件的储存应符合下列规定：

（1）木结构组件应存放在通风良好的仓库或防雨、通风良好的有顶部遮盖的场所内。堆放场地应平整、坚实，并应具备良好的排水设施。

（2）施工现场堆放的组件，宜按安装顺序分类堆放，堆垛场地宜布置在起重机工作范围内，且不受其他工序施工作业影响的区域。

（3）采用叠层平放的方式堆放时，应采取防止组件变形的措施。

（4）吊件应朝上，标志宜朝向堆垛间的通道。

（5）支垫应坚实，垫块在组件下的位置宜与起吊位置一致。

（6）重叠堆放组件时，每层组件间的垫块应上下对齐，堆垛层数应按组件、垫块的承载力确定，并应采取防止堆垛倾覆的措施。

（7）采用靠架堆放时，靠架应具有足够的承载力和刚度，与地面的倾斜角度宜大于80°。

（8）堆放曲线形组件时，应根据组件形状采取相应的保护措施。

（9）对在现场不能及时进行安装的建筑模块，应采取保护措施。

7.5.6 构件组装

装配式木结构建筑安装应按结构形式、工期要求、工程量以及机械设备等现场条件，合理设计装配顺序，组织均衡有效的安装施工流水作业。构件组装可根据现场情况、吊装要求等条件采用以工厂预制组件作为安装单元、现场对工厂预制组件进行组装后作为安装单元或者采用两种单元的混合安装单元进行构件组装。装配式木结构建筑的构件组装如图7-5-2所示。

现场构件组装时，未经设计允许不应对预制木结构组件实施切割、开洞等影响其完整性的行为。现场组装全过程中，应采取防止预制组件、建筑附件及吊件等受潮、破损、遗失或污染的措施。当预制木结构组件之间的连接件采用暗藏方式时，连接件部位应预留安装孔。组装完成后，安装孔应封堵。装配式木结构建筑安装全过程中，应采取安全措施，并应符合现行行业标准《建筑施工高处作业安全技术规范》（JGJ 80—2016）、《建筑施工起重吊装工程安全技术规范》（JGJ

276—2012)和《施工现场临时用电安全技术规范》(JGJ 46—2019)等的规定。

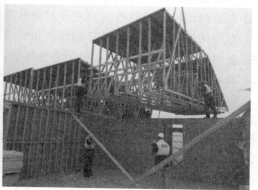

图 7-5-2　装配式木结构建筑的构件组装

7.5.7　构件涂饰

装配式木结构构件组装完毕,应严格按照规范要求进行涂饰,木构件涂饰一般包括以下内容:

(1) 清除木材面的毛刺、污物,用砂布打磨光滑。

(2) 打底层腻子,干后用砂布打磨光滑。

(3) 按设计要求的底漆、面漆及层次逐层施工。

(4) 混色漆严禁脱皮、漏刷、反锈、透底、流坠、皱皮。

(5) 清漆严禁脱皮、漏刷、斑迹、透底、流坠、皱皮,应表面光亮、光滑,线条平直。

(6) 桐油应用干净布浸油后挤干,揉涂在干燥的木材面上,严禁漏涂、脱皮、起皱、斑迹、透底、流坠,应表面光亮、光滑,线条平直。

(7) 木平台烫蜡、擦软蜡工程使用的蜡的品种、质量必须符合设计要求,严禁在施工过程中烫坏地板和损坏板面。

7.5.8　质检与维护

1. 施工质量控制

装配式木结构建筑应按照下列规定控制施工质量:

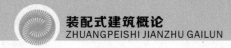

（1）木结构采用的木材（含规格材、木基结构板材）、钢构件和连接件、胶合剂及层板胶合木构件、器具及设备应进行现场验收。凡涉及安全、功能的材料或产品应按相应的专业工程质量验收规范的规定复验，并经监理工程师（建设单位技术负责人）检查认可。

（2）各工序应按施工技术标准控制质量，每道工序完成后，应进行检查。

（3）相关专业工种之间，应进行交接检验，并形成记录。未经监理工程师（建设单位负责任人）检查认可，不得进行下道工序施工。

2. 检查与维护

（1）装配式木结构建筑的检查应包括下列项目：

① 预制木结构组件内和组件间连接的松动、破损或缺失情况。

② 木结构屋面的防水、损坏和受潮等情况。

③ 木结构墙面和天花板的变形、开裂、损坏和受潮等情况。

④ 木结构组件之间的密封胶或密封条的损坏情况。

⑤ 木结构墙体面板固定螺钉的松动和脱落情况。

⑥ 室内卫生间、厨房的防水和受潮等情况。

⑦ 消防设备的有效性和可操控性。

⑧ 虫害、腐蚀等生物危害情况。

装配式木结构建筑的检查可目测观察或手动检查。当发现隐患时宜选用其他无损或微损检测方法进行深入检测。当有需要时，装配式木结构建筑可进行门窗组件气密性、墙体和楼面隔声性能、楼面振动性能、建筑围护结构传热系数、建筑物动力特性等专项测试。

（2）对于检查项目中不符合要求的内容，应组织实施一般维护。一般维护包括以下内容：

① 修复异常连接件；

② 修复受损木结构屋盖板，并清理屋面排水系统；

③ 修复受损墙面、天花板；

④ 修复外墙围护结构渗水；

⑤ 更换或修复已损坏或已老化的零部件；

⑥ 处理和修复室内卫生间、厨房的渗漏水和受潮；

⑦ 更换异常消防设备。

一般维护无法修复的项目，应组织专业施工单位进行维修、加固和修复。

思考题

1. 什么是装配式木结构建筑？其主要特点有哪些？

2. 装配式木结构建筑的优缺点是什么？

3. 装配式木结构建筑的主要连接方式有哪些？

4. 装配式木结构建筑的连接节点设计应遵循哪些原则？

5. 简述装配式木结构的类型。

Chapter 8

任务 8　了解装配式建筑的管理

学习任务:

- 了解装配式建筑工程全生命周期管理各阶段的要点;
- 熟悉装配式建筑工程管理各方的主要职责;
- 熟悉建筑工程常见的工程管理模式;
- 熟悉 EPC 模式的特点、管理流程及管理关键点;
- 熟悉装配式建筑采用 EPC 模式的必然性及优势;
- 熟悉装配式建筑对信息化协同管理系统的要求。

重难点:

- EPC 模式的特点、管理流程及管理关键点;
- 装配式建筑采用 EPC 模式的原因;
- 装配式建筑对信息化协同管理系统的要求。

8.1　工程管理模式

工程管理模式是企业技术创新发展的环境、动力和源泉,是装配式建筑在项目实施过程中的重要基础和保障,是保证工程建设的质量、效率和效益的关键。信息化是企业现代化管理的重要手段,是企业将运营管理逻辑与信息互联技术深度融合,进而实现工程管理精细化和高度组织化的方法。技术是企业创新发展的灵魂,采用什么样的技术,决定了企业应该采用什么样的管理模式。技术、管理与信息化的融合发展,可以提升并打造企业的核心竞争能力。装配式建筑的发展是一个长期的、艰苦的、全方位的创新过程,需要科学的管理组织,需要建立一个高效的工程管理体系。装配式建筑的持续健康发展,应包括三个方面的重大任务:一是建立先进的技术体系;二是建立现代的建筑产业体系;三是建立高效的工程管理体系。

8.1.1　工程管理的现状

建筑业是国民经济的支柱产业。改革开放以来,我国建筑业快速发展,建造能力不断增强,产业规模不断扩大,吸纳了大量农村劳动力,带动了大量关联产业,对经济社会发展、城乡建设和民生改善做出了重要贡献。但也要看到,建筑业仍然大而不强,监管体制机制不健全、技术系统集成水平低、工程建设管理方式落后、企业核心竞争力不强、工人技能素质偏低等问题较为突出。这些问题集中反映了我国建筑业目前仍是一个劳动密集型、建造方式相对落后的传统产业,发展

不平衡、不充分的问题还十分突出,这种传统粗放的建造方式已不能适应新时代高质量发展的要求。

上述问题的根本原因,是我国建筑业长期以来一直延续着计划经济体制下形成的管理体制机制,虽然在某些方面进行了改革,但是从企业经营活动中看,建筑企业的经营管理理念、组织管理内涵和核心能力建设等方面没有发生根本性改变,尤其是在工程建设的全过程中,设计、生产、施工相互脱节,房屋建造的过程不连续,整个工程项目管理"碎片化",不是高度组织化;经营目标切块分割,不是整体效益最大化。这些问题已经直接影响了建筑工程的安全、质量、效率和效益。

当前,建筑业正处在转型升级的关键时期,面临的最大挑战是有效实施新旧产业的变革,从高速增长阶段向高质量发展阶段转变。建筑业如何尽快改变传统落后的生产经营管理方式,调整产业结构,转变增长方式和工程管理模式,打造新时代经济社会发展的新引擎,实现创新发展,其意义十分重大而深远。

工程管理模式是保证工程建设质量、效率、效益以及顺利实施的关键所在,随着经济社会的发展和科技水平的进步,工程管理模式发挥着不可忽视的重要价值,在工程整个发展过程中占有十分重要的地位。

国家以大力发展装配式建筑为"引擎"和"驱动力",走新型建筑工业化道路,推进建筑业转型升级,实现建造方式的重大变革,是建筑业新旧体制机制转换、实现生产方式革命的重要举措。在当前我国工业化、信息化和现代化高速发展的背景下,建筑业必然要迈向建筑产业现代化,建筑工程管理模式必将发生根本性变革。

8.1.2 工程管理的发展趋势

1. 工程管理的国际化发展

在我国经济不断与全球市场相互交融的情况下,我国国内不断涌现越来越多的跨国公司和跨国项目,同时,我国国内工程企业在海外的项目也不断增加,工程管理模式逐渐呈现国际化的发展趋势。国外企业往往会利用资金、技术以及管理等方面的优势试图占领我国市场,特别是工程项目的承包市场。在此前提下,我国企业为提高自身竞争力,必将进行工程管理模式变革,使其逐渐适应国际市场,满足国际市场的实际需要。

2. 工程管理的信息化发展

当前,我国信息化技术前所未有的迅猛发展,不仅深刻影响了人们的生产和生活方式,而且对陈旧的经营观念、僵化的组织机制、粗放的管理模式等各个方面进行着深刻的变革。信息时代的到来推动着各个领域的进步,工程建设领域也不例外。工程管理为满足动态化信息的管理需要,必须加快改变传统的管理模式,确保有效的信息技术与工程管理模式的有机结合,才能真正实现工程项目经济效益和社会效益的双向发展。信息化技术在建设领域的广泛应用不但改变着建筑业的体制机制,也改变着工程建造活动的技术体系、组织模式、管理手段和方法。建筑业正在经历一场建造方式的重大变革,而信息技术是推动这场革命的重要手段和主要力量之一。

3. 工程管理的全产业链发展

我国工程在建设过程中,往往被划分成为几个相对独立的环节,且不同环节往往会通过不同的职能部门或者企业来实现。这种职能分割的现象在一定程度上致使工程建设各方缺乏整体意识,同时也造成人力资源的浪费,无法达到真正意义上的决策正确性和合理性。在工程发展规模不断扩大的情况下,工程必须实现整体观念,且必须保证各个独立环节之间的协调性和整体性,不同职能部门或者企业同样承担着不同环节的责任和义务,这种局势的转变不仅有利于实现工程管理的专业化和信息化,同时也有助于降低工程风险。

4. 工程管理与技术一体化发展

按照政治经济学的技术决定管理的理论,装配式建筑的发展离不开技术与管理两个核心要素,二者缺一不可,必须要一体化融合发展。因此,发展装配式建筑,必然要充分发挥工程管理的作用,必须要整合优化全产业链上的资源,运用信息技术手段解决设计、生产、施工一体化的管理问题,并且在工程管理模式上有所突破和创新发展,才能保证装配式建筑持续健康发展。装配式建筑发展初期,存在增加建造成本的问题,其深层次原因在于,企业还没有形成优化的、系统的、科学合理的技术与管理融合的运营体系,没有专业队伍和熟练工人,尚未建立现代化企业管理模式。因此,现阶段解决装配式建筑建造成本增加的有效手段,就是建立高效的、一体化的工程管理模式,这是装配式建筑持续、健康发展的必然要求。在大力发展装配式建筑的新的历史条件下,现行的工程管理模式必然要发生根本性变革。

8.1.3 常见的工程管理模式

1982年,日本大成公司承包我国鲁布革水电站引水隧道工程时推行项目管理,揭开了我国工程管理模式改革的新篇章。发展至今,常见的工程管理模式包括设计-招标-建造(design-bid-build,DBB)模式、设计-建造(design-build,DB)模式、施工-管理(construction-management,CM)模式、项目管理承包(project-management-contracting,PMC)模式、工程总承包(engineering-procurement-construction,EPC)模式等。

1. DBB 模式

DBB模式也称施工总承包模式,是现行的普遍采用的一种工程管理模式。DBB模式是经过建设单位的项目决策阶段和准备阶段后,由建设单位委托设计单位进行项目设计,然后通过确认的设计图纸进行施工招标,由中标的施工单位进行施工的一种模式。在DBB模式下的建筑工业化产业链中,建设单位是核心,其最突出的特点是强调工程项目的实施必须按照设计、招标、建造的顺序进行,只有一个阶段结束后另一个阶段才能开始。

DBB模式主要适用于建设规模不大,特别是普通工业民用工程项目;或是建设规模虽然较大,但施工详图和招标设计图纸完备,且业主的项目管理人员和协调管理能力不足的工程项目。

DBB模式的优点:通用性强,可自由选择咨询、设计、监理方,各方均使用标准的合同文本,有利于合同管理、风险管理和减少投资。

DBB模式的缺点:工程项目要经过规划、设计、施工三个环节之后才移交给业主,项目周期长;业主管理费用较高,前期投入大;变更时容易引起较多索赔。

2. DB 模式

DB模式是近年来在国际工程中常用的现代工程管理模式之一,又被称为设计和施工(design-construction),交钥匙工程(turnkey),或者一揽子工程(package deal)。DB模式是广义工程总承包模式的一种,是指工程总承包企业按照合同约定,承担工程项目的设计和施工工作,并对承包工程的质量、安全、工期、造价全面负责。

DB模式的优点:DB模式能够实现单一责任制,减少推诿和索赔,从而降低成本;设计、施工一体化,能够缩短工期;在设计阶段,总承包商可结合施工现场的施工人员的实际情况,采用先进的施工技术和施工工艺,发挥自己的技术优势和集成化管理优势,降低工程成本,提高劳动生

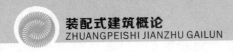
产率。

DB 模式的缺点：由于承包商同时负责设计与施工，承包商的风险会增加；工程设计可能会受到承包商利益的影响，承包商的设计可能不能够充分体现业主的要求，因而导致业主对设计阶段工程项目的质量控制相对传统模式减弱。

3. CM 模式

CM 模式又称阶段发包方式，业主在项目开始阶段就雇用施工经验丰富的咨询人员（即 CM 经理）参与到项目中，负责对设计和施工整个过程的管理，打破了过去那种待设计图纸完成后，才进行招标建设的连续建设生产方式。其特点是：由业主和业主委托的工程项目经理与工程师组成一个联合小组共同负责组织和管理工程的规划、设计和施工。完成一部分分项（单项）工程设计后，即对该部分进行招标，发包给一家承包商，没有总承包商，由业主直接按每个单项工程与承包商分别签订承包合同。

CM 模式的优点：能有效控制设计变更，降低成本风险，节约投资；缩短项目建设周期，使部分工程分批交付使用，提前获得效益。

CM 模式的缺点：增加了项目管理风险，且由于 CM 模式适合规模大、建设周期长且工期要求紧、技术复杂的项目，因此一旦发生设计变更，会造成较大的设计变更费用。

4. PMC 模式

PMC 模式是指由业主通过招标的方式聘请一家有实力的项目管理承包商（公司或公司联营体，以下简称 PMC 承包商），对项目全过程进行集成化管理。这种模式下，PMC 承包商与业主签合同，并与业主咨询顾问进行密切合作，对工程进行计划、组织、协调和控制。PMC 承包商一般具有监理资质，如不具备监理资质，则需另行聘请监理单位。项目管理承包模式下施工承包商具体负责项目的实施，包括施工、设备采购以及对分包商的管理。

对大型项目而言，由于项目组织比较复杂，技术、管理难度比较大，需要整体协调的工作比较多，业主往往都选择 PMC 承包商进行项目管理。

PMC 模式的优点：业主所选用的 PMC 承包商的技术实力和管理水平都很高，有助于提高整个项目的管理水平；业主采用"成本加奖酬"的形式，对业主进行成本控制比较有利；PMC 模式会在确保项目质量、工期等目标完成的情况下，尽量为业主节约投资；PMC 承包商对项目进行包括各个阶段、各个环节在内的全面优化，将促使项目在投产之后的整个生产寿命周期获得良好的经济效益等。

PMC 模式的缺点：在 PMC 模式中，业主方很大的风险在于能否选择一个高水平的 PMC 承包商，一般选择 PMC 承包商的时间比较长且费用较高，这必然会影响一定的工作效率；在 PMC 模式中，业主参与工程的程度低，变更权力有限，协调难度大；PMC 模式一般适用于投资额大且工艺技术比较复杂的国际性大型项目，适用范围狭窄，且管理项目繁杂、难度大。

5. EPC 模式

EPC 模式即设计-采购-建造模式，在我国又称为工程总承包模式，是国际通行的建设项目组织实施方式，是指从事工程总承包的企业按照与建设单位签订的合同，对工程项目的设计、采购、施工等实行全过程承包，并对工程的质量、安全、工期和造价等全面负责的承包方式。目前针对装配式建筑的发展，在国家和地方出台的指导意见中都明确提出，要大力推行 EPC 模式，这是保持装配式建筑持续、健康发展的有效措施和必然要求。

本任务在下一节将重点介绍 EPC 模式的概念、内涵和特点等详细内容。

装配式建筑具有标准化设计、工厂化生产、装配化施工、一体化装修、全过程信息化管理的特征,与 EPC 模式的集约化、一体化管理理念相契合。

8.2.1 EPC 模式介绍

1. EPC 模式的概念

工程总承包简称 EPC,是国际通行的建设项目组织实施方式。EPC 模式最早起源于 20 世纪 60 年代的西方国家,这种新的管理模式是随着项目复杂性增加以及业主缩短建设时间和减少建设成本等方面的要求而产生的。在 EPC 模式下,业主只需要提出项目可行性研究报告、项目初步方案清单和技术策划要求,其余工作均可由工程总承包单位来完成。工程总承包商承担设计风险、自然力风险、不可预见的风险等大部分风险。设计不仅包括具体的设计工作,而且包括整个建筑工程内容的总体策划以及整个建筑工程实施组织管理的策划和具体工作;采购也不是一般意义上的建筑设备、材料采购,而更多的是指专业设备、材料的集中采购;建造应理解为比施工更广义的"建设",其内容包括施工、安装、试车、技术培训等。EPC 管理的本质,就是充分发挥总承包商的集成管理优势,而不仅仅是施工总包或技术优势。

一般来说,工程总承包模式是根据项目特点多种模式并存的,主要拓展的工程总承包模式有设计-采购-施工-管理(engineering-procurement-construction-management,EPCM)总承包模式、设计-采购-施工-监理(engineering-procurement-construction-superintendence,EPCS)总承包模式、设计-采购-施工咨询(engineering-procurement-construction-advisory,EPCA)总承包模式等。

现代建筑日益大型化、复杂化、多元化,在项目建设中的风险因素越来越多,大部分业主并不具备完成项目全方位管理的专业能力;随着项目中借贷资金及其利息所占比例的增大,技术更新周期的缩短,市场竞争压力的增大,业主对项目建设时间更加敏感,需要更快完成项目的建设以便尽早投产;绝大多数的项目在策划阶段就设定了项目的投资额度上限,在此基础上用尽可能低的造价来建成整个项目,业主才能盈利。因此业主希望以较短的时间、较低的价格来完成复杂项目的建设工作,同时将实施中的绝大部分风险让承包商来承担。

EPC 模式,能够基本实现业主的上述要求。对于业主来说,可以将绝大部分风险转移出去,而且可以让更专业的公司负责项目的统筹管理;对于专业的总建筑企业来说,也可以通过发挥自身的管理、技术优势降低风险,同时赚取较高的利润。因此,EPC 模式成为建筑业工程管理模式发展的主要趋势。

2. EPC 模式的特点

在 EPC 模式下,总承包商负责项目的设计、采购、施工全过程工作,在合同允许的范围内,总承包商可将设计、采购、施工部分进行专业分包,专业分包商向工程总承包商负责,工程总承包商向业主负责,工程总承包商统筹管理各参与方。EPC 模式的组织结构图如图 8-2-1 所示。

EPC 模式具有如下特点。

1) 责任主体明确

业主与总承包商签订合同,总承包商负责项目的全过程工作,总承包商可将部分工作委托给

259

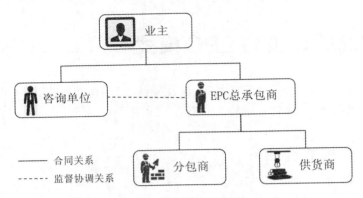

图 8-2-1　EPC 模式的组织结构图

专业分包商,专业分包商对总承包商负责,工作指令明确,责任界面清晰。

2)整体效益最大化

EPC 模式是一种以向业主交付最终产品、服务为目的,实行"一口价、交钥匙"的总包方式,是对整个项目实行整体策划、全面部署、协调运营的系统承包体系,承担项目的大部分风险,同时也使工程项目整体效益最大化。

3)项目系统全面控制

EPC 模式的总承包商全面负责项目的设计、采购、施工各环节,处于项目的核心领导地位。以设计为主导,使设计、采购、施工的工作深度协调配合,加强各参与方的信息沟通,缩短工期,提高项目管理效率。

3. EPC 模式的管理流程

应用 EPC 模式时,业主提出投资意图、目标和要求,并对总承包商的文件进行审核,总承包商负责项目的设计、生产、施工、运维工作,并对项目的进度、质量、费用、安全、信息沟通等全面负责。EPC 模式下装配式建筑项目的主要参与方包括业主、总承包商、分包商、咨询单位和供应商。根据项目需求,总承包商可将部分设计、施工工作分包给专业分包商。

管理内容包括七个方面:组织模式、合同关系、信息管理、进度管理、质量管理、费用控制和协调管理。总承包商通过建立管理信息化平台,为各参与方提供了协同交流的平台,从项目策划,直至设计、构件生产、装配施工、运行和维护各阶段的全过程信息能够及时传递和交互,提高生产、管理效率,如图 8-2-2 所示。

1)策划阶段

在这个阶段需要对项目进行可行性研究,评估立项,确定项目的总投资额、总体进度,明确部门建设和项目组织形式,明确项目各参与方和各参与人员的职责分工。

2)设计阶段

EPC 模式下工程项目管理是以设计为主导的,项目费用控制的关键阶段就是设计阶段,在设计阶段完成初步设计和施工图设计,同时将设计与采购、施工、调试进行合理的交叉与协调,能够有效避免由于设计而造成的采购、施工问题,有利于降低工程成本和工程工期,提高项目管理效益。

3)采购阶段

采购阶段根据设计要求采购工程所需的所有设备、材料,明确设备和材料的材质、功能和规格,严格按照采购合同采购,控制好材料运输时间对工程进度的影响。

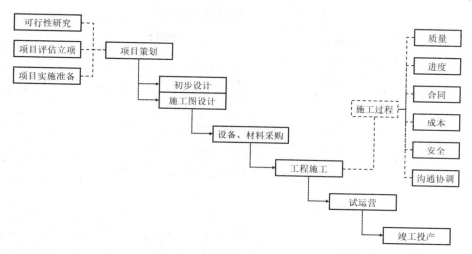

图 8-2-2　EPC 模式的管理流程图

4）施工阶段

施工阶段是整个项目的重要阶段，是工程总承包管理难度最大的阶段，对项目的质量、进度、费用、材料、信息管理等进行严格控制，加强分包管理，做好各参与方和各专业部门的协调工作。在施工阶段设计人员要做好施工辅助协调工作，减少设计变更，做好施工与设计、采购的衔接。

5）项目验收移交阶段

本阶段是项目实施的最后阶段，总承包商组织验收，做好合同收尾和管理收尾两项工作，项目投产使用后，将项目移交给业主单位，还需要对业主操作人员进行培训，明确项目服务以及保修期的工作内容。

4. EPC 模式的运营管理关键点

EPC 模式的运营管理关键点包括三个方面。

（1）业主在招标文件中只提出自己对工程的原则性的功能上的要求（有时还包括工艺流程图等初步的设计文件，视具体合同而定），而非详细的技术规范。各投标的承包商根据业主的要求，在验证所有有关的信息和数据、进行必要的现场调查后，结合自己的人员、设备和经验情况提出初步的设计方案。业主通过比较，选定承包商，并就技术和商务两方面的问题进行谈判、签订合同。

（2）在合同实施的过程中，承包商有充分的自由按照自己选择的方式进行设计、采购和施工，但是最终完成的工程必须要满足业主在合同中规定的性能标准。业主对具体工作过程的控制是有限的，一般不得干涉承包商的工作，但要对其工作进度、质量进行检查和控制。

（3）合同实施完毕时，业主得到的应该是一个配备完毕、可以即刻投产运行的工程设施。有时，在 EPC 项目中承包商还承担可行性研究的工作。EPC 模式如果加入了项目运营期间的管理或维修，还可扩展为 EPC 加维修运营（EPCM）模式。

5. EPC 项目中业主与承包商的责任范围

表 8-2-1 总结了在 EPC 项目的整个过程中，业主和承包商在各实施阶段的主要工作内容。其中，业主的工作一般委托全过程专业咨询公司完成。

261

表 8-2-1　EPC 项目中业主与承包商的责任划分

项目阶段	业主	承包商
机会研究	项目设想转变为初步项目投资方案	
可行性研究	通过技术策划以及技术经济分析判断投资建议的可行性	
项目评估立项	确定是否立项和发包方式	
项目实施准备	组建项目机构,筹集资金,选定项目地址,确定工程承包方式,提出功能性要求和清单,编制招标文件	
初步设计规划	对承包商提交的招标文件进行技术和财务评估,和承包商签订合同	提出初步的设计方案,递交投标文件,通过谈判和业主签订合同
项目实施	检查进度和质量,确保变更,评估其对工期和成本的影响,并根据合同进行支付	施工图和深化设计图的绘制、设备、材料采购和施工队伍的选择,施工的进度、质量、安全管理等
项目验收移交	竣工检验和竣工后检验,接收工程,联合承包商试运行	接收单体和整体工程的竣工检验,移交工程

8.2.2　装配式建筑与 EPC 模式

发展装配式建筑应用 EPC 模式,能够有效解决设计、生产、施工三者的脱节,产业链不完善,信息化程度低,组织管理不协调等问题。因此,在国家以及地方政府相继出台的发展装配式建筑的政策措施中,都明确提出:发展装配式建筑要采用 EPC 模式。EPC 模式已成为发展装配式建筑的必然选择。

1.装配式建筑采用 EPC 模式的必然性

1)设计与施工相分离的生产组织模式难以适应装配式建筑的建造特点

从目前国内的发展来看,装配式建筑的发展并没有形成应有的规模,不仅仅是技术层面上的欠缺,项目的组织与管理方面亦有诸多欠缺。传统的设计、施工相互割裂、各自为政的建设模式,设计、施工企业只对各自承担的设计、施工部分负责,缺乏对项目整体实施的考虑,两者之间衔接缺乏协调,对实施中出现的问题往往互相推诿,责任不清,影响了工程质量、安全、工期和造价。

设计与施工脱节,施工协调工作量大,管理成本高,责任主体多、权责不够明晰,会造成工期拖延、造价突破等问题。多数建筑设计者、结构工程师只通过图纸与施工现场产生联系,极少有设计者直接参与现场施工过程。另外,在尚未进行招标确定施工企业的建筑设计阶段,设计师只能够按照一般建筑最普遍的施工模式来进行设计,以保证建筑物的可实现性。因此多数设计师不能考虑施工中具体的生产组织方式,正是由于这种现实的障碍,才导致现浇结构成为目前建筑结构体系的主流。

装配式建筑更需要高质量的设计工作,设计必须在构件生产之前完成,生产开始后出现的设计缺陷,需要付出更高的经济成本和更多的时间修复。装配式建筑的设计综合性较强,除需要建筑、结构、给排水、暖通、电气等专业的互相协作外,尚需考虑预制构件生产、运输及现场施工等的操作需要。因此,对项目的整体规划是必不可少的,这种规划需要与结构设计、构件生产和施工等过程适当地合并。概念方案设计(或方案设计)之后的施工图设计,有必要综合考虑施工中具体的生产组织方式,根据供应商所提供的标准化构件来"拼装"建筑,从而实现建筑物的预制拼装化与生产工业化。

2) EPC 模式能够实现设计、施工的深度融合和统一管理

与设计、施工分别发包的传统工程建设模式相比,EPC 模式具有更加明显的优势,尤其适合装配式建筑。EPC 项目在设计阶段充分考虑构件生产、运输和现场装配施工的可行性,开展深化设计和优化设计,能够有效节约投资。EPC 模式还有可能实现设计和施工的合理交叉,缩短建设工期;能够发挥责任主体单一的优势,由工程总承包企业对质量、安全、工期、造价全面负责,明晰责任;有利于发挥工程总承包企业的技术和管理优势,实现设计、采购、施工等各阶段工作的深度融合和资源的高效配置,提高工程建设水平。

对于一般工程的建设管理,EPC 模式是一种非强制性的发展方向,但对于装配式建筑而言,EPC 模式是一种必然性的选择。只有实现设计、施工一体化,才能在各种现实的标准化的构配件、工艺流程与预期建筑物之间建立必然的关系。2016 年,住房和城乡建设部出台了建市〔2016〕93 号文《关于进一步推进工程总承包发展的若干意见》中明确,装配式建筑应当积极采用工程总承包模式。

3) EPC 模式有助于消解装配式建筑的增量成本

装配式建筑在推进过程中存在的突出问题之一就是 PC 构件的增量成本问题,在 EPC 模式下,总承包商作为项目的主导者,从全局进行管理,设计、生产、采购、施工几个环节深度交叉和融合,在设计阶段确定构件、部品、物料,然后进行规模化的集中采购,减少项目整体的采购成本。在总承包商的统一管理下,各参与方将目标统一到项目整体目标,全过程优化配置使用资源,统筹各专业和各参与方信息沟通与协调,减少工作界面,降低建造成本。

4) EPC 模式有利于缩短建造工期

在 EPC 模式下,对装配式建筑项目进行整体设计,在设计阶段制订生产、采购、施工方案,有利于各阶段合理交叉,缩短工期;还能够保证工厂制造和现场装配式技术的协调,以及构件产出与现场需求相吻合,缩短整体工期。借助 BIM 技术,总承包商统筹管理,各参与方、各专业信息能够及时交互与共享,提高效率,减少误差,避免了沟通不畅,减少了沟通协调时间,从而缩短了工期。

5) EPC 模式能够整合全产业链资源,发挥全产业链优势

装配式建筑项目应用传统工程管理模式的突出问题之一就是设计、生产、施工脱节,产业链不完善,而 EPC 模式整合了全产业链上的资源,利用信息技术实现了咨询规划、设计、生产、装配施工、管理的全产业链闭合,发挥了最大效率和效益。

6) EPC 模式有利于发挥管理的效率和效益

发展装配式建筑有两个核心要素:技术创新和管理创新。现阶段装配式建筑项目运用新的技术成果时仍采用传统粗放的管理模式,项目的总体质量和效益达不到预期的效果,应用 EPC 模式能够解决管理中的问题,解决层层分包、设计与施工脱节等问题,充分发挥管理的效率与效益。

2. EPC 模式在装配式建筑管理中的优势

发展装配式建筑并推行 EPC 模式,可以有效地建立先进的技术体系和高效的管理体系,打破产业链的壁垒,解决设计、生产、制作、施工一体化的问题,解决技术与管理脱节的问题。采用 EPC 模式能保证工程建设高度组织化,解决先期成本提高问题,实现资源优化、整体效益最大化,这与建筑产业现代化的发展要求与目的不谋而合,具有一举多得之效。装配式建筑采用 EPC

模式的主要优势具体体现在四个方面。

1）规模优势

采用 EPC 模式，可以使企业实现规模化发展，逐步做大做强，并具备和掌握与工程规模相适应的条件和能力。

2）技术优势

采用 EPC 模式，可进一步激发企业创新能力，促进研发并拥有核心技术和产品，由此提升企业的核心能力，为企业赢得超额利润。

3）管理优势

采用 EPC 模式，可形成具有企业特色的管理模式，把企业的活力充分发挥出来。

4）产业链优势

EPC 模式，可以整合优化整个产业链上的资源，解决设计、制作、施工一体化的问题。

3. EPC 模式在装配式建筑管理中的主要作用

1）节约工期

设计单位与施工单位协调配合，分阶段设计，可以使施工进度大大提升。

2）成本可控

EPC 模式是全过程管控。工程造价控制融入了设计环节，注重设计的可施工性，可减少变更带来的索赔，最大限度地保证成本可控。

3）责任明确

采用 EPC 模式可以使工程质量责任主体清晰、明确，一个责任主体可以避免职责不清。EPC 模式可以最大限度减少设计文件的"错、漏、碰、缺"。

4）管理简化

在工程项目实施的设计管理、造价管理、商务协调、材料采购、项目管理及财务税制等方面，统一在一个企业团队管理，便于协调，避免相互扯皮。

5）降低风险

采用 EPC 模式，避免了不良企业挂靠中标，以及项目实施中的大量索赔等后期管理问题，杜绝了"低价中标高价结算"的风险、隐患。

8.3 装配式建筑工程全生命周期管理

8.3.1 装配式建筑工程全生命周期的构成

建筑工程全生命周期是以建筑工程的规划、设计、建设和运营维护、拆除、生态复原——一个工程的"从生到死"过程为对象，即从建筑工程或工程系统的萌芽到拆除、处置、再利用及生态复原的整个过程。装配式建筑工程全生命周期主要包括六个阶段：前期策划阶段、设计阶段、工厂生产阶段、现场装配阶段、运营维护阶段、拆解再利用阶段，如图 8-3-1 所示。

1. 前期策划阶段

在前期策划阶段，要从总体上考虑问题，提出总目标、总功能要求。这个阶段从工程构思开始到批准立项为止，其工作内容包括工程构思、目标设计、可行性研究和工程立项。该阶段在装

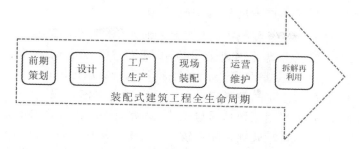

图 8-3-1　装配式建筑工程全生命周期示意图

配式建筑工程全生命周期中的时间不长,往往以高强度的能量、信息输入和物质迁移为主要特征。

2. 设计阶段

设计阶段包括初步设计、技术设计和施工图设计,在该阶段要将工程分解为各个子系统(功能区)和专业工程(要素),将工程项目分解到各个阶段和各项具体的工作,对它们分别进行设计、估算费用、计划、安排资源和实施控制。

3. 工厂生产阶段

预制构件生产厂按照设计单位的部品和构配件要求进行生产,生产的构件在达到设计强度并质检合格后出厂。

4. 现场装配阶段

部品和构配件运输至施工现场,对部品和构配件进行现场装配施工。这个阶段包括装配式建筑工程及工程系统形成的一系列活动,直至建筑物交付使用为止。通常来说,此阶段历时也较短,伴随着高强度的物质、信息输入,此阶段的物质、信息输入直接影响建筑成品的使用与维护。

5. 运营维护阶段

这个阶段是装配式建筑工程及工程系统在全生命周期中较为漫长的阶段之一,是满足消费者用途的阶段。此阶段往往持续几十年甚至上百年,物质、信息和能量的输入、输出虽然强度不大,但是由于时间漫长,其物质、信息输入、输出仍然占据全生命周期很大比重。

6. 拆解再利用阶段

这个阶段可以被认为是装配式建筑工程及工程系统建造阶段的逆过程,发生在装配式建筑工程及工程系统无法继续实现其原有用途或是由于出让地皮、拆迁等原因不得不被拆除之时,包括工程及工程系统的拆除和拆除后建筑材料的运输、分拣、处理、再利用等过程。因此,此阶段能量、信息和物质的输入、输出强度都很小。

8.3.2　装配式建筑工程管理的必要性

随着现代科学技术的高速发展,很多人把对科学技术的追求放到至关重要的地位。但从我国改革开放的实践来看,很多企业或产业发展不好,致命的因素是疏于管理或管理不当。装配式建筑在国外已经发展多年,且已被证明具有较大优势,但这种优势是在有效管理的基础上才能充分体现出来的。

1. 有效的管理为行业的良性发展保驾护航

从政府管理角度,应制定适合装配式建筑发展的政策,并贯彻落实到位。推动主体结构装配与全装修同步实施;推进管线分离、同层排水的应用;建立适应装配式建筑的质量安全监管模式,加大对装配式建筑建设过程的质量和安全的管理;推动工程总承包模式。

从企业管理角度,装配式建筑的各紧密相关方都需要良好的管理。甲方是推动装配式建筑发展和管理的牵头单位,是否采用工程总承包模式,是否能够有效整合协调设计,施工,部品、部件生产企业等,都是直接关系装配式项目能否较好完成的关键因素,甲方的管理方式和能力起到决定性作用。对于设计单位,是否充分考虑了组成装配式建筑的部品、部件的生产、运输、施工的便利性因素,是决定项目顺利实施的重要因素。对于施工单位,是否科学设计了项目的实施方案,比如塔式起重机的布置,吊装班组的安排,部品、部件运输车辆的调度等,对于项目是否省工、省力都有重要作用。同样,监理和生产等企业的管理,都会在各自的职责范围内发挥重要的作用。

2. 有效的管理保证各项技术措施的有效实施

装配式建筑实施过程中生产、运输、施工等环节都需要有效的管理,也只有有效的管理才能保证各项技术措施的有效实施。比如,装配式建筑的核心是连接,连接的好坏直接关系着结构的安全,有了高质量的连接材料和可靠的连接技术,如果缺少有效的管理,操作工人没有意识到或者是根本不知道连接的重要性,就会给装配式建筑带来灾难性的后果。

事实证明,对装配式建筑进行科学的管理十分重要,甚至比技术更重要。

8.3.3 装配式建筑工程管理的构成

装配式建筑工程管理涉及多方工作,需要政府、开发企业、施工单位、生产厂家、监理单位、运营维护单位等多方共同管理,方能体现装配式建筑的优势。根据各方的管理职责及内容不同,又可将管理内容分为政策支持、质量监管、安全监管等内容。

1. 政府对装配式建筑的管理

1)制度管理

在我国,特别是装配式建筑发展初期,政府应主要做好顶层设计(法律、制度、规则)、提供政策支持和服务、进行工程和市场监管、鼓励科技进步等工作。其中,国家行业主管部门与地方政府尤其是市级政府的职责有所不同。国家行业主管部门应做好装配式建筑发展的顶层设计,统筹协调各地装配式建筑发展,制定装配式建筑通用的标准、规范及相关政策,制定奖惩制度并加大监管,开展交流及技术培训工作。地方政府应在中央政府制定的装配式建筑发展框架内,结合地方实际情况,制定有利于本地区产业发展的政策和具体措施,开展试点示范工程建设,做好建设各环节的审批、服务和验收管理,开展技术培训,可通过行业协会组织培养技术、管理和操作环节的专业人才和产业工人队伍,同时地方政府的各相关部门应依照各自职责做好对装配式建筑项目的支持和监管工作。

2)质量管理

装配式建筑各环节的质量管理要点如图8-3-2所示。

3)安全管理

安全管理应当覆盖装配式建筑构件制作、运输、入场、存储和吊装等各个环节。政府通过制定相关安全制度,加强技术人员培训,定期开展安全专项检查,从开始阶段就规范安全生产,对存

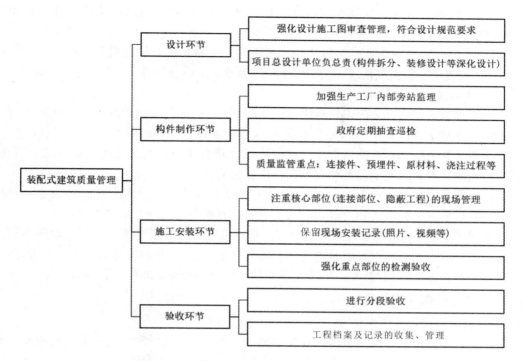

图 8-3-2　装配式建筑各环节的质量管理要点

在问题的项目及设备进行整顿、清理,尽可能把安全隐患消灭于萌芽阶段。

政府对预制构件工厂安全管理的重点是生产流程的安全设施的保证,安全操作规程的制定与执行,起重、电气等设备的定期安全检查,通过驻厂监理进行日常监管,并定期组织安全巡查。

运输环节安全管理的重点是专用安全运输设施的配备、构件摆放和保护措施,交通监管环节要禁止车辆超载、超宽、超高、超速和急转急停等。

预制构件入场时应合理设计进场顺序,最好能直接吊装就位,形成流水作业,以减少现场装卸和堆放,从而大大降低安全风险。预制构件存储是装配式建筑的重要安全风险点。预制构件种类繁多,不同的预制构件需要不同的存储堆放方式,堆放不当或造成构件损坏(如裂缝)将影响结构安全或使构件倾倒发生事故。施工企业应严格规范吊装程序,设计合理的吊装方案,监理公司应对吊装方案进行审核,政府安全管理部门应监督监理公司,审核其监理方案和监理细则,并抽查施工现场的吊装情况。

2. 开发企业对装配式建筑的管理

1) 全过程质量管理

开发企业作为装配式建筑第一责任主体,必须对装配式建筑进行全过程质量管理。

在设计环节,开发企业应选择符合建筑使用功能、结构安全、装配式特点和成本控制要求的适宜的结构体系;确定适宜的结构预制范围及预制率;选择集成化部品、部件;将建筑、结构、装修、设备与管线等各个专业以及制作、施工各个环节的信息进行汇总,对预制构件的预埋件和预留孔洞等设计进行全面细致的协同设计,避免遗漏和碰撞;对关键环节的设计(如构件连接、夹心保温板设计)和重要材料的选用(如灌浆套筒、灌浆料、拉结件的选用)进行重点管控。

在构件制作环节,开发企业应对钢筋、混凝土原材料、套筒、预埋件的进场验收进行管控、抽查;对模具质量进行管控,确保构件尺寸和套筒、伸出钢筋的位置在允许误差之内;进行构件制作环节的隐蔽工程验收;对夹心保温板的拉结件进行重点监控,避免锚固不牢导致外叶板脱落事故;对混凝土浇筑、养护进行重点管控。

在施工安装环节,开发企业应对构件和灌浆料等重要材料进行进场验收,对施工误差、构件临时支撑安全可靠性、灌浆作业、后浇混凝土施工、接缝防水等进行有效监控。

2)对各参与企业的选择

工程总承包模式是适合装配式建筑建设的组织模式,开发企业在选择装配式建筑工程总承包单位时要注意其是否拥有足够的实力和经验,是否能够投入足够的资源。

开发企业选择装配式建筑的监理单位时应注意监理企业是否熟悉装配式建筑的相关规范、是否拥有装配式建筑监理经验以及监理单位的信息化能力。

我国已取消预制构件企业的资质审查认定,从而降低了构件生产的门槛。开发企业选择构件制作单位时一般有三种形式:总承包方式、工程承包方式和开发企业指定方式。

一般情况下不建议采用开发企业指定方式,避免出现问题后相互推诿。采用前两种模式选择构件制作单位时应注意生产企业是否有一定的构件制作经验、是否有足够的生产能力、是否有完善的质量控制体系、是否有基本的生产设备及场地以及生产企业的信息化能力。

3. 监理对装配式建筑的管理

1)装配式建筑的监理管理特点

装配式建筑的监理工作超过了传统现浇混凝土工程的工作范围,对监理人员的素质和技术能力提出了更高的要求。

(1)监理范围的扩大。

监理工作从传统现浇作业的施工现场延伸到了预制构件工厂,须实行驻厂监理,并且监理工作要提前介入构件模具设计过程,同时要考虑施工阶段的要求,例如构件重量、预埋件、机电设备管线、现浇节点模板支设、预埋等。

(2)所依据的规范增加。

监理工作除了依据现浇混凝土建筑的所有规范外,还增加了有关装配式建筑的标准和规范。

(3)安全监理增项。

在安全监理方面,主要增加了工厂构件制作、搬运、存放过程的安全监理;构件从工厂到工地的运输安全监理;构件在工地卸车、翻转、吊装、连接、支撑的安全监理等。

(4)质量监理增项。

装配式建筑监理在质量管理的基础上增加了工厂原材料和外加工部件、模具制作、钢筋加工等的监理;套筒灌浆抗拉试验;拉结件试验验证;浆锚灌浆内模成孔试验验证;钢筋、套筒、金属波纹管、拉结件、预埋件入模或锚固监理;预制构件的隐蔽工程验收;工厂混凝土质量监理;工地安装质量和钢筋连接环节(如套筒灌浆作业环节)质量监理;叠合构件和后浇混凝土的混凝土浇筑质量监理等。

此外,由于装配式建筑的结构有"脆弱点",旁站监理环节增加,装配式建筑在施工过程中一旦出现问题,能采取的补救措施较少,从而对监理人员的能力也提出了更高的要求。

2)装配式建筑监理的主要内容

装配式建筑监理的工作内容除了现浇混凝土工程所有监理工作内容之外,还包括以下内容:

(1)搜集装配式建筑的国家标准、行业标准、项目所在地的地方标准;

(2)对项目出现的新工艺、新技术、新材料等,编制监理细则与工作程序;

(3)应建设单位要求,在建设单位遴选总承包、设计、制作、施工企业时,提供技术支持;

（4）参与组织设计与制作、施工方的协同设计；

（5）参与组织设计交底与图样审查，重点检查预制构件图各个专业各个环节需要的预埋件、预埋物有无遗漏或"撞车"；

（6）对预制构件工厂进行驻厂监理，全面监理构件制作各环节的质量与生产安全；

（7）对装配式建筑安装进行全面监理，监理各作业环节的质量与生产安全；

（8）组织工程的各工序验收。

8.3.4 装配式建筑工程全生命周期信息的管理简介

要解决装配式建筑工程中的管理问题，协调好设计与施工间的关系，各阶段、各参与方之间的信息流通、共享是一个关键问题。信息化管理主线贯穿于整个项目，可以实现全生命周期流程节点确认及可追溯信息记录，还可以实现基于互联网、移动终端的动态实时管理。项目智能建造体系的全过程集成数据为项目建成后的智能化运营管理提供了极大便利。BIM 技术在装配式建筑工程全生命周期管理中的应用如图 8-3-3 所示。

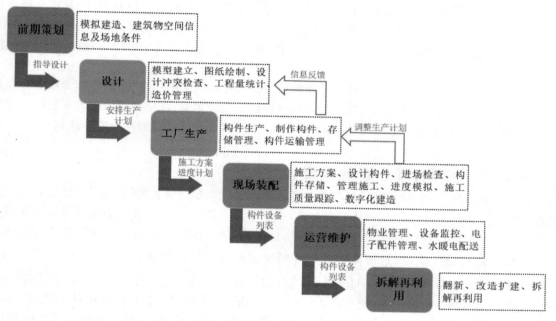

图 8-3-3　BIM 技术在装配式建筑工程全生命周期管理中的应用

8.4　装配式建筑与信息化协同管理系统

近年来，建筑工业化、信息化技术和"互联网＋"的快速发展，促进了建筑信息化管理的提出和发展，对建筑业科技进步产生了重大影响，已成为建筑业实现技术升级、生产方式转变和管理模式变革，带动管理水平提升，加快推动转型升级的有效手段。尤其是基于 BIM、物联网等技术的云服务平台的应用，保证了装配式建筑产业链各参与方在各阶段、各环节的信息渠道的畅通，为装配式建筑发展带来新的飞跃。

8.4.1　协同管理系统产生的背景

传统的建设项目建设是由单一的企业来完成的,为了承担大型建设项目、承担工艺构成复杂的项目,施工企业需要不断地扩大规模、扩充专业,施工企业如果采用新技术、新工艺或想要实现建筑工业化的生产方式,就必须在企业内部组建专业的部门,形成类似于纵向一体化的企业集团。但随之的问题也会产生:一方面,成立专业的部门难以仅基于企业内的需求形成规模经济,难以降低成本;另一方面,当企业面临市场周期性波动或建设项目的独特性要求时,难以摆脱已存在的、庞大的组织体系,运行成本高昂。

工程总承包模式下,总承包商对整个建设项目负责,但却并不意味着总承包商须亲自完成整个建筑工程项目。除法律明确规定应当由总承包商完成的工作外,其余工作总承包商则可以采取专业分包的方式进行。在实践中,总承包商往往会根据其丰富的项目管理经验、根据工程项目的不同规模、类型和业主要求,将设备采购(制造)、施工及安装等工作采用分包的形式分包给专业分包商。

因此建设项目的总承包企业,必须依赖于社会力量,与专业技术承包商、供应商建立稳定的合作与协作关系,以确保在其自身组织机构不无限扩大的同时,能够具有更多的、更完善的技术力量。只有这样,才能以工业化的生产组织方式,适应装配式建筑的发展需要,适应市场发展的需要。

协同管理系统,就是基于产业链一体化构成的建筑业协同化的组织模式;是基于产业协作构成的组织体系;是以总承包企业为核心的,以分包商、专业分包商、供应商等构成的多层级产业协作体系;是总承包商基于多层级的分包商、供应商,应对多个建设项目的产业协作体系。

8.4.2　协同管理系统的构建和运行

协同管理系统有效运行的关键,在其内部能否建立一个令行禁止的组织机构,这也正是协同管理系统真正的问题之一。尽管从形态上看,协同管理系统是一个由多个企业所组成的松散联合体,但其内部业务所特有的流程与利益关系,已经将其整合成一个基于共同利益的合作组织。

1. 建设产业链的构建,是协同管理系统组织体系构建的关键环节

现代企业的竞争是产业链之间的竞争,在建设领域也不例外。建设施工企业或构建,或加入相应的产业链,使自身的发展与整个产业链的发展相适应、相协调。在协同管理系统产业链构建的过程中,核心企业是关键的环节。依靠核心企业所形成的工艺流程、系统流程与产业流程,相关企业以合作的方式、契约的方式,构成了相互依托的生产共同体。

作为基于合作的组织体系,协同管理系统的核心是直接承接项目建设任务的总承包商,基于成本、效率等原则,以总承包商为核心,以横向一体化为指导思想所构建的协同建设产业链,成为协同管理系统的协同化组织形态。

2. 虚拟建筑企业的组织与管理,是协同管理系统的基本方法

作为松散联合体与利益共同体,协同管理系统的内部运行与控制不能按照一般企业管理的规律来进行,但可以视为虚拟建设企业的组织与管理。虚拟建设企业的组织与管理的相关事务,将成为协同管理系统运行管理的基本方法。

协同管理系统虚拟建设企业的构建,将以一个或多个总承包企业为核心,按照不同的组织构成原则,形成联邦、星形或多层次等模式。在不同的模式中,内部成员之间的关系是十分重要的。

一般而言,其内部成员的关系主要有两类:一类是基于协作合同所形成的确定的契约关系,这是一种相对稳定的关系;另一类是基于长期合作与诚信所形成的合作伙伴关系。在长期的虚拟建设企业的运行过程中,合作伙伴关系无疑是最为重要的。

在虚拟建设企业的组织化构建中,有两个关键的协同化组织机构:位于产业链前端的项目协调组织与产业链后端的生产协调组织。这两个组织机构集中体现了协同管理系统的组织协同。

基于项目协调组织,协同管理系统对于已经承接的、将要承接的各个项目进行全面的整合,按照固定的技术标准对项目进行标准化的分解,使其成为不同类别的、标准化的工作单元,进而再利用成组技术对各个工作单元实施成组化,形成工作包。这些工作包可以体现为实体性的,也可以体现为工艺性的,根据工作包的性质将其转给协同建设系统的后端的协同组织进行生产协调。

分包协调组织则面对着众多的、完成相关工作包的协作分包商,通过对于各个分包的组织、管理、协作与控制,保证协作分包商能够按照核心企业的相关技术标准与时间计划,有效地完成所承接的工作包。保证对于协作分包商有效控制的同时,维持与其良好的合作与协作关系,是该协同化组织的关键工作。

8.4.3　装配式建筑工程集成管理系统

目前,建筑工程全生命周期管理模式以其系统化、集成化和信息化的特征成为现代工程管理的新趋势。根据系统论的观点,建筑工程可以看作一个系统,系统由多个子系统构成,从不同的维度划分为不同的子系统。以装配式建筑工程为例,将工程项目的时间维(过程维)、要素维、工程系统维进行三维的集成,构成装配式建筑工程集成管理系统,如图 8-4-1 所示。系统以信息管理为手段,贯穿建筑工程管理的全过程,覆盖工程的各个子系统。

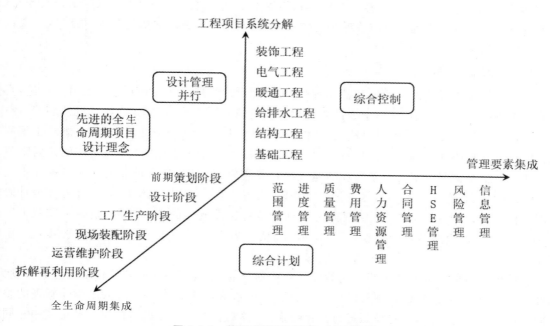

图 8-4-1　装配式建筑工程集成管理系统

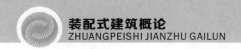

时间维(过程维)是实施建筑工程全生命周期管理的各时间段的集成,包括了前期策划阶段、设计阶段、工厂生产阶段、现场装配阶段、运营维护阶段和拆解再利用阶段的全过程;要素维是各个管理要素的集成,包含了范围管理、进度管理、质量管理、费用管理、人力资源管理、合同管理、HSE 管理、风险管理和信息管理等内容;工程系统维是对装配式建筑工程的系统分解,根据其功能可分为基础工程、结构工程、给排水工程、暖通工程、电气工程和装饰工程等。

借助集成化的全生命周期的工程管理模式,可以将装配式建筑工程的前期策划、设计、预制、装配、运营和拆解的全过程作为一个整体,注重项目全生命周期的资源节约、费用优化、环境协调、健康和可持续性;可以在装配式建筑工程的全生命周期中形成具有连续性和系统性的管理理论和方法体系;可以在工程的建设和运营中持续应用和不断改进新技术;要求装配式建筑的建设和运营全过程都经得起社会和历史的检验。

其中,全生命周期建筑工程成本(LCC)管理在国内外的应用最为广泛。它是指从装配式建筑工程的长期经济效益出发,全面考虑项目或系统的规划、设计、制造、购置、安装、运营、维修、改造、更新,直至拆解再利用的全过程,即从整个工程全生命周期的角度进行思考,侧重于项目决策、设计、预制、装配、运营维护等各阶段全部造价的确定与控制,使 LCC 最小的一种管理理念和方法。

8.4.4　装配式建筑工程集成管理系统的构建

EPC 项目的管理模式重视设计、采购、施工以及试运行服务过程的协同,不仅重视各个组织内部资源的优化配置和合理利用,而且重视组织外部资源,重视把组织的内部条件和外部环境结合起来纳入协同范畴,以使项目实施组织系统产生自组织功能而实现协同效应,达到项目管理目标。利用先进信息技术为 EPC 项目各参与方搭建协同工作平台,实行设计、采购、施工的深度交叉,克服传统工程项目管理中广泛存在的信息沟通不畅、信息传递不及时、信息数据丢失等问题,使各参与方对项目信息进行及时传递和有效反馈,从而实现对项目的协同管理,最终达到项目整体利益最大化。

1. 设计协同管理

工程设计是工程建设的前提和基础,设计质量和设计管理水平关系到整个项目的质量,直接影响施工进度和工程成本,是整个项目能否顺利实施的关键环节。在 EPC 项目设计环节,业主、设计单位、施工单位之间的信息无法共享,沟通不及时,从而导致三方协调难度大,影响工程的实施。而在信息化协同管理下,可以通过云平台,实现业主、设计单位、施工单位之间的协同管理。

业主在很多情况下都不具备专业的建设项目管理知识,对本身需求的最终建设成品也仅有一个大致的概念,进度和费用问题也只能大概估测。然而在云平台技术下,业主在方案设计阶段就能够根据设计单位做出的 3D 模型真实地感受最终建设成品的实际效果,在施工前就可以根据 4D 模型和 5D 模型对整个建设过程的进度和费用做出相对精确的预测,以便于其安排后续工作。

设计单位内部的设计是按照不同的设计专业划分的,这就使各专业的设计工作协调难度大,设计变更多,从而对工程建设项目的成本、工期、质量造成严重影响。在信息化协同管理的整个协同设计过程中,设计单位对模型进行深化与设计,各专业工程师都集中在同一平台使用相同的设计规则进行协同设计,进行信息交流与共享,构建各专业模型后进行整合、检查、核对,将模型的检查报告相关信息存储至云平台以方便业主与各设计专业人员查看,提高了设计阶段的设计效率,减少了设计冲突。

相对于现浇混凝土建筑,装配式建筑在设计与现场施工之间又增加了构件深化设计、构件生产运输两个环节,加剧了信息断层、信息孤岛等问题,增加了信息沟通工作量,设计和施工过程的割裂使装配式建筑发展进程缓慢。EPC项目的信息化管理过程中,设计人员对设计模型进行碰撞检查与综合优化,最终形成设备机房深化信息、综合支吊架设计信息、净高控制信息、维修空间检查信息、预留洞口信息等,将这些信息存储至云平台相应文件目录下,通过信息化协同系统,对施工单位各工种之间进行协同管理,合理安排各工种进行施工,实现设计模型与施工阶段的无缝对接。

设计人员可以通过数字模拟技术,建立包含进度控制的4D施工模型,实现虚拟施工;可以对新技术、新结构、新工艺和复杂节点等施工难点在计算机上预先演练建造过程,从而直观的指导工人进行现场施工;可以利用设计阶段的BIM模型,制订最优施工方案。

2. 构件生产协同管理简介

构件生产环节是装配式建筑建造中特有的环节,也是构件由设计信息变成实体的阶段。为了使预制构件实现自动化生产,集成信息化加工(CAM)和MES技术的信息化自动加工技术可以将设计信息直接导入工厂中央控制系统,并转化成机械设备可读取的生产数据信息。工厂中央控制系统将BIM模型中的构件信息直接传送给生产设备进行自动化精准加工,可以提高作业效率和精准度。工厂化生产信息化管理系统可以结合RFID与二维码等物联网技术及移动终端技术实现生产排产、物料采购、模具加工、生产控制、构件质量、库存和运输等信息化管理。

3. 施工协同管理

基于三维虚拟软件的装配式设计模式,设计人员可以通过三维模型构建标准化的构配件库和部品、部件的数据库,可以通过前期对工程设计方案进行模拟施工,对构配件的安装,部品、部件的协调度进行检测,提高施工图设计的效率以及可实施性,降低在施工过程中发生设计变更的可能性,进而降低成本。

在工程项目施工过程中,施工预算、施工结算、合同管理、设备采购等工作可通过云平台进行记录和分析。管理人员根据施工模型、实际成本数据的收集与整理,创建成本管理模型,将实际发生的材料价格、施工变更、合同签订、设备采购等信息与成本管理模型关联及模拟分析,将统计及分析出的构件工程量信息、动态成本信息、施工预算信息、施工结算信息等分别存储至云平台相应文件目录下,以方便项目各参与方查看与后期调整。

采用云技术进行设计时,设计产品直接就是高仿真的三维模型,各专业三维模型创建完成后整合到一起进行碰撞检查,就可以及时发现设计产品本身存在的问题并进行修改,这样一来,交付给施工单位的设计产品本身基本上就不会有太大的问题。这种方式可以使设计可视化,并导出相关数据;还有联动功能,数据只要一处修改,关联地方自动更新,减少了错误,提高了变更效率,加快了工程周期。

同时协同管理软件可以采用虚拟施工对EPC项目的进度计划进行管理,提前制订应对措施,使进度计划和施工方案最优。协同管理技术在EPC项目协同管理中的应用,可以有效保证各参与方进度目标的实现,减少进度目标冲突。通过云平台,项目的各参与方(业主、设计单位、采购单位、施工单位等)可以实时参与项目施工的全过程,实现了信息共享,避免了因沟通不及时对工程进度产生的影响。

在当前新工艺、新技术不断涌现的环境下,施工单位会不断接触到采用各种新工艺、新技术的新项目,如何判断自身是否有能力建设这些项目以及如何在保证项目质量和成本的前提下加快施工进度就成了施工单位必须解决的问题。施工单位采用虚拟技术在施工前就对施工阶段遇到的新技术和新工艺进行施工方案模拟,提前发现施工过程中需要重点解决的工序和人、材、机等问题,根据三维模型提供的工程量合理安排材料和机械的采购,在保证项目质量和成本的前提下编制施工作业计划加快施工进度。

通过协同管理平台创建的数字模型储存了完整的建筑信息,所有构件的材质、尺寸和空间位置都能够清晰地显示在模型中,并且可以对建筑模型进行装修,未施工之前,整个项目的最终模型就能呈现在各参与方面前,消除了各参与方对项目外观质量和装修效果的目标冲突。软件平台可以动态模拟施工技术流程,建立标准化工艺流程,保证专项施工技术在实施过程中细节上的可靠性。施工人员按照仿真施工流程施工,可以大大减少各工种施工人员之间因为相互影响出现矛盾等情况。协同管理系统可以实时记录施工过程,对工地实况进行多方位展现,管理人员能够根据施工画面对现场实施无缝监管。

云平台的安全管理目前主要有两大作用:一是通过对输入的数据进行计算评估,预测可能会发生的安全事件,先做好安全防范工作,如安全示警、展示培训等;二是在施工现场使用最新的传感技术或直接使用人力资源实时监控和评价所有安全事件,并将收集的数据实时输入模型,再由安全信息模块计算与评估,将最新的分析和预警及时通过信息推送反馈给各项目参与方。对于一些电脑不能显示完全,但可能会出现的危险部位,如主体结构的临边防护、卸料平台、塔式起重机附着等部位则采用无人机进行巡查,实时录像、拍照,将发现的危险源导入模型,制成安装动画或视频,实现安全管理的可视化。业主、施工单位及监理单位可以通过模型及虚拟动画实现对施工安全的协同管理。

4. 企业管理信息化集成系统

企业管理信息化集成系统是企业信息化发展的高级阶段,此阶段初步形成企业大数据下的软件集成管理平台,信息互联技术与企业管理体系整体融合,总体性企业数据贯通的集成应用基本实现。企业管理信息化集成系统将企业的运营管理逻辑,通过管理与信息互联技术深度融合,实现企业管理精细化,从而提高企业运营管理效率,进而提升社会生产力,如图8-4-2所示。企业管理信息化集成系统,应实现五个互联互通的目标。

一是企业上下互联互通,就是要实现"分级管理,集约集成"。"分级管理"指从企业总部到项目实行分层级管理;"集约集成"指底层项目产生的数据,根据项目部到企业总部各个管理层级在成本管理方面的需求,在各个层级中集约集成汇总。

二是商务、财务、资金互联互通,就是要实现项目商务成本向财务数据的自动转换。商务数据向财务数据和资金支付的自动转换过程,应在项目的管控单位(子公司)实现,而不只在项目上实现。

三是各个业务系统互联互通。企业管理标准化与信息化的融合,就是建立企业信息化系统的"主干",也就是建立贯穿全企业的成本管理系统,最终实现业务系统的互联互通,进入"管理集成信息化"的发展阶段。

四是线上、线下互联互通,就是通过"管理标准化,标准表单化,表单信息化,信息集约化"的路径,不断简化管理,最终实现融合。系统所用的语言、所涉及的流程,都必须与实际相符合,软件开发不能只站在 IT 的角度,还需要站在实际管理工作的角度。

五是上下产业链条互联互通。上下产业链条互联互通,就是要充分发挥互联网思维,用"互联网＋"的手段,去掉中间环节,实现建造全过程的连通,比如技术的协同、产品的集中采购,通过信息技术将产业链条上的各环节相互协同,实现高效运营。

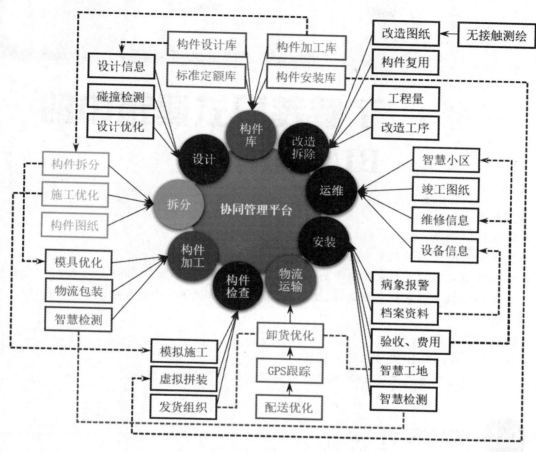

图 8-4-2 企业管理信息化集成系统

思 考 题

1. 简述常见的工程管理模式。
2. EPC 模式的特点及管理关键点分别是什么?
3. 装配式建筑应用 EPC 模式的原因、优势及关键点分别是什么?
4. 装配式建筑采用信息化协同管理系统的原因是什么?

Chapter 9

任务9　了解装配式建筑中的 BIM 技术

学习任务：

● 掌握 BIM 的基本概念；

● 了解我国 BIM 相关政策和标准；

● 熟悉 BIM 技术在装配式建筑中的优势和应用点；

● 掌握 BIM 技术在装配建筑设计、生产、施工及运营维护等方面的应用。

重难点：

● BIM 的基本概念；

● 装配式建筑应用 BIM 技术的必要性；

● BIM 技术在装配式建筑设计、构件制造和运营维护过程中的应用。

9.1　BIM 简介

9.1.1　BIM 的基本概念

BIM（building information modeling/management）直译为"建筑信息模型/管理"，也可以把 BIM 理解为"建筑信息化"。

长期以来，建筑业都被形容为"人们戴着巨型手套在摄取自然界馈赠给人类的资源"：资源被大量浪费，行业效率低下，作业环境恶劣。自从人类进入 21 世纪，随着 IT 技术的出现，计算机技术的飞速发展，建筑业也进入一个全新的信息化时代。

2005 年前后，Autodesk 大学合作项目（又称长城合作项目）在中国学界启动，BIM 技术理论体系在国内逐渐形成。

初期，人们误以为 BIM 就是一款软件，是可以用三维来呈现建筑实物的虚拟技术，并从虚拟构造物上快速注释及提取出各类人们需要的信息。后来，人们发现其功能和广阔的应用前景不仅仅只是一款软件可以代表的。

其实，BIM 更是一个方法论，是信息化技术切入建筑业并帮助提升建筑业整体水平的一套全新方法。

《建筑信息模型应用统一标准》(GB/T 51212—2016)将 BIM 做如下定义:在建筑工程及设施全生命期内,对其物理和功能特性进行数字化表达,并依此设计、施工、运营的过程和结果的总称,简称模型。

国际 BIM 联盟对于建筑信息模型的解释:生成建筑信息并将其应用于设计、施工及运营等生命期阶段的商业过程。

BIM 是一种应用于工程设计、建造、管理的数据化工具,通过对建筑的数据化、信息化模型整合,使信息在项目策划、运行和维护的全生命周期过程中进行共享和传递,使工程技术人员对各种建筑信息做出正确理解和高效应对,为设计团队及包括建筑、运营单位在内的各方建设主体提供协同工作的基础,在提高生产效率、节约成本和缩短工期方面发挥重要作用。

BIM 的基础在于三维图形图像技术。在此之前,传统工程领域的技术交流、信息传递基本都是依靠二维的抽象符号来表达一个个具体的实物,那时建筑业技术壁垒高筑;BIM 用三维具象符号来表达一个个具体的实物,这时的建筑技术变得如同搭积木一样有序而可视。BIM 三维模型如图 9-1-1 所示。

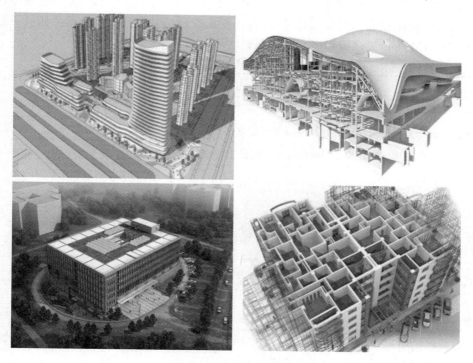

图 9-1-1　BIM 三维模型

BIM 的核心内容在于信息数据流,与真实世界里的实物非常具象的"虚拟构件"有了对应的 ID 名称,各类属性信息从真实实物诞生开始逐步完善,并以电子数据的形式存在,在不同阶段都发挥出最大的作用,直至真实世界里的实物使用完毕报废,附在其上的信息数据流才完成使命,可以说信息数据流是 BIM 的"灵魂"。

BIM 的信息传递最普遍的介质就是电子媒介,随着即时通信技术、互联网技术的飞速发展,各类移动终端设备的大量普及、应用,纸类介质在 BIM 信息传递过程中完全被边缘化,因为电子媒介的出现,凡是通电、有网络的环境,BIM 的信息数据流就会顺畅无阻,信息孤岛会被有效遏制。

BIM 的发展,使先进的设备、仪器在建筑业发挥出更大的价值:三维扫描设备、放样机器人设备、VR/MR 设备都让从业人员的工作更轻松,完成的工作质量更高。BIM 最好的呈现过程在于建筑工程项目的信息化管理执行过程。

　　BIM 的价值在于可以大幅提升建筑业的效率及效益,在于让建筑从业人员的工作更轻松、更有趣。

9.1.2　我国 BIM 的相关政策和标准

　　为贯彻落实国务院推进信息技术发展的有关文件精神,住房和城乡建设部于 2015 年 6 月 16日发布了《关于推进建筑信息模型应用的指导意见》(建质函〔2015〕159 号),对普及、应用 BIM 提出了明确要求和具体措施。住房和城乡建设部于 2016 年 8 月 23 日印发了《2016—2020 年建筑业信息化发展纲要》,旨在增强建筑业信息化发展能力,优化建筑业信息化发展环境,加快推动信息技术与建筑业发展深度融合。2016 年 12 月 2 日,住房和城乡建设部发布第 1380 号公告,批准《建筑信息模型应用统一标准》为国家标准,编号为 GB/T 51212—2016,自 2017 年 7 月 1 日起实施。该标准作为我国第一部建筑信息模型应用的工程建设标准,提出了建筑信息模型应用的基本要求,是建筑信息模型应用的基础标准,可作为我国建筑信息模型应用及相关标准研究和编制的依据。我国 BIM 的相关政策和标准如表 9-1-1 所示。

表 9-1-1　我国 BIM 的相关政策和标准

序号	文件名称	发布单位	发布时间
1	《湖南省城乡建设领域 BIM 技术应用"十三五"发展规划》	湖南省住房和城乡建设厅	2017.1.18
2	《国务院办公厅关于促进建筑业持续健康发展的意见》	国务院办公厅	2017.2.24
3	《贵州省关于推进建筑信息模型(BIM)技术应用的指导意见》	贵州省住房和城乡建设厅	2017.3.21
4	《关于进一步加强上海市建筑信息模型技术推广应用的通知》	上海市住房和城乡建设管理委员会	2017.12.27
5	《建筑信息模型施工应用标准》	住房和城乡建设部	2017.5.4
6	《关于在合肥市行政区域内开展建筑信息模型(BIM)推广应用工作的通知》	合肥市城乡建设委员会	2017.5.18
7	《山东省住房城乡建设信息化发展规划(2017~2020)》	山东省住房和城乡建设厅	2017.6.2
8	《关于推进建筑信息模型技术应用的若干意见》	宁波市住建委	2017.6.6
9	《关于加快推进全省建筑信息模型应用的指导意见》	吉林省住房和城乡建设厅	2017.6.22
10	《江西省推进建筑信息模型(BIM)技术应用工作的指导意见》	江西省住房和城乡建设厅	2017.6.29
11	《河南省住房和城乡建设厅关于推进建筑信息模型(BIM)技术应用工作的指导意见》	河南省住房和城乡建设厅	2017.7.4
12	《关于开展公路 BIM 技术应用示范工程建设的通知》	交通运输部办公厅	2017.9.2
13	《市城建委关于推进建筑信息模型(BIM)技术应用工作的通知》	武汉市城乡建设委员会	2017.9.28
14	《浙江省建筑信息模型(BIM)技术推广应用费用计价参考依据》	浙江省住房和城乡建设厅	2017.9.25
15	《关于促进本市建筑业持续健康发展的实施意见》	上海市人民政府办公厅	2017.9.30
16	《建筑工程设计信息模型分类和编码标准》	住房和城乡建设部	2017.10.25
17	《山西省推进建筑信息模型(BIM)应用的指导意见》	山西省住房和城乡建设厅	2017.11.20
18	《关于促进建筑业持续发展的实施意见》	内蒙古自治区人民政府办公厅	2017.11.28

序号	文件名称	发布单位	发布时间
19	《黑龙江省装配式建筑设计 BIM 应用技术导则》	黑龙江省住房和城乡建设厅	2017.12.27
20	《交通运输部办公厅关于推进公路水运工程 BIM 技术应用的指导意见》	交通运输部办公厅	2017.12.29
21	《南京市建筑信息模型招标投标应用标准》	南京建设工程招标投标协会	2018.1.6
22	《关于把市政工程 BIM 设计和工业化预制拼装条件作为项目基本情况纳入建设全过程进行管理的通知》	成都市城乡建设委员会	2018.1.18
23	《关于促进建筑业持续健康发展的实施意见》	四川省人民政府办公厅	2018.1.25

9.2 装配式建筑应用 BIM 技术的必要性和重要性 …

9.2.1 装配式建筑应用 BIM 技术的必要性

BIM 技术与装配式建筑是相互依存的"孪生兄弟",由于装配式建筑的特性,在建设过程中采用 BIM 技术是发展装配式建筑的必然选择。

1. 装配式建筑集成性强

不同系统、不同专业、不同功能和不同单元的集成非常容易出错、遗漏和重合。采用 BIM 技术构建协同工作平台,使设计部门各个专业、设计与制作、施工环节实现信息共享、全方位交流和密切协同,利用三维可视的检查手段,实现全链条的有效管理和无缝衔接。

2. 装配式建筑施工连接点多,精度要求高

装配式建筑结构构件之间的连接,其他各个系统部品、部件间的连接,点位多,相关因素多,构件的尺寸误差和预埋钢筋、套筒的位置误差都是毫米级的,超过误差范围将导致构件无法安装。目前在一些大型装配式建筑施工过程中,常常会采用 BIM 技术来预先虚拟呈现一些关键构件的施工工序,管理人员可以通过 BIM 模拟过程发现高危复杂环境下的施工计划是否合理可行。这样可以有效规避施工误差,提高施工效率。

3. 装配式构件生产宽容度低

装配式建筑构件采用预制形式,若设计出现"撞车"或"遗漏",在现场发现问题时已经没有办法补救了。例如,预制构件里忘记埋设管线,或者埋设管线不准,到现场就很难处理。采用在构件上凿槽的办法,会把箍筋凿断或破坏保护层,带来结构的安全隐患。利用 BIM 技术,可以将 BIM 设计信息直接导入工厂中央控制系统,并转化成机械设备可读取的生产数据信息,通过工厂中央控制系统将 BIM 模型中的构件信息直接传送给生产设备自动化精准加工,可以提高作业效率和精准度。

4. 工序衔接要求高

装配式建筑预制构件生产与进场必须与现场安装的要求完全一致,并应当尽可能地直接从车上起吊安装,因此需要非常精确地衔接。利用 BIM 技术与二维码等物联网技术及移动终端技

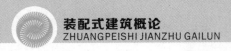

术实现生产计划、物料采购、模具加工、生产控制、构件质量、库存和运输等信息化管理,根据施工进度及施工工序合理规划构件生产、采购、运输流程,可以大大提高工作效率。

9.2.2 装配式建筑应用 BIM 技术的重要性

1. BIM 技术是建筑工业化的重要组成部分

建筑工业化是指用现代化的制造、运输、安装和科学管理的大工业生产方式,来代替传统建筑业中分散的、低水平的、低效率的"手工业"生产方式,它的主要标志是建筑设计标准化、构(配)件生产工厂化、施工机械化和组织管理科学化。

传统的建筑生产方式将设计与建造环节割裂,设计环节仅从目标建筑体及结构的设计角度出发,然后将所需建材运送至目的地,进行露天施工,完工后交底验收。而建筑工业化生产方式,是设计、施工一体化,运用 BIM 协同技术加强建筑全生命周期的标准化管理,同时基于 BIM 数字化模型平台提升建筑各方面的性能指标,并将其进行标准化设计;然后是构(配)件的工厂化生产,最后再进行现场装配。根据对比可以发现,传统的建筑生产方式中设计与建造环节分离,设计阶段完成蓝图设计、初步设计至施工图交底就意味着目标完成,实际建造过程中的施工规范、施工技术等因素均不在设计方案之列。

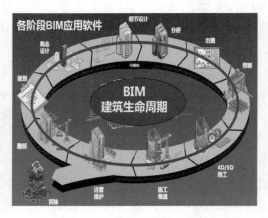

图 9-2-1 BIM 建筑生命周期

建筑工业化颠覆了传统的建筑生产方式,其最大特点是体现了全生命周期的理念,利用 BIM 信息技术为载体,将设计、施工环节一体化,使得设计环节成为关键步骤,并将 BIM 技术融入制造环节以及后期运营维护环节,加深了 BIM 技术对建筑全生命周期管理的理念,如图 9-2-1 所示。基于 BIM 技术的可视化优势,设计人员可以将设计构(配)件标准、建造阶段的配套技术、建造规范及施工方案等前置进设计方案,使设计方案成为构(配)件生产及施工装配的指导性文件。

建筑工业化,从设计策划阶段开始,建筑模块化装配入手,选择体系适配的 BIM 应用,利用 BIM 数字化技术提高建筑性能,建立符合各体系的 BIM 模块构件库,从而建立新型结构的体系。

此外,BIM 协同手段可以协调各专业间的设计,可以基于生产效益最大化原则,对方案进一步展开详细设计。详细设计在 BIM 可视化的基础上,对局部构件的拼装、节点处理上进行预施工,模拟构件防水、模块干涉、管线预埋等的现场情况,最终确定预制安装图纸。BIM 建筑工业化基本流程如图 9-2-2 所示。

2. BIM 技术在装配式建筑中具有巨大的应用优势

1)设计过程中各个专业的高效协作

BIM 技术可以显著提高预制混凝土构件的设计生产效率。在完成构件模型的创建后,设计师们只需进行一次更改,之后的模型信息就会随之改变,省去了大量重设参数与重复计算的过程。同时,它的协同作用可以快速有效地传递数据,且数据都是在同一模型中呈现,使各部门的沟通更直接。

构件制作方可以直接从建筑设计模型中提取需要的部分并且进行深化,再通过协同交给结构

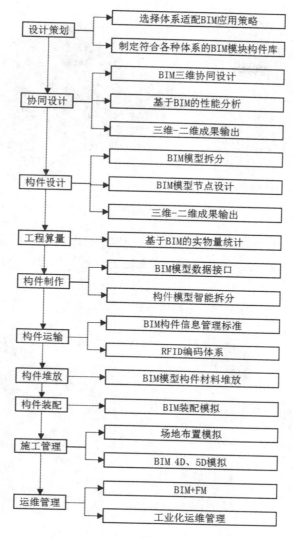

图 9-2-2　BIM 建筑工业化基本流程

设计师完成结构的设计与校核,还可由构件厂直接生成造价分析。由于 BIM 系统中三维与二维的结合,如图 9-2-3 所示,计算完后的构件可以直接生成 2D 的施工图交付车间生产。如此一来,模型设计、强度计算、造价分析、车间生产等几个分离的步骤就结合到了一起,减少了信息传输的次数,提高了效率。同时,BIM 技术也可以为预制构件的施工带来很大方便,它能够生成精准生动的三维图形和动画,让工人对施工顺序有直观的认识,从而加快施工速度,减少因不必要的返工导致的资金、时间的浪费,提高了施工整体的质量与精度,保证预制构件在施工过程中的顺利安装。

2) 相互匹配的精度

BIM 技术能适应建筑工业化精密建造的要求。装配式建筑采用工厂化生产构(配)件、部品,采用机械化、信息化的装配式技术将这些构(配)件、部品组装成建筑整体。工厂化生产的构(配)件的精度能达到毫米级,现场组装也要求较高精度,以满足各种产品组件的安装精度要求。总体来说,装配式建筑要求全面"精密建造",也就是要全面实现设计的精细化、生产加工的产品化和施工装配的精密化。BIM 技术的应用优势,从可视化和 3D 模拟的层面,在于"所见即所

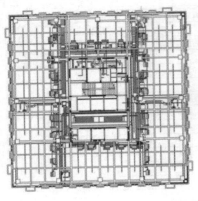

图 9-2-3　BIM 二维与三维结合

得"，这和装配式建筑的"精密建造"特点高度契合。传统建筑生产方式，由于其粗放型的管理模式和"齐不齐，一把泥"的误差、工艺和建造模式，无法实现精细化设计、精密化施工的要求，也无法和 BIM 技术相匹配。

　　BIM 结构构件如图 9-2-4 所示。BIM 钢结构构件拼装如图 9-2-5 所示。

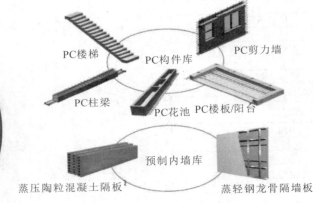

PC楼梯　PC构件库　PC剪力墙

PC柱梁　PC花池　PC楼板/阳台

预制内墙库

蒸压陶粒混凝土隔板　蒸轻钢龙骨隔墙板

图 9-2-4　BIM 结构构件

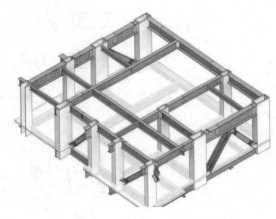

图 9-2-5　BIM 钢结构构件拼装

9.3　BIM 技术在装配式建筑中的应用

　　BIM 技术是一种应用于工程设计、建造、管理的数据化工具，通过对建筑的数据化、信息化模型整合，使建筑信息在项目策划、运行和维护的全生命周期过程中进行共享和传递，使工程技术人员对各种建筑信息作出正确理解和高效应对，为设计团队及包括建筑、运营单位在内的各方建设主体提供协同工作的基础，在提高生产效率、节约成本和缩短工期方面发挥重要作用。

　　2016 年 9 月 30 日国务院出台《关于大力发展装配式建筑的指导意见》，要求因地制宜发展装配式混凝土结构、钢结构和现代木结构等装配式建筑，力争用 10 年左右的时间，使装配式建筑占新建建筑面积的比例达到 30%。现今，装配式建筑的研究和应用达到了一个全新的高度，各地政府争相讨论如何发展装配式建筑，以及如何实现建筑的工业化生产制作、管理和运行维护。

为了实现建筑的工业化并体现全生命周期的理念，如今可以利用 BIM 技术，将设计、施工环节一体化，使设计环节成为关键，并将 BIM 技术融入制造环节及后期运维环节，加深 BIM 对构件全生命周期管理的理念。基于 BIM 技术可视化优势，设计人员可以将设计构（配）件标准、建造阶段的配套技术、建造规范及施工方案等前置进设计方案，从而将设计方案作为构（配）件生产标准及施工装配的指导文件。此外，BIM 技术还可以显著提高 PC 构件的设计生产效率。同时，它的协同作用可以快速、有效地传递数据，且数据都是在同一模型中呈现的，使各部门的沟通更直接。构件制作方可以直接从建筑设计模型中提取需要的部分并且进行深化，再通过协同交给结构设计师完成结构的设计与校核。

　　BIM 技术在装配式建筑中的应用如图 9-3-1 至图 9-3-4 所示。

图 9-3-1　北京天坛医院项目 BIM 技术应用

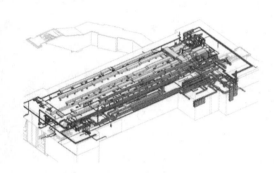

图 9-3-2　地铁项目 BIM 技术应用

9-3-3　广东省世界客商文化中心项目 BIM 技术应用

图 9-3-4　某大学项目 BIM 技术应用

9.3.1　装配式混凝土建筑相关 BIM 软件

　　装配式混凝土建筑全生命周期分为设计、生产、装配和施工四个阶段，目前 BIM 软件的分类主要参考美国总承包商协会的资料，按功能划分，如表 9-3-1 所示。

表 9-3-1　装配式混凝土建筑相关 BIM 软件

功能	常用工具
建筑	Affinity、Allplan、Revit Architecture、Bentley BIM、ArchiCAD、SketchUP
结构	Revit Structure、Bentley BIM、ArchiCAD、Tekla
场地	Autodesk Civil 3D、Bentley Inroads and Geopak
4D 计划	Navisworks、Synchro、Vico、Primavera、MSProject、Bentley Navigator
成本计算	Autodesk QTO、Innovaya、Vico、Timberline、广联达、鲁班
结构分析	Autodesk Revit Structure、CypeCAD、Graytec Advance Design、Tekla Structures

功能	常用工具
能耗分析	Autodesk Green Building Studio、IES、Hevacomp、TAS
环境分析	Autodesk Ecotect、Autodesk Vasari
管理	Bentley Water Gem
运维	ArchiFM、Allplan Facility Management、Archibus

9.3.2 BIM 技术在设计环节的应用

设计方案的好坏是决定一个建筑项目优劣的关键，BIM 技术的应用给装配式建筑的设计方法带来了变革式的影响。

1. BIM 技术在设计环节应达到的目标

在设计环节，BIM 应达到的目标如下：

(1) 通过定量分析选择适宜的结构体系；

(2) 进行优化拆分设计；

(3) 避免预制构件内预埋件、预埋物与预留孔洞的出错、遗漏、拥堵或重合；

(4) 提高连接节点设计的准确性和制作、施工的便利性；

(5) 建立部品、部件编号系统，即每种部品、部件的唯一编号体系。

2. BIM 技术在设计环节的应用内容

1) 制定标准化的设计流程

在方案设计阶段，根据技术策略进行平面与立面设计，在满足使用功能的前提下实现设计的标准化，实现少规格、多组合的目标，并兼顾多样化、个性化需求，这样可以显著提高设计团队的配合效率，减少设计错误，提高设计效率，如图 9-3-5 所示。

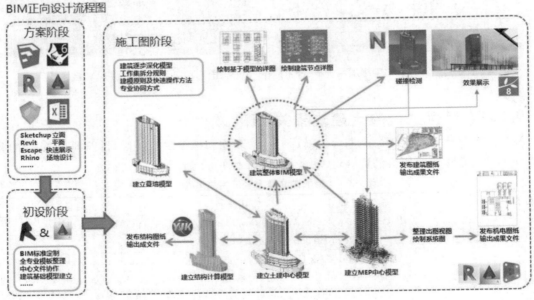

图 9-3-5　BIM 设计流程

2）进行模数化的构件组合设计

在装配式建筑设计中，各类预制构件的设计是关键，这就涉及预制构件的拆分问题。在传统的设计方式中，构件生产厂家在设计施工图完成后进行构件的拆分，这种方式下，构件生产要对设计图样进行熟悉和再次深化，存在重复工作。装配式建筑应遵循少规格、多组合的原则，在标准化设计的基础上实现装配式建筑的系列化和多样化。在项目设计过程中，要预先确定好所采用的工业化结构体系，并按照统一的模数进行构件拆分，精简构件类型，提高装配水平，如图9-3-6所示。

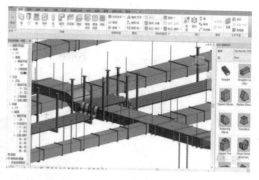

图 9-3-6　构件组合设计

3）建立模块化的构件库

在以往的工业化建筑或者装配式建筑中，预制构件是根据设计单位提供的预制构件加工图进行生产的，这类加工图还是传统的平面图、立面图、剖面图加大样详图的二维图样，信息化程度较低。BIM技术相关软件中，有"族"的概念，根据这一设计理念，根据构件划分结果并结合构件生产厂家的生产工艺，建立起模块化的预制构件库，在不同建筑项目的设计过程中，只需从构件库中提取各类构件，再将不同类型的构件进行组装，即可完成最终的整体建筑模型的建立。构件库的构件也可以在其他项目的设计过程中应用，并且可以不断扩充、不断完善，如图 9-3-7 所示。

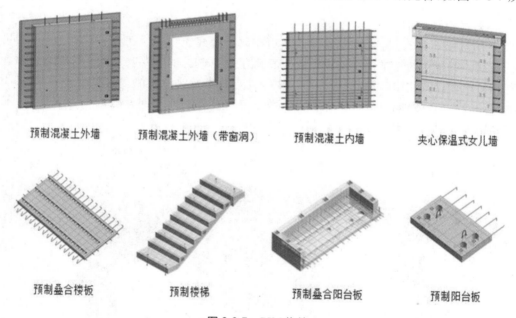

预制混凝土外墙　　预制混凝土外墙（带窗洞）　　预制混凝土内墙　　夹心保温式女儿墙

预制叠合楼板　　预制楼梯　　预制叠合阳台板　　预制阳台板

图 9-3-7　BIM 构件

4）组装可视化的三维模型

传统的设计方式使用二维绘图软件，以平面图、立面图、剖面图和大样详图为主要出图内容。这种绘图模式，各个设计专业之间相对孤立，是一种单向的连接方式。不断出现的设计变化难以及时调整，导致设计过程中出现大量修改，甚至在出图完成后还会有大量的设计变更，导致设计过程效率较低，信息化程度较低。将模块化、模数化的 BIM 构件进行组合可以构建一个三维可

285

视化的 BIM 模型,通过效果图、动画、实时漫游、虚拟现实系统等项目展示手段,可将建筑构件及参数信息等真实属性展现在业主方和设计方面前。在设计过程中可以及时发现问题,也便于业主方及时决策,可以避免事后的再次修改。某别墅的 BIM 三维模型如图 9-3-8 所示。

图 9-3-8　某别墅的 BIM 三维模型

5）高效的设计协同

采用 BIM 技术进行设计,各专业设计师均在同一个建筑模型上工作,所有的信息均可以实时进行交互。可视化的三维模型使设计成果直观呈现,同时还可以进行不同专业间的设计冲突检查。在传统设计方法中,不同专业人员需要手动查找本专业和其他专业的冲突错误,这不仅费时、费力,还容易出现遗漏,BIM 技术直接在软件中就可以完成不同专业间的冲突检查,显著提高了设计精度和效率。BIM 协同管理如图 9-3-9 所示。

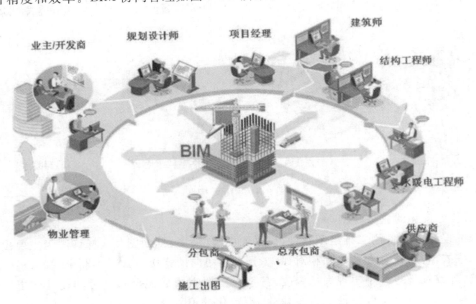

图 9-3-9　BIM 协同管理

9.3.3 BIM 技术在预制构件生产阶段的应用

1. BIM 技术在预制构件生产阶段应达到的目标

预制构件制作环节 BIM 所要达到的最主要的目标如下：

（1）根据施工计划编制生产计划，根据生产可行性与合理性提出对施工计划的调整要求，进行互动协同。生产计划细分到每个构件的制作时间、负责人、工艺流程及出厂时间。

（2）依据生产计划生成模具计划，包括不同编号的构件共用同一模具或改换模具的计划。

（3）将构件制作的三维图样（包括形状、尺寸、出筋位置与长度、套筒或金属波纹管的位置等）作为模具设计的依据和检验对照。

（4）预制构件钢筋骨架、套筒、金属波纹管、成孔内模、预埋件、吊点、预埋物等多角度三维表现，避免钢筋骨架成型、入模、套筒、预埋件等定位错误。

（5）进行堆放场地的分配。

（6）发货与装车计划及其装车布置等。

生产制造环节，BIM 应该达到的目标：充分依靠电子媒介提取设计阶段创建的技术信息（不能"走回老路"，完全依赖纸质媒介来读取设计信息）；充分依靠自动化生产设备、三维扫描设备、VR/MR 设备确保构件质量；即时补充、填写构件"出生"之后的相关信息并实时上传至项目云数据中心（请留意这里的信息传递仍需要充分依赖电子媒介）。

2. BIM 技术在预制构件生产阶段的应用内容

预制构件生产厂的主控计算机与前端 BIM 连接，可及时获取模型信息并识别设计变更，也可以直接通过 IFC 界面从其他计算机辅助设计系统引入建筑模型，采用可视化手段以及虚拟界面的方式，将工作任务和流程视图化，实现透明信息流。BIM 技术将建筑工程作业调度、流程规划以及构件生产等多个领域进行智能整合，对预制构件的生产、发货、运输、现场堆放进行有效管理，从开始设计直到运输至施工工地，全程视图化追踪预制构件，有效提升设计和项目实现过程中的质量与生产效率。

1）生产管理

通过 BIM 的数据传递，建筑结构信息可以在预制构件生产厂的主控计算机中得以呈现，主控计算机接收生产数据并反馈状态，从而使操作调度和项目管理人员可以直接对视图化组件进行处理（在传统施工流程中，此类工作由调度负责）。同时，信息管理体系可以结合云技术，每个项目参与者均可通过互联网获取项目信息，并根据自身权限，对相应内容进行处理。

在生产过程中，采用二维码、条形码或者无线射频识别技术等方式，对预制构件进行标识，同时将预制构件的信息（包括构件的几何信息、在建筑物中的空间信息、装配流程信息等）导入数据库，并连接主控计算机，形成预制构件信息数据库。每一个生产的预制构件都可以在数据库中找到唯一对应的信息，借助信息过滤标准，项目参与者可以快速找到所需信息，可以对所有的内容进行重组与分类，依照标准的多层分组方式可实现绝大部分类型组件的分类并获取清单。

通过预制构件信息数据库中的钢筋排布信息及三维可视化指导，预制构件生产厂的工人可以高效无误地借助自动化设备完成钢筋的绑扎。

通过预制构件信息数据库中的构件尺寸及开洞信息，生产设备可以将信息进行一定的转化，并通过准确定位，自动将生产线上的墙板构件进行切制、开洞。特别是对于开洞较多、位置复杂的构架，这种方式显著降低了人力成本，并且提高了构件的质量。

预制构件生产厂通过预制构件信息数据库中构件的装配位置、数量等信息，将预制构件拼装至预制板上；利用 BIM 的模型与可视化技术，综合考虑预制构件的运输、堆放等因素，将预制构件模型进行虚拟化的自动拼装与施工。预制构件生产厂通过智能化拼模技术可节约生产材料，提高预制构件的生产效率。

2）发货管理

预制构件在工厂生产完毕后，根据预制构件信息数据库中预制构件的装配流程信息，分配待发货部件及发货时间，保证发货顺序与施工现场的装配顺序相匹配。

3）运输管理

在预制构件从工厂到施工现场的运输过程中，通过运输工具的最优化分配以及运输信息的实时追踪，保证构件运输过程的稳定、高效。进行预制构件的装载时，根据预制构件的标签信息进行判断，并采用一定的保护手段确保预制构件的完整性。

4）现场堆放管理

预制构件运抵施工现场后，系统基于预制构件信息数据库中预存的堆放构件设施信息、堆放标准及装配顺序，自动设定堆放序列并据此进行货物堆放的自动处理。在卸货与堆放的过程中，对必须重叠的预制构件进行标识，并赋予包含一定放大系数的"堆放参数"，以避免预制构件的相互碰撞或破坏。操作人员通过堆放清单及三维堆放效果图可直观地查看堆放效果，并轻松地完成预制构件的修正或转移。

9.3.4 BIM 技术在施工阶段的应用

1. BIM 技术在施工阶段应达到的目标

施工阶段 BIM 所要达到的最主要的目标如下：

（1）利用 BIM 进行施工组织设计，编制施工计划；

（2）编制施工成本计算和施工预算。

2. BIM 技术在施工阶段的应用内容

1）施工深化设计

进行施工深化设计的主要目的是提升深化后建筑信息模型的准确性、可校核性，将施工操作规范与施工工艺融入施工作业模型，使施工图满足施工作业的需求。施工单位依据设计单位提供的施工图与设计阶段的建筑信息模型，根据自身施工特点及现场情况，完善或重新建立可表示工程实体，即施工作业的对象和结果的施工作业模型（该模型应当包含工程实体的基本信息）。BIM 技术工程师结合自身专业经验或与施工技术人员配合，对建筑信息模型的施工合理性、可行性进行甄别，并进行相应的调整优化，同时对优化后的模型实施冲突检测。

2）三维技术交底

目前，施工企业对装配式混凝土结构施工尚缺少经验，对此，在施工现场应依据工程特点和技术难易程度选择不同的技术交底形式，将套筒灌浆、叠合板支撑、各种构件（外墙板、内墙板、叠合板、楼梯等）的吊装等的施工方案通过 BIM 技术进行三维直观展示，模拟现场的构件安装过程和周边环境。同时，交底还包括对工人进行三维技术交底，指导工人安装，保证施工现场对分包工程的质量控制。BIM 三维技术交底如图 9-3-10 所示。

3）施工过程的仿真模拟

在制订施工组织方案时，施工单位技术人员将本项目计划的施工进度、人员安排等信息输入BIM 信息平台，软件可以根据这些录入的信息进行施工模拟，如图 9-3-11 所示。同时，BIM 技术也可以实现不同施工组织方案的仿真模拟,施工单位可以依据模拟结果选取最有利的施工组织方案。

图 9-3-10　BIM 三维技术交底

图 9-3-11　施工过程的仿真模拟

9.3.5　BIM 技术在运营维护阶段的应用

在建筑的全生命周期中,运营维护阶段所占的时间最长,但是所能应用的数据与资源却相对较少。传统的工作流程中,建筑设计阶段、施工建造阶段的数据资料往往无法完整地保留到运营维护阶段,例如建设途中多次进行设计变更,但此类信息通常不会在完工后妥善整理,从而造成运营维护上的困难。BIM 技术的出现,让建筑的运营维护阶段有了新的技术支持,显著提高了管理效率。在运营维护阶段的管理中,BIM 技术可以随时监测有关建筑使用情况、容量、财务等方面的信息;可以通过 BIM 文档完成建造施工阶段与运营维护阶段的无缝交接,并提供运营维护阶段所需要的详细数据。BIM 技术在运营维护阶段的具体应用包括以下内容。

1. 日常运营维护建模

此功能的重点在于工程项目整体空间内设施、设备日常运行数据的建立与维护,这个过程贯穿于建筑物的整个生命周期,从所有的附属设施、设备安置在此建筑物空间内开始,在虚拟空间内建立与其实体尽可能详尽而同步的运行数据,这个信息对建筑物冗长的运营维护过程是非常重要的。这个参数化的纪录模型,至少应包含建筑物主体和其中的 MEP 元组件的相关信息。该纪录模型需随着建筑物实体空间的动态情况而不断地更新和改进,以储存更多的关联信息。

2. 维护业务流程模拟

建筑物在使用期间,其结构构件与内部设施、设备有固定的使用年限,而且建筑空间结构也会因为需求的变化而改变,建筑物局部的维护修理以及修建、改建、扩建等行为会不断发生。其中,有些维修是即刻需要的,有些则根据营运规划,财务情况,设施、设备耐用年限,使用频率等各种情况,制定不同时长的建筑维护业务流程。BIM 模型配合日常运营维护模型数据,能精准拟订高质量的、低维护成本的维护计划。整个维护计划应包括建筑结构体(墙壁、地板、屋顶、油漆等)和建筑物服务设备(机械、电气、水暖等)等设施。

3. 物业管理

在物业管理中,BIM 软件与相关设备进行连接,通过 BIM 数据库的实时监控功能进行科学管理与决策,并根据记录的运行参数进行设备的能耗、性能、环境、成本、绩效等方面的评估,及时采取控制措施。同时,BIM 与信息标签技术的有效结合,可以在门禁系统方面得到有效利用。在装配式建筑改(扩)建过程中,BIM 技术可以针对建筑结构的安全性、耐久性进行分析与检测,避免结构损伤,还可据此判断模型结构构件是否可以二次利用,减少材料资源的消耗。

4. 防灾规划及紧急情况处置模拟

BIM 的防灾规划及紧急情况处置模拟,可以让灾害救援人员从建筑信息模型和信息系统的可视化形式中获得紧急救援的关键信息,从而提高救援人员的反应效率并减少安全风险。

5. 互动场景模拟

互动场景模拟是指在 BIM 模型建好之后,将项目中的空间信息、场景信息等纳入模型;再通过 VR(虚拟现实)等新技术的配合,让业主、客户或者租户通过 BIM 模型从不同的位置进入模型相应的空间,进行一次虚拟的实体感受。通过模型中的建筑构件信息的存储,体验者能够有种身临其境的感受,体验者能够通过模型进入商铺、大堂、电梯间、卫生间等空间了解各种设施。

总体来说,在 BIM 技术之前,建筑信息都是存放在二维图样、电子版文件和各种机电设备的操作手册上的,二维图样常面临的主要问题是不完整和无关联,在建筑的运营维护阶段需要使用相关信息的时候要由专业人员自己去找信息、去理解信息,然后据此做出决策并对建筑物的运营维护进行一个恰当的操作,这是一个花费时间和容易出错的工作。以 BIM 为基础结合其他相关技术,可以实现建筑运营维护管理与 BIM 模型、图样、数据一体化,如果业主建立了物业运营健康指标,就可以方便地指导运营维护计划。

9.4 装配式建筑全链条共享 BIM 的建立 ······················

9.4.1 BIM 数据传递

在装配式建筑的建造过程中,各专业相互交错,信息交换频繁,很容易发生沟通不良、信息冲突等问题。特别是各项目参与单位缺乏协同沟通,会导致资源的浪费、成本的提高,这些问题严重影响装配式建筑的发展与应用。如何突破建筑信息传递的技术瓶颈,提高预制建筑的效益,是我国发展住宅产业化急需解决的问题。而 BIM 作为一种创新的技术与生产方式,已引起了建筑业传统生产管理方式的巨大变革。

BIM 工程数据具有唯一性的特点,可解决分布式、异构工程数据之间的一致性和全局共享问题,支持建设项目全生命周期中动态的工程信息的创建、管理和共享。完善的 BIM 信息模型,能够连接建筑工程项目全生命周期不同阶段的数据、过程和资源,是对工程对象的完整描述,可被建设项目各参与方使用。

随着工程项目的推进,需要分阶段创建 BIM,从项目规划到设计、施工、运营维护等不同阶段,针对不同的应用建立相应的子信息模型。各信息模型能够自动演化,可以通过对上一阶段的模型进行数据提取、扩展和集成,形成本阶段的信息模型;也可以针对某一应用的集成模型数据,生成应用的子信息模型,随着工程项目的推进最终形成面向建筑全生命周期的完整信息模型。

装配式建筑工程从设计出图到工厂制造,需要一套完善的 BIM 数据传递方式。BIM 可以支持建筑生命周期的信息管理,使信息能够得到有效的组织和追踪,保证信息从一个阶段传递到另一个阶段时不发生"信息流失",减少信息歧义和不一致。要实现这一目标,需要建立一个面向建筑生命周期的 BIM 数据集成平台以及对应的 BIM 数据的保存、追踪和扩充机制,对项目各阶段相关的工程信息进行有机集成。建筑信息模型的支撑是数据交换标准。国际协同工作联盟

（IAI,International Alliance for Interoperability）推出的工业基础类（IFC,industry foundation classes）为 BIM 的实现提供了建筑产品数据表达与交换的标准。IFC 是当前主要的 BIM 构件技术标准,BIM 的建立需要应用 IFC 的数据描述规范、数据访问及数据转换技术。

IFC 模型可以划分为四个功能层次:资源层、核心层、交互层和领域层。每个层次都包含一些信息描述模块,并且模块之间遵守"重力原则",即每个层次只能引用同层和下层的信息资源,而不能引用上层的信息资源。这样,上层的信息资源有变动时,下层的信息资源不受影响,保证了信息描述的稳定性。IFC 文件解析器可进行 IFC 文件的数据读写,与兼容 IFC 标准的应用软件进行数据交互,实现装配式建筑构件信息的导入与导出;对于不支持 IFC 标准的应用软件,可通过数据转换接口,实现信息交换和共享,最终实现 BIM 信息模型到预制构件制造的数据传递。

9.4.2 BIM 落实的具体要求

简单来说,BIM 具体落实需要三个方面的要素:人、软件和硬件。

1.人

关于"人",有一个观点是另外设置专职 BIM 工程师,类似之前使用算盘进行工作的会计,这种想法如同因为电子计算器的出现,需要另外设置一个电子计算器操作助手的思维。其实,原有岗位人员,特别是负责技术岗位的人员通过培训,可以迅速掌握 BIM 相关理论和技能,即可解决人员问题。

2.软件

软件方面,国外软件可以重点关注 Trimble 公司的产品 Tekla、SketchUp、Vico 和 Autodesk 公司的产品 Revit、Navisworks。BIM 软件的发展在近年来是一个高速进化的过程,因为正在发展中,有些产品存在或多或少的缺陷也在情理之中,这个需要客观认识,不要因为软件产品的缺陷放弃对 BIM 的使用。

BIM 软件,特别是国外的软件,其产品开发是面向全球的,不一定满足我国国内的本土化需求,对于我国用户来说,基于国外软件的本土化二次开发是当前的有效途径。

3.硬件

硬件部分,计算机、智能手机及智能移动设备等常规硬件都可以在装配式建筑中派上用场。另外,BIM 放样机器人、三维扫描仪、VR/MR 设备等也都应引起行业的关注,如图 9-4-1 所示。

图 9-4-1　VR 项目管理

思考题

1.BIM 技术应用在装配式建筑中有哪些优势?
2.BIM 技术在项目施工阶段有哪些应用?
3.BIM 技术运营维护管理的特点有哪些?
4.为什么装配式建筑相对于非装配式建筑更加依赖 BIM 技术?

参考文献

[1] 叶明. 装配式建筑概论[M]. 北京：中国建筑工业出版社，2018.

[2] 田春鹏. 装配式混凝土结构工程[M]. 武汉：华中科技大学出版社，2020.

[3] 陈群，蔡彬清，林平. 装配式建筑概论[M]. 北京：中国建筑工业出版社，2017.

[4] 郭学明. 装配式建筑概论[M]. 北京：机械工业出版社，2018.

[5] 潘洪科. 装配式建筑概论[M]. 北京：科学出版社，2020.

[6] 宋兴禹，曾跃飞. 装配式建筑概论[M]. 北京：机械工业出版社，2020.

[7] 中华人民共和国住房和城乡建设部. GB 50204—2015 混凝土结构工程施工质量验收规范[S]. 北京：中国建筑工业出版社，2015.

[8] 中华人民共和国住房和城乡建设部. JGJ 355—2015 钢筋套筒灌浆连接应用技术规程[S]. 北京：中国建筑工业出版社，2015.

[9] 中华人民共和国住房和城乡建设部. JG/T 163—2013 钢筋机械连接用套筒[S]. 北京：中国标准出版社，2013.

[10] 中华人民共和国住房和城乡建设部. JG/T 408—2019 钢筋连接用套筒灌浆料[S]. 北京：中国标准出版社，2019.

[11] 国家建筑标准设计图集. 16G116-1 装配式混凝土结构预制构件选用目录（一）[S]. 北京：中国计划出版社，2016.

[12] 中华人民共和国住房和城乡建设部. JGJ/T 258—2011 预制带肋底板混凝土叠合楼板技术规程[S]. 北京：中国建筑工业出版社，2011.

[13] 中华人民共和国住房和城乡建设部. JGJ 1—2014 装配式混凝土结构技术规程[S]. 北京：中国建筑工业出版社，2014.

[14] 中国建筑标准设计研究院. 全国民用建筑工程设计技术措施（2016）建筑产业现代化专篇（装配式混凝土剪力墙结构施工）[M]. 北京：中国计划出版社，2017.

[15] 中国建筑标准设计研究院. 装配式建筑系列标准应用实施指南（2016）（木结构建筑）[M]. 北京：中国计划出版社，2016.

[16] 中国建筑标准设计研究院. 装配式建筑系列标准应用实施指南（2016）（装配式混凝土结构建筑）[M]. 北京：中国计划出版社，2016.

[17] 国家建筑标准设计图集. 16G906 装配式混凝土剪力墙结构住宅施工工艺图解[S]. 北京：中国计划出版社，2016.

[18] 国家建筑标准设计图集. G310—1～2 装配式混凝土结构连接节点构造（2015 年合订本）[S]. 北京：中国计划出版社，2015.

[19] 国家建筑标准设计图集. 15J939-1 装配式混凝土结构住宅建筑设计示例（剪力墙结构）[S]. 北京：中国计划出版社，2015.

[20] 中华人民共和国住房和城乡建设部. GB/T 51129—2017 装配式建筑评价标准[S]. 北京：中国建筑工业出版社，2017.

[21] 中华人民共和国住房和城乡建设部. GB/T 51232—2016 装配式钢结构建筑技术标准[S]. 北京：中国建筑工业出版社，2017.

[22] 中华人民共和国住房和城乡建设部. GB/T 51231—2016 装配式混凝土建筑技术标准[S]. 北京：中国建筑

工业出版社,2017.

[23] 中华人民共和国住房和城乡建设部.GB/T 51233—2016 装配式木结构建筑技术标准[S].北京:中国建筑工业出版社,2017.

[24] 国家建筑标准设计图集.15G107-1 装配式混凝土结构表示方法及示例(剪力墙结构)[S].北京:中国计划出版社,2015.